李刚◎编著

Python

编程
从入门到精通

北京大学出版社
PEKING UNIVERSITY PRESS

内容提要

本书侧重于 Python 程序开发过程中重点和难点的理解，结合具有典型性的程序案例，用通俗的语言由浅入深、循序渐进地帮助读者掌握 Python 语言。知识点都使用生活中的案例帮助理解，每个案例都有详尽的代码解释，实战部分也会将 Python 语言与 Web 和数据分析等技术相结合，进行技术应用上的扩展。

本书由 Python 编程基础、Python 高级编程、Python 应用技术和 Python 实战演练 4 个部分组成。Python 编程基础针对程序设计的入门，介绍从过程化的编程要点到代码中使用的各种数据类型；Python 高级编程针对程序设计的提高，介绍从面向对象的使用到算法上的提升；Python 应用技术针对程序设计的场景运用，介绍从 Web 的开发到数据分析的思路；Python 实战演练针对程序设计的逻辑，从游戏的开发到基本网站的建设。旨在使读者通过对本书内容一步步的学习，能够学会编程方法，打好编程基础，提升编程能力，扩展编程应用，锻炼编程思维，培养编程逻辑。

本书适用于学习 Python 的初学者、爱好者和进取者。对程序没有概念的人员可以看得懂，学得会；有程序基础的人员可以加点"料"，扩思路；程序上的"大咖"可以多提宝贵意见，更好地为读者服务。

图书在版编目（CIP）数据

Python 编程从入门到精通 / 李刚编著 . — 北京：北京大学出版社，2021.7
ISBN 978-7-301-32210-9

Ⅰ . ① P… Ⅱ . ①李… Ⅲ . ①软件工具－程序设计Ⅳ . ① TP311.561

中国版本图书馆 CIP 数据核字 (2021) 第 104460 号

书　　　名	Python 编程从入门到精通	
	Python BIANCHENG CONG RUMEN DAO JINGTONG	
著作责任者	李刚　编著	
责 任 编 辑	张云静　　刘沈君	
标 准 书 号	ISBN 978-7-301-32210-9	
出 版 发 行	北京大学出版社	
地　　　址	北京市海淀区成府路 205 号　　100871	
网　　　址	http://www.pup.cn　　　新浪微博：@ 北京大学出版社	
电 子 信 箱	pup7@ pup.cn	
电　　　话	邮购部 010-62752015　　发行部 010-62750672　　编辑部 010-62570390	
印 　刷 　者	北京飞达印刷有限责任公司	
经 销 者	新华书店	
	787 毫米 ×1092 毫米　16 开本　26.75 印张　607 千字	
	2021 年 7 月第 1 版　2021 年 7 月第 1 次印刷	
印　　　数	1—4000 册	
定　　　价	99.00 元	

前言

INTRODUCTION

随着人工智能技术的快速发展，各行各业都需要智能化的提高，简单易学的 Python 语言就在这种势头下突飞猛进。Python 利用自身的开源性、免费性、可移植性等优势在很多领域中发挥着不同的作用。越来越多的智能产品需要 Python 语言的参与和实现。Python 帮助了更多的人在各行各业中实现自己的价值，做量化分析的金融人士可以使用 Python 语言实现自动化，临床医学专业的医护人员可以使用 Python 语言进行药品的临床分析，有教育理论和实战经验的教师可以使用 Python 语言分析学生的特点因材施教，等等。很多人具备行业的先进经验，却苦于找不到便捷的途径让先进的经验能够系统化、智能化。本书通过趣味的生活案例帮助读者理解编程中的专业概念，通过实用的程序学习编程中的逻辑方法，通过"理论＋小案例"的形式对各个知识点进行讲解，并结合各个知识点进行综合实战的演练。

本书对 Python 的基本知识点进行案例上的多维度扩展，不断地引用新时代的元素来讲解一些知识点的技术特点，并将案例与实际生活相结合，旨在使读者能够通过本书实实在在地掌握 Python 这一门技术，并得到一定程度的提高。书中难免有一些不足之处，敬请读者批评和指正。

本书运行环境为 Windows 平台。

【本书简介】

第 1~11 章，介绍 Python 语言的使用环境、变量和数据类型、顺序结构、分支结构、循环结构、列表、元组和集合、字典，以及函数的相关知识，为 Python 开发做语法和基础上的储备。

第 12~18 章，介绍算法、装饰器、生成器与迭代器、文件操作、面向对象的编程范式等内容，使读者进一步了解 Python 高级技术的使用，提升程序设计的科学性。

第 19~20 章，从应用角度出发，介绍 Python 在 Django 开发、数据分析方面的应用，使读者对 Python 开发应用有更实际的认知与体会。

第 21~22 章，从实战角度出发，应用 Python 的相关模块对 Web 开发、游戏开发进行扩展，使读者在实战开发的逻辑思维上有进一步的提高。

【本书的读者对象】

（1）没有 Python 基础的初学者。

（2）已掌握 Python 入门方面的知识，想在细节上和程序设计思路上进一步提高的人员。

（3）大专院校及培训学校的教师和学生。

【资源下载】

本书所涉及的源代码、能力测试答案及视频教学录像已上传到百度网盘，供读者下载。请读者关注封底"博雅读书社"微信公众号，找到"资源下载"栏目，根据提示获取。另外，读者也可以扫描下方二维码，下载本书配套资源。

目录
CONTENTS

第1章 认识 Python 语言 001

1.1 Python 的起源 002
1.2 Python 优缺点 003
    1.2.1 Python 的优点 003
    1.2.2 Python 的缺点 004
1.3 应用场景 004
1.4 学习建议 005
1.5 本章小结 006

第2章 编程环境的搭建 007

2.1 搭建 Python 环境 008
2.2 Python 环境变量的设置 011
2.3 PyCharm 编辑工具 012
    2.3.1 PyCharm 编辑工具的安装 012
    2.3.2 启动 PyCharm 工具 015
    2.3.3 PyCharm 创建第一个 Python
            程序 017
2.4 本章小结 019

第3章 变量和数据类型 020

3.1 变量的提出 021
    3.1.1 变量的引入 021
    3.1.2 变量的命名和使用 022
    3.1.3 变量名的命名错误 023
3.2 字符串的认识 024
    3.2.1 字符串的概念 024
    3.2.2 修改字符串单词的大小写
            实战 024
    3.2.3 拼接（合并）字符串实战 026
    3.2.4 字符串中使用特殊字符的
            实战 026
    3.2.5 删除字符串空白实战 028
    3.2.6 判断字符串全是字母还是全是数字
            的实战 029
    3.2.7 字符串的查找 030
    3.2.8 字符串的替换 032
3.3 数字的认识 032
    3.3.1 整数 033
    3.3.2 浮点数 033
3.4 注释 034
    3.4.1 编写注释实战 035
    3.4.2 多行注释实战 035

3.5 能力测试 035
3.6 面试真题 036

3.7 本章小结 036

第4章 顺序结构 037

4.1 顺序程序设计 038
4.2 常量与变量 039
    4.2.1 常量 039
    4.2.2 变量 040
4.3 运算符和表达式 043
    4.3.1 算术运算符 043
    4.3.2 赋值运算符 044
    4.3.3 逻辑运算符 046
    4.3.4 关系运算符 048
    4.3.5 运算符优先级 050
4.4 强制类型转换 050

    4.4.1 强制转换为整型（int） 051
    4.4.2 强制转换为浮点型（float） 051
    4.4.3 强制转化为布尔类型（bool）... 051
    4.4.4 强制转换为字符串（str）......... 051
4.5 Python 基本语句 052
    4.5.1 基本输入语句 052
    4.5.2 基本输出语句 054
4.6 能力测试 056
4.7 面试真题 056
4.8 本章小结 056

第5章 分支结构 057

5.1 趣味性程序示例 058
5.2 数字的认识 059
    5.2.1 单分支结构 059
    5.2.2 双分支结构 061
    5.2.3 多分支结构 062
    5.2.4 分支嵌套结构 063
    5.2.5 三元表达式 065
5.3 条件测试 065
    5.3.1 检查变量的值是不是等于

           某个值 065
    5.3.2 检查是否相等时不考虑
           大小写 066
    5.3.3 检查是否不相等 066
    5.3.4 比较数字 066
    5.3.5 检查多个条件 067
5.4 能力测试 067
5.5 面试真题 068
5.6 本章小结 069

第6章 循环结构 070

6.1 while 循环 071
    6.1.1 while 循环简介 071
    6.1.2 while 循环实战：银行叫号
           程序 071
    6.1.3 while 循环例子：求 100 个数
           的和 073
    6.1.4 while 循环实战例子需求更改：

           银行叫号程序 074
6.2 while...else... 循环 075
    6.2.1 while...else 循环基本结构 075
    6.2.2 while...else 循环实战：银地卡
           吞卡验证 075
6.3 死循环 077
6.4 for 循环简介 077

6.4.1　for 循环的用法 078

6.4.2　for 循环实战：180 号段中抽出
　　　　幸运号 079

6.5　循环结束语句 **080**

6.5.1　continue 实战：循环打印
　　　　奇数 080

6.5.2　break 实战：循环打印闰年 080

6.6　嵌套循环 **081**

6.6.1　嵌套循环的理解 081

6.6.2　嵌套循环实战：九九乘法表 082

6.7　能力测试 **084**

6.8　面试真题 **084**

6.9　本章小结 **085**

第7章　列表 086

7.1　列表的概念 **087**

7.1.1　列表的定义实战：金庸武侠书
　　　　列表 087

7.1.2　列表元素访问实战：金庸武侠书
　　　　列表访问 087

7.1.3　探讨列表元素的索引 088

7.1.4　对列表中值的使用实战：爱好的
　　　　选择组句 088

7.2　修改、添加和删除元素 **089**

7.2.1　修改列表元素实战：足球比赛
　　　　列表换人 089

7.2.2　在列表末尾添加元素实战：
　　　　停车场列表新进车 090

7.2.3　在列表中插入元素实战：排队插队
　　　　效果实现 091

7.2.4　从列表中删除元素实战：工人列表
　　　　的下岗效果 091

7.2.5　使用 pop() 方法删除元素实战：
　　　　货箱的装卸货效果 092

7.2.6　从列表任何位置弹出元素实战：
　　　　货箱装卸货杂耍效果 092

7.2.7　根据值删除元素实战：钱币列表
　　　　不允许"二元"流通 093

7.3　组织列表 **094**

7.3.1　使用 sort() 方法对列表进行
　　　　永久性排序实战：英语书单词
　　　　倒序效果 094

7.3.2　使用函数 sorted() 对列表进行
　　　　临时排序实战：英语书单词
　　　　排序 095

7.3.3　倒着打印列表实战：实现员工
　　　　进入公司时间倒查 095

7.3.4　确定列表的长度实战：动物园
　　　　动物统计效果 095

7.4　使用列表时避免索引错误 **096**

7.4.1　索引报错实战一：葫芦寻找
　　　　八娃无果 096

7.4.2　索引报错实战二：没有葫芦娃
　　　　救爷爷 096

7.5　能力测试 **097**

7.6　面试真题 **097**

7.7　本章小结 **098**

第8章　操作列表 099

8.1　遍历整个列表 **100**

8.1.1　遍历整个列表功能实战：晚会节目
　　　　单遍历 100

8.1.2　深入地研究循环 101

8.1.3　在 for 循环中执行更多的操作实战：
　　　　公园游玩警示信息 101

8.1.4　在 for 循环结束后执行一些操作实
　　　　战：公园游玩警示信息............. 102

8.2 校验列表元素 **103**

8.2.1 校验特定值是否在列表中实战：
宠物列表查找 103

8.2.2 校验特定值不包含在列表中实战：
宠物列表查找修改版 103

8.2.3 if 条件校验元素实战：动车查找过
滤功能 104

8.2.4 校验列表不是空的实战：列表校验
功能 104

8.3 创建数值列表 **105**

8.3.1 使用 range() 函数实战：输出 1~100
的奇数 105

8.3.2 数字列表的简单统计计算 105

8.3.3 列表表达式 106

8.4 列表的复制 **106**

8.4.1 列表复制的原理 107

8.4.2 直接赋值操作 109

8.4.3 浅复制 109

8.4.4 深复制 113

8.5 字符串切分成列表 split() 方法 **114**

8.5.1 字符串拆分 split() 方法的使用实战：
字符串网址的分割 114

8.5.2 split 方法的妙用实战：统计字符串
中某个字符个数 115

8.6 能力测试 **116**

8.7 面试真题 **117**

8.8 本章小结 **117**

第9章 **元组和集合** **118**

9.1 元组的定义 **119**

9.2 遍历元组中的所有值 **120**

9.2.1 遍历一维元组实战：公告元组
遍历 120

9.2.2 遍历多维元组实战：四大名著
人物遍历 120

9.3 元组的合并和重复 **121**

9.3.1 元组的合并实战：合并车间的
师傅学徒 121

9.3.2 元组的重复实战：对参加比赛
的态度 122

9.4 元组的其他特性 **122**

9.4.1 使用多个变量接收元组中
的值 122

9.4.2 元组中一个逗号 123

9.4.3 tuple() 函数 124

9.4.4 两个值的交换 124

9.5 元组中的方法 **126**

9.6 集合 (set) **127**

9.6.1 集合的定义 127

9.6.2 集合实战：集合实现列表
去重 128

9.7 集合操作 **129**

9.7.1 添加操作实战：打油诗集合 129

9.7.2 删除操作实战：100 个数随机
不重复 130

9.7.3 遍历操作实战：学习浪打浪 131

9.8 集合的运算 **131**

9.8.1 求交集 132

9.8.2 求并集 133

9.8.3 求差集 134

9.8.4 子集 135

9.9 能力测试 **135**

9.10 面试真题 **136**

9.11 本章小结 **136**

第 10 章　字典 137

10.1　一个简单的字典：游戏玩家字典 138
10.2　元组的其他特性 140
　10.2.1　字典使用实战：玫瑰花语 140
　10.2.2　访问字典中的值 140
　10.2.3　添加键—值对实战：一周心情
　　　　　日志 141
　10.2.4　创建一个空字典 141
　10.2.5　修改字典中的值实战：投票唱票
　　　　　环节 142
　10.2.6　删除键—值对实战：火车候车屏
　　　　　信息展示 142
10.3　遍历字典 143
　10.3.1　遍历所有的键—值对实战：
　　　　　食物相生字典 143
　10.3.2　遍历字典中的所有键实战：

菜谱菜肴 144
　10.3.3　按顺序遍历字典中的所有键值
　　　　　实战：炒菜字典 144
　10.3.4　遍历字典中的所有值实战：
　　　　　弹幕信息显示 145
10.4　嵌套 145
　10.4.1　字典列表实战：驾考科目一
　　　　　模拟 145
　10.4.2　在字典中存储列表实战：英语
　　　　　四级考试报名 147
　10.4.3　在字典中存储字典实战：
　　　　　用户订单 147
10.5　能力测试 148
10.6　面试真题 148
10.7　本章小结 149

第 11 章　函数 150

11.1　定义函数 151
　11.1.1　Python 程序文件的入口 151
　11.1.2　函数功能实现实战：现在
　　　　　几点了 151
　11.1.3　向函数传递信息实战：
　　　　　饮料机 152
　11.1.4　实参和形参 153
11.2　传递实参 153
　11.2.1　位置实参实战：新郎和新娘
　　　　　结婚 153
　11.2.2　关键字实参实战：三国水浒
　　　　　人物主角 155
　11.2.3　默认值实战：手机套餐 155
　11.2.4　避免实参错误 156
11.3　返回值 157
　11.3.1　返回值的定义 157
　11.3.2　返回简单值实战：四大名著
　　　　　的判断 157

　11.3.3　返回字典实战：外卖点餐 158
　11.3.4　传递列表实战：超市买单 158
　11.3.5　传递任意数量的实参实战：
　　　　　超市库存 159
　11.3.6　结合使用位置实参和任意数量
　　　　　实参实战：超市库存 160
　11.3.7　使用任意数量的关键字实参实战：
　　　　　超市库存 160
11.4　将函数存储在模块中 161
11.5　lambda 匿名函数 162
　11.5.1　lambda 语法格式 162
　11.5.2　lambda 用法的高级
　　　　　函数 map 163
11.6　函数综合实战：托儿所学员管理
　　　　程序 164
11.7　能力测试 166
11.8　面试真题 167
11.9　本章小结 167

第12章 算法 168

12.1 递归算法及其程序实现 169
12.1.1 递归 169
12.1.2 递归求和例子 169
12.1.3 递归算法实战：斐波那契
数列 171
12.2 冒泡排序算法及其实现 173
12.2.1 冒泡排序算法的理解 173
12.2.2 冒泡排序算法的实现 175
12.2.3 冒泡排序分析实战：排队
问题 177
12.3 选择排序 177
12.3.1 选择排序的理解 178
12.3.2 选择排序算法的实现 179
12.3.3 排序算法实战：减肥中心选

体重最重的人 180
12.4 插入排序 180
12.4.1 插入排序的思路 180
12.4.2 插入排序的代码实现 182
12.4.3 插入排序实战：扑克牌排序 183
12.5 归并排序 184
12.5.1 归并排序的思路 184
12.5.2 归并排序代码实现 185
12.6 快速排序 187
12.6.1 快速排序的思想 187
12.6.2 快速排序的代码实现 190
12.7 能力测试 191
12.8 面试真题 192
12.9 本章小结 193

第13章 装饰器 194

13.1 理解装饰器 195
13.1.1 闭包理解案例：狼人杀 ... 195
13.1.2 装饰器语法实战：员工打卡
申请 196
13.1.3 装饰器应用的顺序：娶媳妇
伪代码 197
13.2 装饰器应用实战 198
13.2.1 应用实战之数据运算时类型
检查 199
13.2.2 应用实战之用户验证 200
13.2.3 应用实战之用户访问网站的
重试次数和原因定位 200

13.3 装饰器的几种实现方式 202
13.3.1 使用装饰器对无参函数
进行装饰 202
13.3.2 使用装饰器对有参函数进行
装饰 202
13.3.3 使用装饰器对不定参函数进行
装饰 203
13.3.4 装饰器装饰有返回值的函数 203
13.3.5 装饰器带参数 203
13.4 能力测试 204
13.5 面试真题 204
13.6 本章小结 205

第14章 生成器与迭代器 206

14.1 生成器的理解 207
14.2 生成器的语法 207

14.2.1 生成器语法实战：卡拉 OK
单句 207

14.2.2　next、send 函数.....................208

14.2.3　生成器 next 实战：校园智能
　　　　问路.....................................210

14.2.4　生成器 send 实战：校园智能
　　　　问路.....................................212

14.3　生成器表达式..........................213

14.4　迭代器与迭代对象....................215

14.5　Python 库中的一些生成器....215

14.5.1　range 的使用...........................216

14.5.2　dict.items 及其家族...............216

14.5.3　zip 的使用...............................216

14.5.4　map 的使用.............................217

14.6　能力测试..................................218

14.7　面试真题..................................218

14.8　本章小结..................................219

第 15 章　类和对象 220

15.1　类和对象..................................221

15.2　创建和使用类..........................221

15.2.1　创建车类 Car...........................222

15.2.2　根据车类 Car 创建实例............223

15.2.3　实例化车类 Car 的属性访问....223

15.2.4　实例化车类 Car 的方法调用....224

15.2.5　创建多个车类 Car 的实例
　　　　使用.....................................225

15.3　使用类和实例..........................226

15.3.1　类的创建实战：模拟足球比赛
　　　　FootBallGame 类....................227

15.3.2　类属性默认值实战：模拟足球
　　　　比赛给属性指定默认值...........227

15.3.3　类属性修改实战：模拟足球比赛
　　　　修改属性的值...........................228

15.4　面向对象的三大特性.....................232

15.5　继承..233

15.5.1　子类继承实战：楼梯案例子类
　　　　方法 __init__().......................233

15.5.2　子类继承实战：楼梯案例中子类
　　　　定义属性和方法.....................235

15.5.3　子类继承实战：老鼠爱大米子类
　　　　重写父类的方法.....................237

15.5.4　一切皆是 object 类....................238

15.6　面向对象的应用实战：
　　　　剪刀石头布............................ 238

15.7　导入类.......................................241

15.8　面向对象使用的编码建议.................242

15.9　能力测试..................................243

15.10　面试真题................................243

15.11　本章小结................................244

第 16 章　魔术方法 245

16.1　封装..246

16.1.1　封装的实现实战：修路类的
　　　　封装.....................................246

16.1.2　私有属性实战：流星愿望
　　　　私有属性...............................248

16.1.3　私有方法封装：求婚
　　　　私有方法...............................248

16.2　多态..249

16.2.1　多态实战：Python 实现花类的
　　　　多态性功能...........................249

16.3　魔术方法..................................250

16.3.1　__init__() 魔术方法实战：
　　　　电影类功能...........................251

16.3.2　__new__() 魔术方法实战：

电影类功能 251

16.3.3 __del__() 魔术方法实战：
电影类功能 252

16.3.4 __call__() 魔术方法实战：
包饺子功能 254

16.3.5 __str__() 魔术方法实战：
电影类功能 254

16.3.6 __repr__() 魔术方法实战：
电影类功能 255

16.4 类的常用函数 256

16.4.1 issubclass() 函数 256

16.4.2 isinstance() 函数 257

16.5 类中的装饰器 257

16.5.1 @classmethod 装饰器实战：
圆明园景点人流量统计 257

16.5.2 @staticmethod 装饰器实战：
圆明园景点欢迎功能 258

16.5.3 @property 装饰器实战：账户
存取的功能 259

16.6 能力测试 260

16.7 面试真题 260

16.8 本章小结 261

第17章 文件和异常 262

17.1 从文件中读取数据 263

17.1.1 打开文件 263

17.1.2 关闭文件 264

17.1.3 读取关闭文件实战：
《西游记》情节文件读取 264

17.1.4 文件路径 265

17.1.5 逐行读取实战：逐行统计文件
每行中的唐僧 266

17.1.6 打开并显示一个图片文件 268

17.2 写入文件 268

17.2.1 以写方式打开文件 268

17.2.2 写入文件实战：写入一行
文件功能 270

17.2.3 写入多行实战：写入多行文件
不换行功能 270

17.2.4 附加到文件实战：文件添加
内容功能 271

17.3 os 模块的一些文件类操作 272

17.3.1 给文件重命名实战 272

17.3.2 删除指定文件实战 273

17.3.3 获取当前文件所在的目录
实战 273

17.3.4 判断是否为文件或目录

实战 273

17.3.5 判断文件和文件夹是否存在
实战 273

17.3.6 拼接文件路径实战 274

17.3.7 获取目录列表功能 274

17.3.8 遍历目录内的子目录和子文件
实战 275

17.3.9 创建目录实战 275

17.3.10 创建多级目录实战 275

17.3.11 删除目录实战 276

17.3.12 删除多级目录实战 276

17.4 异常 276

17.4.1 使用 try-except 代码块 277

17.4.2 else 代码块 277

17.4.3 注意打开文件时异常 278

17.5 存储数据 278

17.5.1 使用 json.dump() 和
json.load() 279

17.5.2 保存和读取用户生成的数据实战：
注册用户文件并读取 280

17.6 能力测试 281

17.7 面试真题 281

17.8 本章小结 282

第18章　进程和线程 283

18.1　进程的概念 284	18.5.1　线程的定义实战：
18.2　进程状态的理解 285	英语背单词 299
18.2.1　进程的状态 285	18.5.2　线程类定义的写法实战：
18.2.2　进程的调度 287	英语背单词面向对象编程 300
18.3　多进程的操作 287	**18.6　线程锁** 300
18.3.1　创建进程实战：边敲代码边	18.6.1　线程间的通信实战：投注站
听音乐 288	线程间通信 301
18.3.2　进程之间的通信实战：	18.6.2　多线程实战：百线程抢百票 302
队列用法 289	18.6.3　GIL 303
18.3.3　多进程实战：生产者消费者	18.6.4　多线程 GIL 实战：百线程
模式 291	抢百票 303
18.4　进程锁 294	**18.7　多线程实现生产者消费者模式** 304
18.4.1　进程共享变量 294	**18.8　能力测试** 305
18.4.2　进程锁实战：百进程抢百票 296	**18.9　面试真题** 305
18.5　线程 298	**18.10　本章小结** 306

第19章　Django 开发入门 307

19.1　Web 项目简介 308	19.5.2　自动化后台应用操作 Model 320
19.2　MTV 框架 309	19.5.3　创建一个视图函数 323
19.3　Django 框架介绍 310	19.5.4　创建一个 URL 模式 324
19.3.1　Django 介绍 310	19.5.5　创建模板 326
19.3.2　Django 的发展历史 310	**19.6　项目的修改** 329
19.3.3　Django 的安装 310	19.6.1　数据过滤 329
19.4　创建第一个 Django 项目 310	19.6.2　获得单个对象 329
19.4.1　创建项目：爱情留言板 311	**19.7　Django 原理** 330
19.4.2　创建应用：留下足迹 313	**19.8　能力测试** 330
19.5　开发第一个 Django 项目 315	**19.9　面试真题** 331
19.5.1　设计项目的 Model 316	**19.10　本章小结** 331

第20章　数据分析初步 332

20.1　数据分析概述 333	20.3.2　Series 添加元素 337
20.2　数据分析模块 Pandas 概述 334	20.3.3　Series 删除元素 339
20.3　Series 数据结构 335	20.3.4　Series 修改元素 340
20.3.1　Series 的建立 335	20.3.5　Series 查询元素 341

20.3.6 字典结构转成 Series 343

20.3.7 Series 索引重新排序 343

20.4 DataFrame 数据结构 345

20.4.1 DataFrame 的创建和访问 345

20.4.2 DataFrame 添加元素 348

20.4.3 DataFrame 删除元素 350

20.4.4 DataFrame 修改元素 351

20.5 数据导入导出 352

20.5.1 导入 CSV 文本文件 352

20.5.2 数据导出 353

20.6 数据加工整理 353

20.6.1 重复值的处理 353

20.6.2 缺失值处理 355

20.7 数据分析简单入门 359

20.8 能力测试 359

20.9 面试真题 360

20.10 本章小结 360

第 21 章　乌鸦喝水游戏实战 361

21.1 需求分析 362

21.2 系统设计 362

21.2.1 系统功能结构 362

21.2.2 系统业务流程 363

21.2.3 系统预览 364

21.3 系统开发必备 365

21.3.1 开发工具准备 365

21.3.2 文件夹组织结构 365

21.4 乌鸦喝水的实现 365

21.4.1 游戏主窗体的实现 365

21.4.2 地图的加载 368

21.4.3 乌鸦的飞行 374

21.4.4 乌鸦的移动和跳跃 378

21.4.5 随机出现的障碍 386

21.4.6 碰撞和积分的实现 389

21.5 本章小结 400

第 22 章　鲜花礼品商品页实战 401

22.1 需求分析 402

22.2 系统功能设计 402

22.2.1 系统功能结构 402

22.2.2 系统预览 402

22.3 系统开发必备 403

22.3.1 系统软件开发和运行环境 403

22.3.2 文件夹组织结构 403

22.4 数据表模型 406

**22.5 admin 自动化数据管理工具实现数据的
录入 406**

22.6 urls.py 分发器路由文件的修改 407

22.7 View 视图方法的实现 409

**22.8 Templates 模板中 index.html 文件的
实现 409**

22.9 项目的测试 414

22.10 本章小结 414

第1章

认识 Python 语言

本章主要介绍 Python 语言。Python 是一门什么样的语言，它是怎么发展的，学习 Python 语言应该注意哪些问题等，这些都是在进行程序设计之前需要了解的。

1.1 Python 的起源

Python 的中文意思是蟒或蚺蛇。为什么叫这个名字，得从荷兰人 Guido van Rossum（吉多·范罗苏姆）谈起，他于 1989 年发明了 Python。

1989 年圣诞节期间，Guido 决心开发一个新款的脚本解释程序，取名为 Python，而 Python 名字的由来可能是取自他挚爱的一部电视剧 *Monty Python's Flying Circus*，翻译成中文就是"巨蟒飞行马戏团"。

1991 年，第一个 Python 编译器诞生，它是用 C 语言实现的，能够调用 C 库 (.so 文件)。Python 一面世，就已经具有了一些编程专业术语的概念，如类（class）、函数（function）、异常处理（exception），以及表（list）和词典（dictionary）等核心数据类型，还有模块（module）等。最早的 Python 就是以这些专业技术为基础的系统。

为什么直到最近几年 Python 才被人们所熟知，才火起来呢？

这就得从编程语言讲起了，编程语言往往迫使程序员像计算机一样思考，以便能写出更符合机器逻辑的程序，就是让程序员按照计算机的思考方式去编写程序。为了让机器能更快运行，程序员的思考方式往往需要经验的积累，编写过程也往往让人感到苦恼。例如，用 C 语言写一个功能，但整个编写过程需要耗费大量的时间。

为了提高效率，Python 作者 Guido 希望有一种语言既能够像 C 语言那样全面调用计算机的功能接口，又可以轻松地编程。ABC 语言让 Guido 看到希望。与当时的大部分语言不同，ABC 语言的目标是"让用户感觉更好"。但是，ABC 语言最终没有流行起来，可能的原因如下。

（1）可拓展性不好。ABC 语言不是模块化语言。如果想在 ABC 语言中增加功能，就必须改动太多的地方。

（2）不能直接进行输入输出。ABC 语言不能直接操作文件系统。尽管可以通过诸如文本流的方式导入数据，但 ABC 无法直接读写文件。而输入输出对计算机语言来说是最关键的。

（3）过度革新。ABC 用自然语言的方式来表达程序的意义，如定义一个函数使用 HOW TO（如何）。然而对于程序员来说，更习惯用 function 或 define 来定义一个函数。这无形中增加了程序员的学习难度。

因此，1989 年，Guido 以效率为出发点，开发了一门新的语言——Python，可以说是对 ABC 语言的一种继承。

1991 年，第一个 Python 编译器 (同时也是解释器) 诞生。

Python 可以在多个层次上拓展。在高层，可以引入 .py 文件。在底层，可以引用 C 语言的库。Python 程序员可以使用 Python 快速地编写 .py 文件作为拓展模块。考虑到性能是程序设计的重要因素，Python 程序员可以深入底层编写 C 语言程序，再编译为 .so 文件，然后引入 Python 语言中使用。这样，Python 就好像使用钢筋来构建房子一样，先搭建好大的框架，程序员可以在此框架下自由地拓展或更改程序。

Python 的框架已经确立，许多人也开始转向 Python。Python 语言以对象为核心组织代码，支持多重编程范式，采用动态类型，自动进行内存回收。Python 支持解释运行，并能调用 C 语言库进行拓展。Python 有强大的标准库，而且标准库的体系已经稳定，所以 Python 的生态系统开始拓展到第三方包，如 Django、web.py、wxPython、NumPy、matplotlib 及 PIL 等。

从 2019 年 11 月编程语言的排行榜 TOP10 排名可以看出，Python 有不断上升的势头，如图 1.1 所示。

Nov 2019	Nov 2018	Change	Programming Language	Ratings	Change
1	1		Java	16.246%	-0.50%
2	2		C	16.037%	+1.64%
3	4	^	Python	9.842%	+2.16%
4	3	v	C++	5.605%	-2.68%
5	6	^	C#	4.316%	+0.36%
6	5	v	Visual Basic .NET	4.229%	-2.26%
7	7		JavaScript	1.929%	-0.73%
8	8		PHP	1.720%	-0.66%
9	9		SQL	1.690%	-0.15%
10	12	^	Swift	1.653%	+0.20%

图 1.1　编程语言排行榜 TOP10

现在已进入人工智能时代，Python 是最适合人工智能开发的编程语言。因此，Python 的发展越来越好。

1.2 Python 优缺点

下面具体介绍 Python 语言的优缺点。

1.2.1 Python 的优点

（1）简单易懂。Python 的定位是"优雅""明确""简单"，所以 Python 程序看上去简单易懂。初学者学习 Python，不但入门容易，而且一旦深入研究下去，可以编写出非常复杂的程序功能。

（2）开发效率高。Python 有非常强大的第三方库，只要能通过计算机实现的功能，Python 官方库里都有相应的模块支持。使用者可直接下载调用，也可在基础库的基础上再开发，这大大缩短了开发周期，避免重复造轮子。

（3）高级语言。当用 Python 语言编写程序时，无须考虑如何管理程序的内存使用等底层细节。

（4）可移植性。由于 Python 的开源本质，Python 已经被移植在许多平台上使用了。Python 程序无须修改就可以在市场上所有的系统平台上运行。

（5）可嵌入性。可以把 Python 嵌入 C/C++ 程序，从而向程序用户提供脚本功能。

1.2.2 Python 的缺点

（1）速度慢。Python 的运行速度相比 C 语言要慢很多，与 Java 相比也要慢一些，这也是很多用户不使用 Python 的主要原因，但其实运行速度慢在大多数情况下用户是无法直接感知到的，也是无法直接通过肉眼感知的。一个正常人所能感知的最小时间单位是 0.15~0.4s，所以，在大多数情况下 Python 已经完全可以满足大部分用户对程序速度的要求，除非是对速度要求极高的搜索引擎，而在这种情况下，建议使用 C 语言去实现。

（2）代码是开源的，不能加密。因为 Python 是解释性语言，它的源码都是以明文形式存放的。如果项目要求源代码必须加密，那么不应该使用 Python 去实现。

（3）Python 线程不能利用多核 CPU。这是 Python 最大的缺点，一个 Python 解释器进程内有一条主线程，以及多条用户程序的执行线程。即使在多核 CPU 平台上，由于 GIL(全局解释器锁) 的存在，所以禁止多线程的并行执行。

1.3 应用场景

作为一种通用编程语言，Python 的应用场景几乎无限制。可以在任何场景使用 Python，从网站和游戏开发到机器人和航天飞机控制等。从 Python 官网给出的例子来看，Python 有以下几个主要的应用场景。

1. Web 开发

Python 语言能够满足快速迭代的需求，非常适合互联网公司的 Web 开发应用场景。Python 在 Web 开发的过程中，涌现出了很多优秀的 Web 开发框架，如 Django、Tornado、Flask 等。许多知名网站都是使用 Python 语言开发的，如豆瓣、知乎等。这一方面说明了 Python 作为 Web 开发的受欢迎程度，另一方面也说明 Python 语言用作 Web 开发经受住了大规模用户并发访问的考验。

2. 用户图形接口（GUI）

使用 Python 标准库的 tkinter 模块进行 GUI 编程，也可以使用 PyQt 等编写 GUI 应用程序。使用 Python 语言可以轻松地开发出一个可移植的应用程序。例如，tkinter GUI 可以不做任何改变就能运行在 Windows、X Windows 和 MacOS 等平台上。

3. 数值计算和科学计算

Python 语言已经逐渐取代 MATLAB 成为科研人员最喜爱的用于数值用于计算和科学计算的编程语言。Python 标准库虽然没有提供数值计算和科学计算的功能，但是，Python 生态中有 NumPy 和 Pandas 等非常好用的开源项目。

4. 系统管理

Python 简单易用、语法优美，特别适合系统管理的应用场景。著名的开源云计算平台 OpenStack 就是使用 Python 语言开发的。

5. 其他

Python 的应用领域非常广泛，如可以使用 pygame 开发游戏，使用 PIL 库处理图片，使用 NLTK 包进行自然语言分析等。人工智能、大数据、云计算和物联网的未来发展值得重视，均为前沿产业，也在不同范围地使用着 Python。

1.4 学习建议

如果初学者接触的第一门语言是 Python，学习曲线会平滑得多，掌握一些基本语法和 Python 内置的数据结构后，就可以上手写一些小工具或小型应用。这对初学者来说，非常重要。

因为学习的过程是一个突破舒适区的过程，会面临很多痛苦，如果学习过程得不到促进，很容易半途而废。Python 还有很多优点：上手快、第三方库丰富、资料丰富，很容易做出"可见可得"的应用。要用 C 或 C++ 编写 Web 服务程序，上手门槛就有点高了。所以，很多学生会问学了 C/C++ 到底有什么用，因为想编写一些"可见可得"的应用太难。Python 就大不同，想进行 Web 开发，使用 Django 框架即可。想做数据分析，使用 Pandas+ 数据可视化即可。

学习 Python 的建议如下。

（1）学习中出现 bug 后，第一时间要自己设法去解决，可以上网查找资料，最重要的是锻炼自己独立解决问题的能力，不能产生依赖性，不然不利于以后的工作、学习和发展。

（2）IT（信息技术）行业的知识更新比较快，只有自己不断学习，才能不被淘汰。

（3）养成每天复习、巩固、写代码的习惯。任何一门语言都需要把代码写到底，不停地写以增长自己的见解和认识，才能不断提高。同时遗忘也是可能发生的，所以要养成每天复习、巩固的习惯。

（4）对于学习到的新知识要结合书中内容多做总结，这样逐渐沉淀，慢慢就会在编程上发生质的变化。

总而言之，在编程的道路上就需要编着敲，敲着编，编编敲敲，敲敲编编，逐步成长为一个程序员。

1.5 本章小结

本章主要对 Python 语言进行了简单的介绍，在 Python 的应用领域和学习建议上提出一些参考，读者在学习的过程中也可以不断地探寻一些新的方法和应用。

第 2 章

编程环境的搭建

本章主要介绍 Python 环境的搭建、Python 代码编辑工具及第一个 Python 程序的实现。如果要使用 Python 语言进行程序设计和开发，搭建编程环境是必要的。任何语言都有它的开发环境，Python 语言的开发环境配置并不复杂，但是这是实现 Python 程序运行的必备条件。PyCham 是 Python 经常使用的编辑工具，要掌握其安装方法。环境和工具都搭建和安装完以后，就可以开启 Python 代码编程之旅了。

2.1 搭建 Python 环境

Python 作为一门语言，目前已支持所有主流操作系统，在 Linux、UNIX、Mac 系统上自带 Python 环境，可以直接使用。

在 Windows 系统上，需要下载安装程序去安装 Python 环境，步骤如下。

（1）下载程序可以从官方网站上下载，直接搜索 Python 官网，就可以从网站上面下载程序，如图 2.1 所示为官网 Python 包下载页面。

图 2.1　官网 Python 包下载页面

（2）从图 2.1 中可以看出，较新的安装包是 Python 3.8.2，而 Python 3.8.2 在安装第三方模块时会遇到一些问题。把页面向下滚动，会有 Python 3.6.7 版本，如图 2.2 所示。使用这个版本的好处为在开发的过程中，遇到的问题可以上网查询解决。

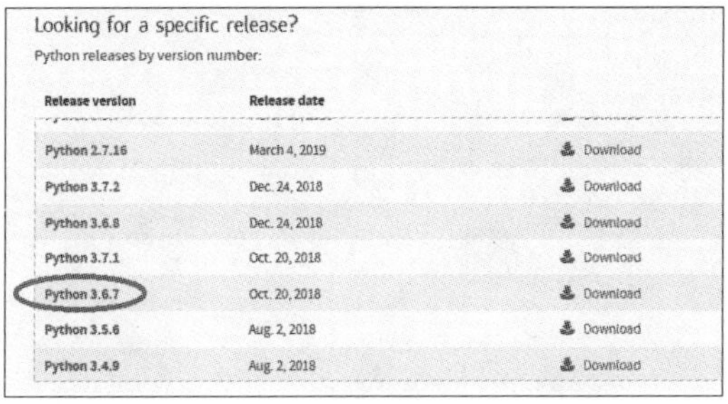

图 2.2　Python 版本的下载列表

（3）单击图 2.2 中的"Download"按钮，就进入了 Python 3.6.7 的下载页面，如图 2.3 所示。

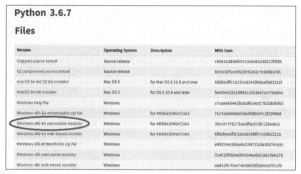

图 2.3　Python 3.6.7 的 Windows 版下载页面

（4）选择如图 2.3 所示的 Windows 版下载，下载成功后直接双击，进行安装即可。打开安装界面后，选中"Install launcher for all users（recommended）"复选框，然后选择"Customize installation"选项自定义安装，如图 2.4 所示。

图 2.4　Python 安装方式选择界面

（5）打开安装组件选择界面，其中包括文档、pip 工具、test 测试等选项，此处全部默认选中即可，然后单击"Next"按钮，如图 2.5 所示。

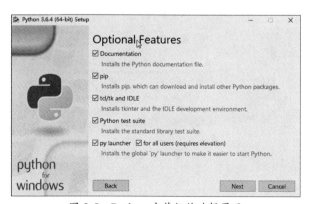

图 2.5　Python 安装组件选择界面

（6）打开选择安装路径界面，一般情况下，最好是自己创建一个新的路径去存储安装文件，以方便查找 Python 的安装路径，在后面配置 Python 环境变量时容易找到该路径。单击"Install"
按钮开始安装，如图 2.6 所示。

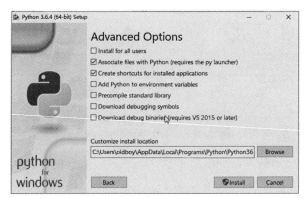

图 2.6　Python 安装路径选择界面

（7）完成以上步骤后，显示 Python 安装进度条，如图 2.7 所示。

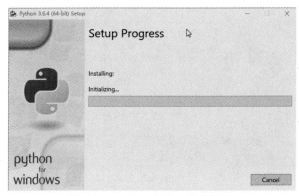

图 2.7　Python 安装进度条界面

（8）当进度条走到 100% 时，这期间没有报错信息，就安装成功了，如图 2.8 所示。

图 2.8　Python 安装成功界面

2.2 Python 环境变量的设置

下载的 Python 文件安装完成后，需要进行环境变量的设置。

（1）在计算机中选择"控制面板"→"系统和安全"→"系统"→"高级系统设置"→"环境变量"选项，打开"环境变量"对话框，在"系统变量"列表中找到"Path"选项并双击，如图 2.9 所示。

图 2.9　Windows 环境变量的设置

（2）单击右下角的"编辑"按钮，弹出"编辑环境变量"对话框，在"编辑环境变量"对话框单击"新建"按钮，将安装的 Python 文件路径加进去，如图 2.10 所示。

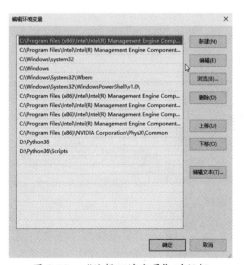

图 2.10　"编辑环境变量"对话框

至此，Python 的环境变量就配置好了，然后依次单击"确定"按钮即可。

2.3 PyCharm 编辑工具

　　PyCharm 是一款功能强大的 Python 编辑器，具有非常好的跨平台性。在对 Python 进行程序设计时，可以使用 PyCharm 编辑工具进行 Python 代码的编写，下面就先介绍一下 PyCharm 的具体安装方法。

2.3.1 PyCharm 编辑工具的安装

　　（1）访问 PyCharm 的官网，下载 PyCharm 程序。PyCharm 官方网站如图 2.11 所示。

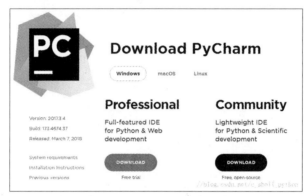

图 2.11　PyCharm 官方网站

　　图 2.11 中显示了 Professional（专业版）和 Community（社区版）两个下载版本，推荐安装社区版，因为是免费使用的。

　　（2）下载完成后，双击安装，弹出软件欢迎界面，如图 2.12 所示。在欢迎界面中，直接单击 "Next" 按钮进入下一个界面。

图 2.12　PyCharm 安装欢迎界面

（3）打开选择程序安装路径的界面，PyCharm 占用的内存较大，不建议安装在 C 盘，在此界面可以修改安装目录，如图 2.13 所示。修改好安装目录后，单击 "Next" 按钮进入下一步。

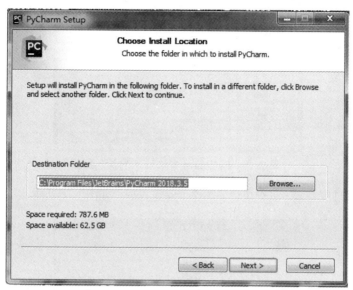

图 2.13　PyCharm 安装路径选择界面

（4）根据计算机是 32 位的还是 64 位的，选择对应的选项，一般为 64 位的系统。选择对应的选项之后，单击 "Next" 按钮进入下一步，如图 2.14 所示。

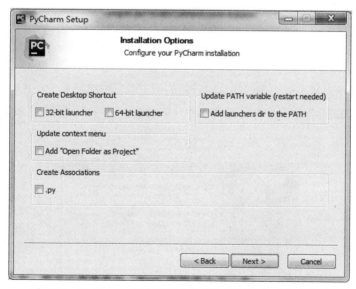

图 2.14　PyCharm 安装过程中选择计算机位数对应的选项

（5）这一步操作会在程序中建立一个应用的文件夹，然后把应用程序放在程序的文件夹下。这样，程序的启动也是比较方便的。然后，单击 "Install" 按钮进入下一步，如图 2.15 所示。

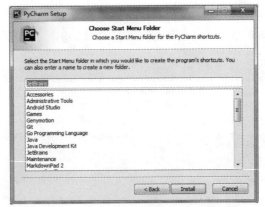

图 2.15　PyCharm 安装的程序名称界面

（6）打开安装进度界面，进度条会显示整个安装过程，如图 2.16 所示。

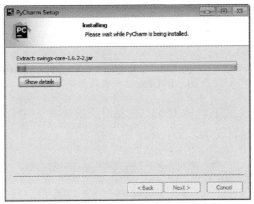

图 2.16　PyCharm 安装进度

（7）当进度条从左侧走到右侧的尽头时，就表明安装任务已经完成。此时会进入安装成功的界面，并提示：PyCharm 程序已经安装到了你的计算机上，如图 2.17 所示。单击"Finish"按钮，完成 PyCharm 的安装。

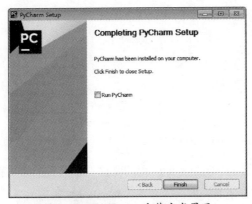

图 2.17　PyCharm 安装完成界面

2.3.2 启动 PyCharm 工具

（1）双击桌面上的 PyCharm 图标，可以进入如图 2.18 所示的界面。

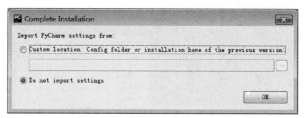

图 2.18　PyCharm 启动界面第一步

这个对话框是询问从哪里导入 PyCharm 设置，选中"Do not import settings"单选按钮，表示以后再进行导入，然后单击"OK"按钮，进入下一步。

（2）进入用户协议相关声明界面，如图 2.19 所示。

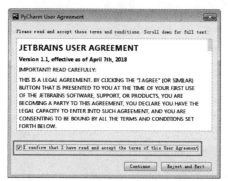

图 2.19　PyCharm 启动界面第二步

选中"I confirm that I have read and accept the terms of this User Agreement"复选框后，单击"Continue"按钮，进入下一步。

（3）打开数据分享对话框，询问是否愿意将信息发送到 JetBrains 来提升程序的产品质量，如图 2.20 所示。

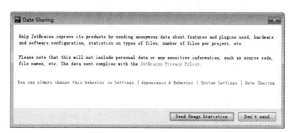

图 2.20　PyCharm 启动界面问卷调查界面

单击"Send Usage Statistics"或"Don't send"按钮进入下一步。

（4）这一步界面显示的是编辑器的样式，即选择在什么样的编辑器样式下进行代码编写，如

图 2.21 所示。这种样式也有一个美称，叫作皮肤。

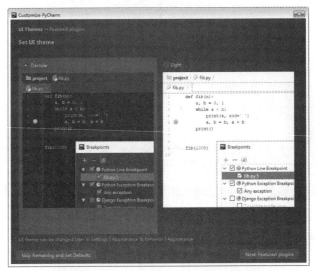

图 2.21　PyCharm 启动过程编辑界面样式选择

　　在皮肤的选择上，建议选择 Darcula 主题，相对来说对眼睛会好一些。也可以直接单击对话框下方的 "Skip Remaining and Set Defaults" 按钮跳过默认设置值，进入下一步。

　　（5）打开程序许可使用的激活对话框，如图 2.22 所示

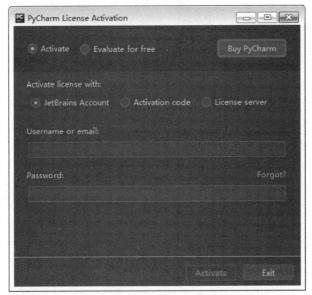

图 2.22　PyCharm 启动过程激活对话框

激活方式分为以下 3 种。

① JetBrains Account 账户激活。

② Activation code 激活码（推荐）。

③ License server 授权服务器激活（推荐）。

如果没有激活码，则可以使用 Evaluate 试用，试用时间一般是 30 天。

（6）激活后，就出现了 PyCharm 的启动界面，如图 2.23 所示。

图 2.23　PyCharm 启动界面进度条

2.3.3　PyCharm 创建第一个 Python 程序

（1）PyCharm 开发编辑工具启动后，需要创建一个新项目，选择 "File" → "New Project" 选项，如图 2.24 所示。

（2）在弹出的对话框中可以看到新项目的默认名字是 "untitled"，可以更换项目名称，如图 2.25 所示。

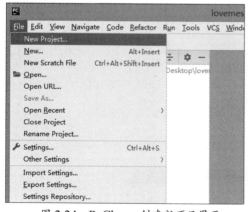

图 2.24　PyCharm 创建新项目界面

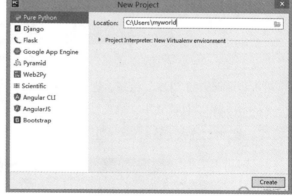

图 2.25　为项目命名界面

图 2.25 中把项目命名为 "myworld" 后，单击 "Create" 按钮。

（3）PyCharm 会弹出一个对话框，询问是否要新建窗口打开项目，还是在当前窗口中打开项目，如图 2.26 所示。

图 2.26　是否打开项目的窗口确认

　　如果在当前窗口中新建这个项目，则单击"This Window"按钮；如果在新窗口中新建这个项目，则单击"New Window"按钮。选择在当前窗口中新建这个项目，单击"This Window"按钮。

　　（4）进入 PyCharm 项目窗口，窗口左侧会显示创建的项目名称，在项目名称上右击，在弹出的快捷菜单中选择"New"→"Python File"选项，如图 2.27 所示。

图 2.27　新建程序文件

这时会弹出"New Python file"对话框。

　　（5）在"New Python file"对话框中输入新建的 Python 文件的文件名，如图 2.28 所示。

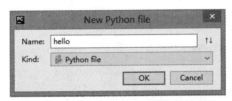

图 2.28　"New Python file"对话框

单击对话框中的"OK"按钮，进入编辑文件的模式。

　　（6）在编辑文件模式下，输入以下代码，如图 2.29 所示。

```python
print("你好，这个世界！")
```

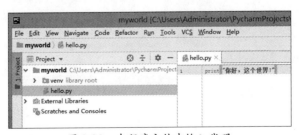

图 2.29　在程序文件中输入代码

（7）在左侧 hello.py 中右击，在弹出的快捷菜单中选择"Run 'hello'"选项即可运行程序，如图 2.30 所示。

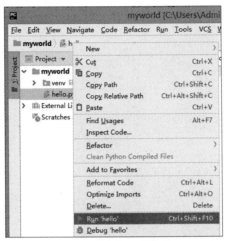

图 2.30　运行程序文件

（8）运行后，在控制台输出如图 2.31 所示的内容。

图 2.31　显示程序文件结果

<h1>2.4　本章小结</h1>

本章主要介绍了 Python 环境和 Python 编辑工具的安装。进行程序设计需要搭建工作环境，有了工作环境，才能保证代码的正确执行。接着介绍了编辑工具的选取。PyCharm 作为 Python 编辑工具的主流，也是本书中代码编辑运行的根本。

第 3 章

变量和数据类型

本章主要介绍程序设计中经常操作的数据。如果在程序中使用的数据是 10、20 等这样的数字，就叫作数值型；如果数据是小张、小刘、小王这样的用文字描述的，就叫作字符串。这些都是程序中数据的基本类型。每个基本类型的值在程序的运行过程中如果是变化的，则这个值为变量。要把一个程序的代码写好，就必须了解变量和简单的数据类型。

3.1 变量的提出

刚接触程序时，可能会对变量很陌生，下面具体介绍。

3.1.1 变量的引入

变量来源于数学，是计算机语言中储存计算结果或表示值的抽象概念。

变量可以通过变量名访问，格式如下。

变量名　＝　值

下面尝试在代码中使用一个变量，代码如下。

程序清单 3.1　Python 使用变量的功能

```
message = " 你好，Python 的世界 "
print(message)
```

运行以上程序后，其运行结果如图 3.1 所示。

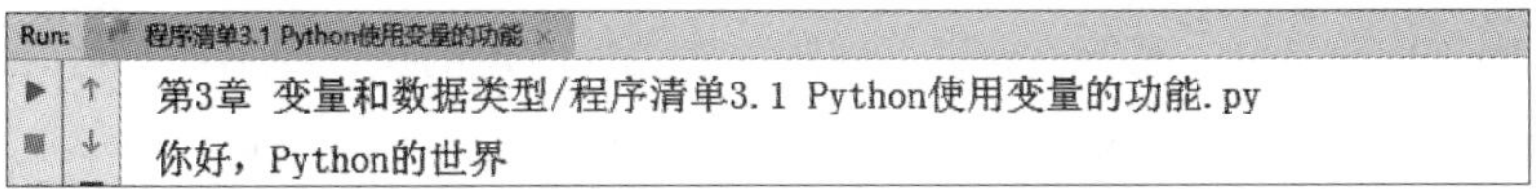

图 3.1　Python 使用变量的功能的运行结果

在程序清单 3.1 的代码中，定义了一个名为 message 的变量，并存储了一个值，添加变量导致 Python 解释器需要做更多工作。处理 message=" 你好，Python 的世界 " 代码时，Python 解释器将文本"你好，Python 的世界"与变量 message 关联起来；而处理 print(message) 代码时，Python 解释器将与变量 message 关联的值打印到屏幕。

如果要改变变量值，则可以继续对程序做修改，代码如下。

程序清单 3.2　Python 中改变程序变量值的功能

```
message = " 你好 "
message="Python 的世界 "
print(message)
```

以上代码中，message 存储的值为文本"Python 的世界"，并不是"你好"，由此可发现变量与值之间是一对一地关联信息。

在程序运行时，一个变量只能代表一个值。

处理 message=" 你好 " 时，Python 解释器将文本"你好"与变量 message 关联起来；再处理 message="Python 的世界"代码时，Python 解释器又将文本"Python 的世界"与变量 message 关联起来；最后处理 print(message) 代码时，Python 解释器将与变量 message 关联的值打印到屏幕。

下面进一步扩展这个程序，使其打印不同时刻的变量消息，代码如下。

程序清单 3.3　Python 中改变变量值并输出的功能

```
message = " 你好, Python 的世界 "
print(message)
message = " 你好, Python 疯狂的世界 "
print(message)
```

运行以上程序，运行结果如图 3.2 所示。

图 3.2　Python 改变变量值并输出的运行结果

在程序中只要改变 message 的值，就打印一行 message。程序可随时修改变量的值，而 Python 将始终记录变量的最新值。

3.1.2　变量的命名和使用

在 Python 中使用变量时，需要遵守以下规则，违反这些规则在程序中将引发错误。

（1）变量名只能包含字母、数字和下划线。特别注意的是，变量名可以以字母或下划线开头，但不能以数字开头。例如，可将变量命名为 message_1，但不能将其命名为 1_message。

（2）变量名不能包含空格，但可使用下划线来分隔其中的单词。例如，变量名 greeting_message 可行，但变量名 greeting message（中间有空格）会引发错误。

（3）不要将 Python 关键字用作变量名，即不要使用 Python 中有特殊用途的单词，也叫保留字，如 print 在 Python 中是打印语句专门使用的，即 Python 的关键字。起变量名时尽量避免与关键字重名，只要在程序中表达某种逻辑必须使用的英文单词，就不能定义成变量名。

变量名尽量具有一定的描述性。例如，name 比 n 好，student_name 比 s_n 好，name_length 比 length_of_persons_name 好。

注意：慎用小写字母 l 和大写字母 O，因为它们可能被错看成数字 1 和 0。

Python 中一般使用小写的变量名。在变量名中使用大写字母虽然不会导致错误，但还是应避免使用大写字母。

3.1.3 变量名的命名错误

程序员也难免会犯错，而如何高效地消除错误则是程序员必须练就的本事。下面介绍几种可能会犯的错误。

下面有意地编写一些引发错误的代码，如拼写不正确的单词"message"。

程序清单 3.4　Python 中使用的变量拼写错误

```
message = " 你好, Python 的世界 "
print(mesage)
```

程序存在错误时，Python 解释器将竭尽所能地找出问题所在。程序无法成功地运行时，解释器会提供一个 traceback。traceback 是一条记录，指出解释器尝试运行代码时，在什么地方发生了什么样的故障，其运行结果如图 3.3 所示。

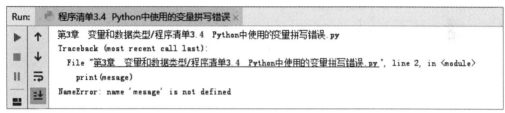

图 3.3　Python 中使用的变量拼写错误的运行结果

图 3.3 中显示代码文件的第 2 行存在错误，并列出了这行代码，旨在帮助程序员快速找出错误，同时还指出了存在什么错误，即打印的变量"mesage"未定义，Python 无法识别该变量名。名称错误通常意味着两种情况：一种是使用变量前没有给它赋值，另一种是输入变量名时拼写不正确。

在程序清单 3.4 的代码中，变量名"mesage"中遗漏了字母 s。Python 解释器不会对代码做拼写检查。假设在代码中的另一个地方也将 message 错误地拼写成了"mesage"，代码如下。

程序清单 3.5　Python 中使用的变量不做拼写检查

```
mesage=" 你好, Python 的世界 "
print(mesage)
```

以上程序将成功地运行，其运行结果如图 3.4 所示。

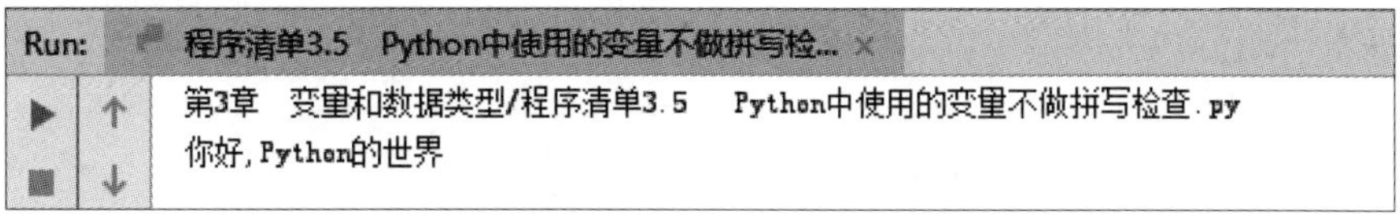

图 3.4　Python 中使用的变量不做拼写检查的运行结果

因此，创建变量名和编写代码时，无须考虑英语中的拼写和语法规则。

编程中的错误其实并不复杂，可能只是在程序的某一行输错了一个字符，为找出这种错误花费很长时间的情况常有。这就要求程序员多练习和多积累找错误的方法，当然，在开发过程中细心也是非常有必要的。

3.2 字符串的认识

变量标识的是一个值，但这个值可能是字符串或数字等。

3.2.1 字符串的概念

不同长度的中文组成的串值，在程序中叫它字符串。字符串表示为一系列字符组成的串。

在 Python 中，用引号引起来的都是字符串，其中的引号可以是单引号，也可以是双引号。

"这是个字符串"

'这也是一个字符串'

但需要注意的是，单引号是成对出现的，双引号也是成对出现的，单引号中可以有双引号，双引号中可以有单引号。形如下面的形式。

'我说的是"这是一个字符串"'

"你说的也是'这是一个字符串'"

"我们说的都是'这也是一个字符串'."

"我们得出一个结论'下一句是废话吧，直接说同上'."

以上几段话里有双引号里引用单引号，单引号里引用双引号，但不管是什么样的引号，一定是成对出现的，而且哪个引号先开始，这个引号就一定会后结束，是有嵌套关系的。

下面介绍几种关于字符串操作的相关方法，可在程序设计中使用，这些方法可以理解成 Python 已经实现好的功能，直接调用即可，为程序设计提供了方便。

3.2.2 修改字符串单词的大小写实战

若字符串中含有英文字母，修改其中单词的大小写就是程序设计中的一种需求。下面的代码实现了这项功能。

程序清单 3.6 Python 修改字符串中每个单词首字母大写的功能

```
message = "hello,my dear Python world"
print(message.title())
```

以上代码的运行结果如图 3.5 所示。

图 3.5 Python 修改字符串中每个单词首字母大写的运行结果

在程序清单 3.6 代码中, 小写的字符串 "hello, my dear Python world" 就被存储到了定义的变量 message 中。在 print() 语句中, 方法 title() 出现在这个变量的后面。方法是 Python 可以执行的功能。在 message.title() 代码中, message 后面的句点 (.) 表示让 Python 对变量 message 执行方法 title() 指定的操作。Python 开发好的功能一般都是用作方法, 方法的调用就是在方法的名称后面加一对括号即可, 如 title() 表示要调用 Python 的 title 功能。

title() 的功能为以首字母大写的方式显示每个单词, 即将每个单词的首字母都改为大写。

除 title() 外, 还有一些大小写处理方法。

（1）将全是字母的字符串改为全部大写, 代码如下。

程序清单 3.7　Python 实现全部字母大写的功能

```
message="hello ,  my dear Python "
print(message.upper())
```

以上代码的运行结果如图 3.6 所示。

图 3.6　Python 实现全部字母大写的运行结果

程序清单 3.7 的代码中, message 后的方法 upper() 就是把字母全部转化成大写字母。在程序设计时, 有时无法依靠用户来提供正确的大小写, 也不能保证用户一定会根据要求提供大写字母, 这就需要将字符串先转换为大写再进行处理, 就容易满足程序中要求接收大写字母的需求。

（2）将全是字母的字符串改为全部小写, 代码如下。

程序清单 3.8　Python 实现全部字母小写的功能

```
message= "Hello , My dear Python "
print(message.lower())
```

以上代码的运行结果如图 3.7 所示。

图 3.7　Python 实现全部字母小写的运行结果

程序清单 3.8 的代码中, 字符串 message 中存在大写字母, 如果开发需求中要求接收的是小写字母, message 后的 lower() 就有用武之地了。当无法依靠用户来提供正确的大小写, 需要将字符串先转换为小写, 再进行其他逻辑的处理时, 就可以使用 lower() 方法将所有的字母转化成小写字母。

3.2.3 拼接（合并）字符串实战

使用加号合并字符串的方法称为拼接，也叫合并。拼接可以把很多存储在变量中的分离的信息合成完整的消息。

把两个或多个字符串合成一个字符串，代码如下。

程序清单 3.9 Python 实现字符串拼接的功能

```
you=" 吃了吗？"
me=" 吃的炸酱面，挺实惠的 "
you_and_me=you+me
print(you_and_me)
```

以上代码中，有一个加号（+），在变量 you 和变量 me 之间，Python 使用加号来合并字符串。合并之后形成一句话，以上代码的运行结果如图 3.8 所示。

图 3.8 Python 实现字符串拼接的功能的运行结果

下面引入一条新的语句——input 输入语句，用来接收用户输入的信息，代码如下。

程序清单 3.10 Python 实现输入字符串拼接的功能

```
name= input(" 输入你的名字 ：")
welcome=" 欢迎光临 "
message=name+" ，"+welcome
print(message)
```

以上代码实现与用户互动，input() 方法的功能是程序等待用户输入名字，若用户不输姓名不会再执行下面的程序。后面用了拼接的方法，把输入的名字、"，"和"欢迎光临"3 种信息拼接成一句话，将分散的信息拼接成完整的欢迎词内容，完成对用户的欢迎。

程序的运行结果如图 3.9 所示。

图 3.9 Python 实现输入字符串拼接的功能的运行结果

input() 的功能后续还会继续介绍。

3.2.4 字符串中使用特殊字符的实战

在程序设计中，有些特殊字符是需要注意的，比如字符串中的空白，这里的空白泛指任何非打印字符，如空格、制表符和换行符。提到的制表符指的是不使用表格的情况下在垂直方向按列对齐文本。换行符指的是可以用这个特殊符号把后面的文字进行换行显示。

（1）在字符串中添加制表符，可使用字符组合 "\t"。

程序清单 3.11　Python 实现字符串添加制表符的功能

```
message1=" 姓名 \t 性别 \t 年龄 \t 特点 "
message2=" 老不懂 \t 女 \t 保密 \t 貌美 "
print(message1)
print(message2)
```

以上代码的运行结果如图 3.10 所示。

图 3.10　Python 实现字符串添加制表符的功能的运行结果

可以看到运行结果就像是排列好的表格，\t 制表符就可以达到这样的作用。

（2）要在字符串中添加换行符，可使用字符组合 "\n"。

程序清单 3.12　Python 实现字符串添加换行符的功能

```
message=" 春困秋乏夏打盹 \n 冬眠不是一小会 \n 一年四季皆可睡 \n 一生风雨都恩惠 "
print(message)
```

以上代码的运行结果如图 3.11 所示。

图 3.11　Python 实现字符串添加换行符的功能的运行结果

特殊字符 \n 起到了换行的作用。其实 \n 和 \t，都是用一个 "\" 加上一个字母的组合。其他的一些转义字符，使用上与 "\n" 和 "\t" 是一样的。

（3）Python 常用的转义字符如表 3.1 所示。

表 3.1　Python 常用的转义字符

转义字符	功能
\\	反斜杠符号
\'	单引号
\"	双引号
\r	回车

3.2.5 删除字符串空白实战

字符串的空白，在程序中对程序员的困扰也挺大的。例如"我学习 Python"和" 我学习 Python "看起来是一句话，但对程序来说，它们是两个不同的字符串。含有空白的字符串在程序中是认为有意义的，不会把这个空白忽略不计。

如果需要比较两个字符串是否相同，字符串中含有空白和不含有空白都会使结果不同。开发时不小心对某个字符串多加一个空格，这是不利于程序中对字符串进行比较判断的。例如，在考试系统中，用户输入一个答案后，后台会将事先存储好的答案与用户输入的答案进行比对，如果其中任何一个答案多了一个空白字符，也就是"A"和"A"的情况，程序就会认为这是两个不同的答案，而在这种考试系统中这两个答案需要认为是同一个答案，虽然可能用户不小心多敲了一个空格或者几个空格。考试系统中除了选择题外也会有填空题，填空题中的空格的多少就更会影响到程序的判断结果。因此，在 Python 字符串方法中，删除数据中多余的或者无意义的空白就显得尤为必要。

（1）要确保字符串末尾没有空白，可使用 rstrip() 方法。

程序清单 3.13　Python 实现字符串末尾清除空白且原字符串不改的功能

```
answer="A    "
print(answer.rstrip())
print(answer)
```

在程序清单 3.13 的代码中，存储在变量 answer 中的字符串末尾包含很多多余的空白。变量 answer 调用 rstrip() 方法后，这些多余的空格就被删除了。在输出的内容中用鼠标拖一下，就可以看到是否达到了删除空白的效果。但是，程序的最后继续输出 answer 的内容时发现，这种删除只是暂时的，原来的变量里存放的还是有空白的内容，这是因为 answer 执行了 rstrip() 方法后，没有把原来 answer 中的值覆盖，使 answer 仍然保留了原来没有删除空白的变量值，这时就需要执行 answer.rstrip() 后再将其结果存到 answer 变量中，即"变量名 = 内容"，这样 answer 中的值即为删除空白后的内容，代码如下。

```
answer = answer.rstrip()
```

"="是一个赋值符号，就是把右边的内容放到左边的变量中去。

程序清单 3.14　Python 实现字符串末尾清除空白且原字符串修改的功能

```
answer="A    "
answer=answer.rstrip()
print(answer)
```

运行以上程序，其结果就是没有空白的"A"了，answer 中的变量值也没有了空白。

（2）要确保字符串开头没有空白，可使用 lstrip() 方法。

前面探讨的空白，发生在字符串的末尾，如果空白发生在字符串开头，可以使用 lstrip() 方法来消除空白，代码如下。

程序清单 3.15　Python 实现字符串开头清除空白的功能

```
answer="    A"
answer=answer.lstrip()
print(answer)
```

以上程序的运行结果为前面没有空白的"A"了，同样也需要用"变量名 = 内容"语句去改变运行中的变量内容，不然变量 answer 中还是前面有空白的"A"。

（3）要确保字符串开头和结尾都没有空白，可使用 strip() 方法。

发生在字符串末尾的空白用 rstrip() 方法，发生在字符串前面的空白用 lstrip() 方法。如果字符串前面和后面都有空白，可以先使用 rstrip() 方法，再使用 lstrip() 方法。当然，Python 也提供了一次性消除字符串前面和后面空白的方法，即 strip() 方法。

程序清单 3.16　Python 实现字符串两头清除空白的功能

```
answer="    A     "
answer=answer.strip()
print(answer)
```

以上代码输出的答案"A"，把字符串前面和后面的空白都消除了。

3.2.6　判断字符串全是字母还是全是数字的实战

一般情况下电话号全是数字，不能出现字母；一个外国人的名字如果叫"tom.6"，显然是不符合习惯的，名字中是不可能出现数字 6 的。为了保证某些字符串的合理性，有必要判断一下字符串是否全是字母或全是数字，Python 提供了这样的方法。

（1）isalpha() 方法用来判断字符串是否全是字母。

现在用程序来判断一下外国人的姓是否正确，代码如下。

程序清单 3.17　Python 实现判断外国人的姓中是否全是字母的功能

```
family="tomcat"
family1="tom6"
print(family.isalpha())
print(family1.isalpha())
```

以上代码的运行结果如图 3.12 所示。

图 3.12　Python 实现判断外国人的姓中是否全是字母的功能的运行结果

运行结果中出现的 True 表示计算机对这个变量中内容的肯定，即所判断的姓中全是字母。相反，计算机输出 False，则表示所判断的姓中不全是字母。

（2）isdigit() 方法用来判断是否全是数字。

isdigit() 方法和 isalpha() 方法用法一致，只是用来判断字符串是否全是数字而已。

程序清单 3.18　Python 实现判断电话号字符串是否全是数字的功能

```
tel="1391122"
tel1="139112a"
print(tel.isdigit())
print(tel1.isdigit())
```

以上程序定义了两个变量，存储的是电话号码，但是号码是有错误的。程序的作用是判断 tel、tel1 是不是全是数字。以上代码的运行结果如图 3.13 所示。

图 3.13　Python 实现判断电话号码是否全是数字的功能的运行结果

（3）isalnum() 方法用来判断是否既有字母又有数字。

一些网站的用户名注册要求既要有字母，又要有数字。isalnum 实现了这样的判断。

程序清单 3.19　Python 实现判断用户名字符串是否既有字母又有数字的功能

```
user="1391122"
user1="139112a"
print(user.isalnum())
print(user1.isalnum())
```

这段程序中，定义了两个用户名，要求用户名必须既有字母又有数字。以上代码的运行结果如图 3.14 所示。

图 3.14　Python 实现判断用户名字符串是否既有字母又有数字的功能的运行结果

3.2.7　字符串的查找

查找可分为首词的查找、尾词的查找和任意位置词的查找。

（1）首词的查找。

Python 对于首词的查找，使用 startswith 方法。

程序清单 3.20　Python 实现字符串首词查找的功能

```
name=" 李颖 "
```

```
name1=" 杨雪 "
print(name.startswith(" 杨 "))
print(name1.startswith(" 杨 "))
```

以上代码完成的功能就是判断程序中出现的两个人是不是姓"杨",运行结果如图 3.15 所示。

图 3.15　Python 实现字符串首词查找的功能的运行结果

（2）尾词的查找。

Python 对于尾词的查找,使用 endswith 方法。

程序清单 3.21　Python 实现尾词查找的功能

```
name=" 李颖 "
name1=" 杨雪 "
print(name.endswith(" 颖 "))
print(name1.endswith(" 颖 "))
```

以上代码的功能就是用 endswith 方法判断"两人名字是否以颖字结尾",运行结果如图 3.16 所示。

图 3.16　Python 实现尾词查找的功能的运行结果

（3）任意位置词的查找。

Python 对于任意位置词的查找,使用 find 和 rfind 两种方法都可以。

find 和 rfind 只与查找的方向有关,find 从左往右查,rfind 是从右往左查。

程序清单 3.22　Python 实现字符串中任意词查找的功能

```
articles=" 明朝的叛徒吴三桂投降清军,残酷镇压南明政权,双手沾满了中原百姓的鲜血。"
print(articles.find(" 叛徒 "))
print(articles.rfind(" 叛徒 "))
```

以上代码实现的功能是从 articles 变量存储的内容中查找是否有"叛徒"两字,使用了 find()
和 rfind() 两种方法去查找。运行结果如图 3.17 所示。

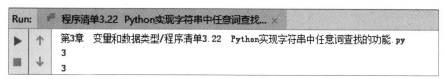

图 3.17　Python 实现字符串中任意词查找的功能的运行结果

从运行结果中可以看出，3 就是"叛徒"一词的位置，计算机计算字符串中某个字符的位置，一般从 0 开始计数，查到"叛徒"正好是 3，不管从左还是从右查，位置编号是不可变的。

3.2.8 字符串的替换

前面实现了对字符串的查找，而查找的目的有时是为了替换，Python 的 replace 即可实现替换操作。

程序清单 3.23　Python 实现字符串替换的功能

```
news="上抖音，参与分 20 亿元现金红包，说不定你就是下一个万元锦鲤 "
news=news.replace(" 锦鲤 "," 幸运儿 ")
print(news)
```

以上代码的功能是将 news 内容中的"锦鲤"替换成"幸运儿"。使用了 replace() 语句，其格式是 replace（旧字符串，新字符串，替换个数），如果指定了第三个参数，即替换个数，则旧字符串被新字符串只替换指定个数的字符串；如果找不到旧字符串，则无法替换；如果不指定替换个数，将会全部替换。替换后要注意把替换后的值放到 news 变量中，否则被替换的内容就不能被保存下来。以上代码的运行结果如图 3.18 所示。

图 3.18　Python 实现字符串替换的功能的运行结果

3.3 数字的认识

变量是字符串的值中最常见的。在生活中，如菜价、年龄等，都是数值；而菜价今天和明天是不一样的，是变化的量。

"5"*3 等于多少

以上运算的结果是 555，而不是 15。如果要输出 15，就要有数字型。

5*3=15

这里的 5 是没有引号的。

在编程中，经常使用数字来记录游戏得分、表示可视化数据、存储 Web 应用信息等。Python 根据数字的用法以不同的方式处理它们。鉴于整数使用起来最简单，下面就先介绍 Python 中整数的运算方法。

3.3.1 整数

在 Python 中，整数是可以进行运算的。用一个简单的例子来说明整数进行加（＋）、减（－）、乘（＊）、除（／）运算。

程序清单 3.24 Python 实现整数基本运算的功能

```
print(3+4)
print(10-7)
print(5*7)
print(14/7)
```

以上代码的运行结果如图 3.19 所示。

图 3.19 Python 实现整数基本运算的功能的运行结果

在程序中使用整数，可以实现对数值的统计，如网站的单击量、游戏中的积分、商品的购买数量等。这些数值的存在为程序设计提供了很多方便。

3.3.2 浮点数

变量的值除整数外，还有小数。在 Python 中将带小数点的数字称为浮点数。浮点数也可以实现加减乘除运算。

程序清单 3.25 Python 实现浮点数运算的功能

```
print(0.1+0.1)
print(0.2-0.1)
print(2*0.1)
print(0.4/2)
```

以上代码实现了浮点数的运算，其运行结果如图 3.20 所示。

图 3.20 Python 实现浮点数运算的功能的运行结果

但需要注意的是，小数的运算不都是很准确的，有可能会出现预想不到的结果，出现的小数位数也是不确定的。

程序清单 3.26　Python 浮点数运算不准确

```
print(0.2+0.1)
print(3*0.1)
```

上面这个例子，出现了一个意想不到的地方，0.2+0.1 应该等于 0.3，但结果为 0.30000000000000004。

原因是，有很多种事物存在两种状态，两种状态容易使计算机硬件的设计趋于简单，如一条电线有电代表 1，没电代表 0，若干条电线组合就可以表示很多种数据，而若干条电线可以把它们放在电路板上形成集成电路。这种只有两个状态表示数据的方法叫二进制。二进制就是用 0 和 1 两种状态来表示的数。浮点数在计算机中实际上也是以二进制存储的，但表示起来并不精确。

例如，0.1 是十进制，用二进制表示就是一个无限循环的数：

```
0.0001100110011001100110011001100110011001100110011001100110011100
```

关于二进制和十进制的转换可以自行了解一下。Python 是以双精度（64 位）来保存浮点数的，后面多余的会被省去，所以在计算机上实际保存的值已经小于 0.1 了，在参与运算时就产生了误差。

3.4 注释

博物馆中展品旁边的标签，作用是对物件进行解释，如图 3.21 所示。同样，程序也是一样。只不过在程序中，这种解释叫作注释。

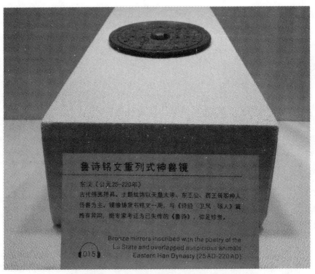

图 3.21　展览馆展品旁边的标签

注释存在着价值描述的功能。如果编写的程序越来越大、越来越复杂，光有代码，没有添加说明，读起来会特别累，同时也不能提高解决问题的效率，每次进行修改，都要进行代码的再次理解，如果有了注释，有些事情就能事半功倍了。

注释，可以理解成使用容易理解的自然语言在程序中添加说明。

3.4.1 编写注释实战

在 Python 中，注释用"#"标识。# 后面的内容就可以作为代码的说明。

程序清单 3.27　Python 实现单行注释的功能

```
# 利用 Python 语言来问好
print(" 你好，Python 编程的世界 !")
```

以上代码就是用 print 打印了一条语句，但在语句的上面用 # 做了一个注释。

3.4.2 多行注释实战

可以完成注释，但注释的语句只限于一行，换行还需要在前面继续加#，直接换行会产生错误。如果语句行数很多，看着就很不规范，此时可以采用另外一种多行注释的方法。

多行注释的格式是以 3 个双引号（ """ ）开始，中间写多行注释的内容，以 3 个双引号（ """ ）结束。

程序清单 3.28　Python 实现多行注释的功能

```
"""
这是学习 Python 的第一个程序
这是程序入门者的第一课
这也是对多行注释的解释
"""

print(" 你好，Python 编程的世界 ")
```

3.5 能力测试

1. 将"把 Python 语言进行到底"存储到变量中，并用打印语句输出这个变量的值。
2. 删除"　欢乐敲代码　"这个字符串两端的空白。
3. 将英文句子"This Is A Big Knife"中的大写字母全部转化成小写字母输出。

3.6 面试真题

下面的变量名命名正确的有哪些？

```
print    1fas    contin    abc123    this_1_book    a+b
```

解析：这道题主要是对变量名的命名规则进行考核。变量名首先必须由字母、数字、下划线组成，再则首字符必须不能是数字，最重要的是，Python 的一些关键字不能作为变量名来命名。print 是 Python 的关键字，不能用作变量名； 1fas 的首字符为数字 1，不符合变量名的命名规则；contin 全是字母，是合规的变量名；abc123 是由字母和数字组成的，首字符不为数字，是合规的变量名；this_1_book 是由字母、数字、下划线组成的，首字符不是数字，是合规的变量名；a+b 中有不合规的符号"+"，不是合规的变量名。

3.7 本章小结

本章主要介绍程序设计中最基本的变量的使用和命名，变量经常使用的数据类型。这是进行程序设计必须掌握的第一步。合理地命名变量、使用变量、确定变量的数据类型，是程序设计过程中需要逐步深化和体会的内容。

第4章

顺序结构

本章主要介绍程序结构中最直接、最简单的结构——顺序结构。通过顺序结构可以了解一个程序要如何开始，为程序编码打下良好基础。

4.1 顺序程序设计

编程可以理解为程序员设计的一部戏。如果把人生比作一部戏，从出生到上学、毕业再到工作、结婚，最后人生落幕，这是每个人一生的普遍轨迹。图 4.1 所示就是人生轨迹的顺序结构程序。

图 4.1　顺序结构程序

图 4.2 所示就是人生轨迹中毕业后拐点的分支结构程序。

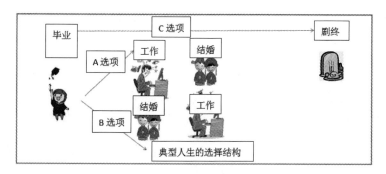

图 4.2　分支结构程序

图 4.3 所示就是人生轨迹周而复始的循环结构程序。

图 4.3　循环结构程序

以上举例中有 3 个关键词：顺序、拐点和循环。

其实这 3 个关键词就是程序所说的：顺序、条件和循环。

下面先认识一下顺序结构的 Python 程序，代码如下。

程序清单 4.1　计算圆的面积

```
r=10
s=3.14*r*r
print("圆的面积是：")
print(s)
```

以上程序之所以叫作顺序结构，是因为要想计算圆的面积，必须先知道半径 r，然后才能用 3.14*r*r 这个算式将结果算出来。与解方程是一样的，必须知道其中一个变量的值，才能求解出另一个变量。最后将求解出的变量值打印。这就是顺序结构，也是程序设计中的顺序结构的逻辑。

顺序结构就是思考问题时，先把已知的内容设置好，即赋值；然后去求解未知的内容，最后将求解的内容输出，归纳如下。

（1）设置已知的内容。

（2）求解未知的内容逻辑。

（3）输出未知的内容。

编程思路也可以归纳如下。

（1）分析问题。

（2）找寻问题的逻辑。

（3）编写代码并调试。

（4）运行程序，验证结果。

4.2　常量与变量

4.2.1　常量

引入常量是因为有的名称被定义了就一直都没有改变过，把程序中一直不改变的量叫作常量。图 4.4 所示是对常量的理解。

图 4.4　人的名字是常量

但需要注意的是，Python 中没有使用语法强制定义常量，一般规定用变量名全大写表示这是一个常量。然而这种方式并没有真正实现常量，其对应的值仍然可以被改变。

定义常量是便于没有程序基础的人对某些值有一个理性的认识，如图 4.5 所示。

图 4.5　Python 对于常量的解释

下面重点讨论变量。变量是计算机语言中能储存计算结果或能表示值的抽象概念。而具体计算机内部是如何存储的，有必要进行详细介绍。

　变量

谈及存储，就不得不提内存。内存大小相当于大脑能存放多少东西，有人学完就忘，那是内存释放得太快，即把内容清出去了。内存是计算机运行时数据进行计算的地方。计算机的程序都是在内存中存储然后运行的。变量也是如此，也要存储在内存中。程序代码中需要使用这个变量运算时，这个变量才会在内存中被使用。由此，变量可以定义为内存中分配的一块空间，在空间中保存数据，变量就是用来存储数据的，如图 4.6 所示。

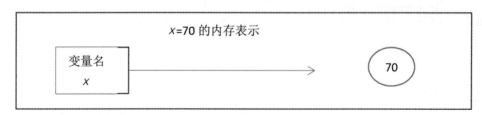

图 4.6　Python 中 x=70 的内存表示

从 x 到 70 的箭头可称为引用。引用可通过储物柜的实例来进行说明。

变量之间的赋值即把一个变量在内存中的存放地址传递给另一个变量，相当于把东西放到了一个储物柜里，储物柜会给出一个条形码，这个条形码就是概念中的另一个变量。一个变量是实际存在的储物柜的具体位置，另一个变量是记忆储物柜具体位置的条形码。实际存在的储物柜地址和这个条形码所指向的储物柜地址都是同一个地址，两个变量便都指向内存中的同一块空间，因此这两个变量的值是相等的。图 4.7 所示即为变量在内存中相当于储物柜的示意图。

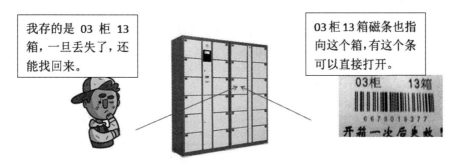

图 4.7　储物柜示意

将储物柜的思维方式应用到内存中的存储方式如图 4.8 所示。

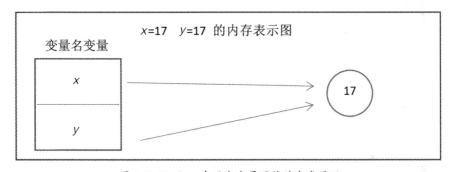

图 4.8　Python 中两个变量同值的内存原理

例如，*x*，*y* 是两个变量，*x*=17，*y*=57，这两个不同的变量值内存如图 4.9 所示。

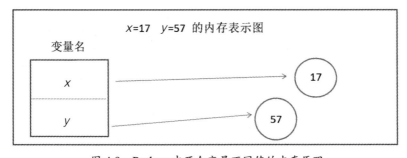

图 4.9　Python 中两个变量不同值的内存原理

如果两个变量值不等，那么分别指向不同的内存中的空间，这就是引用的含义。

获得变量在内存中的地址，可以使用 id() 函数，代码如下。

程序清单 4.2　内存地址的输出

```
a = 5
b = 10
print("a:%d    b:%d" % (a,b))
```

```
print(id(a))
print(id(b))
```

以上代码的运行结果如图 4.10 所示。

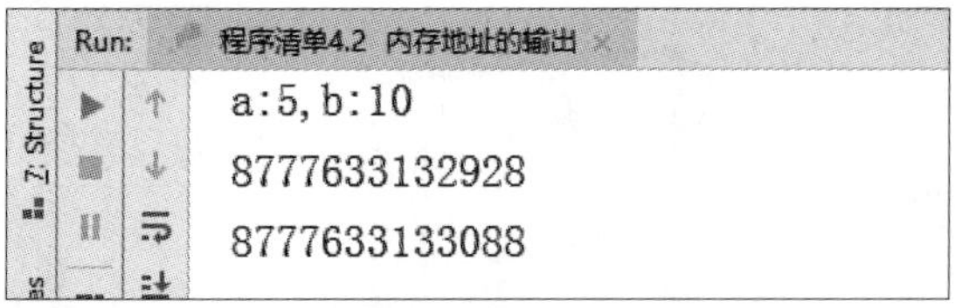

图 4.10 内存地址的输出的运行结果

此时，如果引用了第 3 个变量 c，它的值与 a 的相等，那么 c 的地址与 a 的地址一样，代码如下。

程序清单 4.3　内存地址在两个变量值相等的条件下

```
a = 5
c = 5
print("a:%d    c:%d" % (a,c))
print(id(a))
print(id(c))
```

以上代码的运行结果如图 4.11 所示。

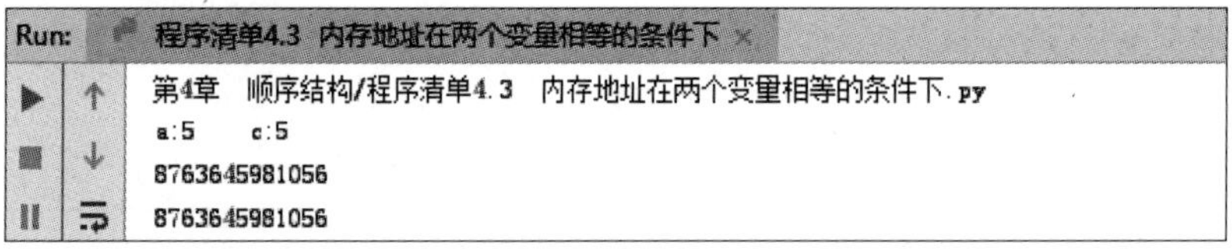

图 4.11　内存地址在两个变量相等条件下的运行结果

若修改变量 c 的值，那么内存会不会新开辟一块地址给这个变量呢？答案是肯定的，这块新的地址会赋给变量 c，变量 c 改变了内存的存储地址。

程序清单 4.4　内存地址在两个变量值相等后又改变的情况下

```
a = 10
c = 10
c = 17
print("a:%d    c:%d" % (a,c))
print(id(a))
print(id(c))
```

以上代码的运行结果如图 4.12 所示。

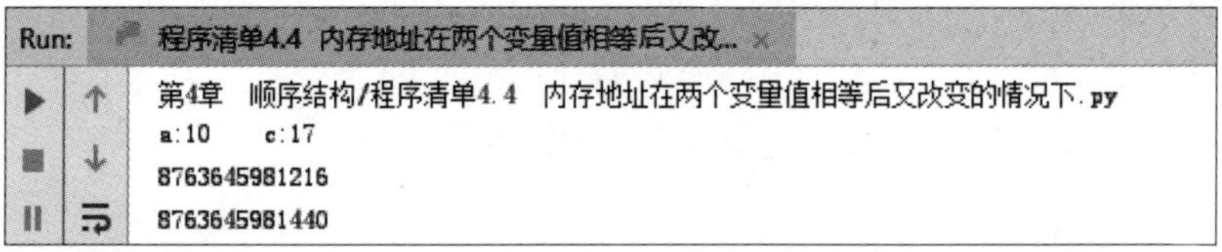

图 4.12　内存地址在两个变量值相等后又改变的情况下的运行结果

通过以上的程序案例，加深对变量的理解，这样更有助于在编程过程中对程序整个逻辑的梳理，也更容易找到程序的 bug 所在。

4.3 运算符和表达式

下面介绍变量与变量之间的运算。例如，有一个养猪场，有 30 头猪要出售了，想知道总共能卖出多少钱，首先要对重量进行求和。图 4.13 形象地利用猪的重量相加解释了求和。

猪大大的重量 + 猪小二的重量 + 猪小三的重量 +…+ 猪老疙瘩的重量 = 猪的总重量。

图 4.13　猪的重量求和

运算符其实就是一种"功能"符号，用于执行程序代码运算。

Python 运算符可以分为以下几类：算术运算符、赋值运算符、逻辑运算符和关系运算符。

4.3.1　算术运算符

算术运算符主要是用来进行一些简单的数学计算，与数学中的作用是相同的。

常用的算术运算符如表 4.1 所示。

表 4.1　Python 常用算术运算符

运算符	说明	实例	结果
+	加	34 + 12	46
–	减	12-6	6
*	乘	4*9	36
/	除	11 / 2	5.5
%	取余，即返回除法的余数	11 % 2	1
//	整除，返回商的整数部分	11 // 2	5
**	幂，即返回 x 的 y 次方	2 ** 3	8，即 2^3

代码的写法完全遵循顺序结构的特点，大致步骤如下。

（1）先把两个参与运算的变量值给出。

（2）然后用算术运算符连接。

（3）把运算结果存储到第 3 个变量中输出。

以加法运算为例，介绍算术运算符的使用，代码如下。

程序清单 4.5　算术运算符加法代码程序

```
a = 23
b = 11
the_sum = a + b
#sum 的值为 34
print("the_sum 的值为：", the_sum)
```

4.3.2　赋值运算符

赋值运算符的意义和"相当于"的意思类似，曹冲称象的故事形象地说明了这个问题，如图 4.14 所示。

图 4.14　用曹冲称象解释赋值运算符

把船理解成一个程序中的变量 x，放入大象，就是把大象赋给了船，放入物品，就是把物品赋给了船，如图 4.15 所示。

图 4.15　赋值运算符的解释

程序中是用"="来表示赋值的，即船 = 大象，就是把大象赋值给船；船是 x，"$x=$ 大象"就是计算机编程中处理的格式，图 4.16 所示即为赋值运算符的格式。

图 4.16　赋值运算符的格式

这里的等号是"赋值于"的意思，表示值赋给了变量。

下面用表格来说明一下常用的赋值运算符，如表 4.2 所示。

表 4.2　Python 常用赋值运算符

运算符	运算符意义	运算符使用方式
=	简单的赋值运算	x=y
+=	加赋值	x+=y
-=	减赋值	x-=y
*=	乘赋值	x*=y
/=	除赋值	x/=y
%=	取余数赋值	x%=y
**=	幂赋值	x**=y
//=	取整除赋值	x//=y

在表 4.2 中，除常用的赋值运算符 "=" 外，还有 "+=" "-=" 等，这些复合运算符的使用说明如下。

```
num += 1              # 把 num 值 +1
num -= 1              # 把 num 值 -1
```

以上语句实现的功能就是把 num 值进行加 1 和减 1 的操作，相当于：

```
num=num+1             # 把 num 值 +1
num=num-1             # 把 num 值 -1
```

需要注意的是，在其他语言中，如 C++ 和 Java 中，都有自增和自减操作符 "++" "--"：

```
++num   或   --num
```

由于这种写法往往是许多 bug 的来源，所以 Python 非常明智地选择没有支持自增自减操作符。

但是，在 Python 中，这种代码也是合法的，代码如下。

代码清单 4.6　Python 中 ++num 的代码使用

```
num=42
num=++num
print(num)
```

以上代码的运行结果如图 4.17 所示。

图 4.17　Python 中 ++num 的代码使用的运行结果

接下来，再看一下 --num 的代码。

代码清单 4.7　Python 中 --num 的代码使用

```
num=42
num=--num
print(num)
```

以上代码的运行结果如图 4.18 所示。

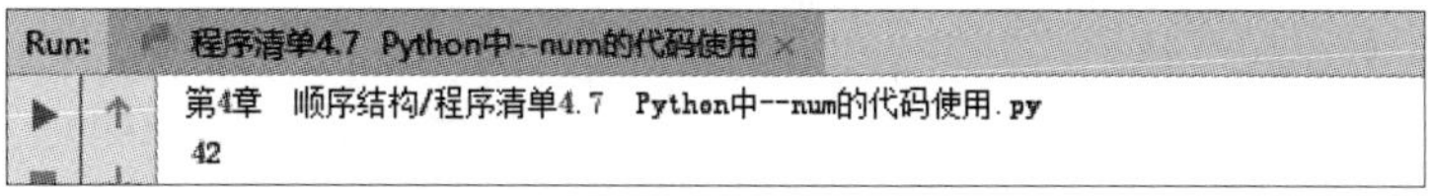

图 4.18　Python 中 --num 的代码使用的运行结果

从图 4.17 和图 4.18 可知，"++"和"--"并没有真的把 num 的值加 1 和减 1。

实际上，"-"操作符在 Python 中是一个一元操作符，它的作用是对一个值的符号取反。

代码清单 4.8　Python 中一元操作符取反

```
num=-42
print(-num)
```

以上代码的运行结果如图 4.19 所示。

图 4.19　Python 中一元操作符取反的运行结果

一个值前面有多个一元操作符是合法的。把两个"-"操作符连在一起用，是对一个值的负值取负，结果当然还是原来的值。

所以，Python 中并没有自增和自减操作符，其他语言中的自增和自减操作符在 Python 代码中意义不同，使用时并不报错。Python 只有赋值运算符的简易写法，直接用格式套用即可，这里就不再举例了。

4.3.3　逻辑运算符

下面介绍逻辑运算符。程序中为什么有逻辑运算符呢？到底什么是逻辑运算符？

在 Python 逻辑运算符中，逻辑与用 and，逻辑或用 or，逻辑非用 not。

Python 逻辑运算符的优先级为 () > not > and > or，括号的优先级总是比较高的。

下面分别介绍 or、and 和 not。

（1）逻辑运算符 or。

在 Python 中，逻辑运算符 or 用法格式很简单：x or y，x 是一个条件（或数值），y 是另一个条件（或数值），or 是或者的关系。如果 x 条件为正确的，则整个条件就是正确的；如果 x 是不为 0 的数值，则返回 x；如果 x 是错误的，y 是正确的，那么这个条件也是正确的；如果 y 不是 0 的数值，x 是 0，则返回 y；当 x 条件和 y 条件都是错误的时，就返回错误的；x 和 y 都为 0，则返回 0。

在计算机程序中，正确的一般用 True 来表示，意思为真，错误的一般用 False 来表示，意思为假。程序设计中对真和假统一称为"布尔型"，只有 True 和 False 两个值。对于数值类的数据，0 是 False，非 0 是 True。

逻辑或（or）运算就是两个条件只要有一个为 True，那么整体结果就为 True。

True 和 False 运算的规律总结如下。

① True or True：True。

② True or False：True。

③ False or True：True。

④ False or False：False。

or 运算可用电路学中的并联电路来表示，如图 4.20 所示。

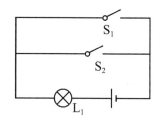

图 4.20　并联电路解释 or 运算

把数值型和布尔值混合起来进行 or 运算，示例如下。

代码清单 4.9　逻辑运算符 or 测试

```
print(3 or 4)
print(0 or 9)
print(100 or 0)
print(0 or 0)
print(True or 2)
Print(False or 1)
Print(False or False)
```

以上代码的运行结果如图 4.21 所示。

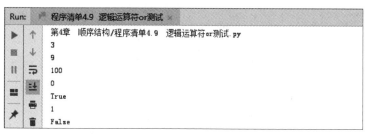

图 4.21　逻辑运算符 or 测试的运行结果

（2）逻辑运算符 and。

在 Python 中，逻辑运算符 and 的使用格式为 x and y，x 是一个条件（或数值），y 是另一个条件（或数值），and 是而且的关系。如果 x 条件为 True，而且表示还没有结束，还要看 y 条件是不是 True，只有 x 和 y 都是 True，则整个条件才是 True，其余都会使条件变成 False；如果 x 是非 0 的数值，直接输入 y 的值；如果 x 是数值 0，直接输出数值 0。也就是说逻辑 and 的作用是将 x 和 y 做并列运算；如果 x 和 y 的结果都为 True，那么整个结果则为 True；如果 x 和 y 有任意一个结果是 False，那么整个结果则为 False。

and 运算可用电路学中的串联电路来表示，如图 4.22 所示。

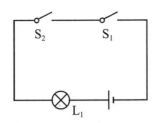

图 4.22　串联电路解释 and 运算

把数值型和布尔值混合起来进行 and 测试，示例如下。

代码清单 4.10　逻辑运算符 and 测试

```
print(3 and 4)
print(0 and 5)
print(9 and 0)
print(True and 4)
print(4 and False)
```

以上代码的运行结果如图 4.23 所示。

Run:	程序清单4.10 逻辑运算符and测试 ×
▶ ↑	第4章 顺序结构/程序清单4.10　逻辑运算符and测试.py
■ ↓	4
	0
❚❚ ⇥	0
	4
■ ≛	False

图 4.23　逻辑运算符 and 测试的运行结果

（3）逻辑运算符 not。

在 Python 中，逻辑运算符 not 的使用格式非常简单。起到的作用就是对 x 进行布尔取反 / 取非，它对应的结果也是非真即假，非假即真。用起来也比较简单，即 not True 结果就是 False，not False 结果就是 True。

4.3.4　关系运算符

关系运算符也叫作比较运算符。Python 常用的比较运算符如表 4.3 所示。

表 4.3　Python 常用的比较运算符

比较运算符	功能
>	大于，如果运算符前面的值大于后面的值，则返回 True；否则返回 False
>=	大于或等于，如果运算符前面的值大于或等于后面的值，则返回 True；否则返回 False
<	小于，如果运算符前面的值小于后面的值，则返回 True；否则返回 False
<=	小于或等于，如果运算符前面的值小于或等于后面的值，则返回 True；否则返回 False

比较运算符	功能
==	等于，如果运算符前面的值等于后面的值，则返回 True；否则返回 False
!=	不等于，如果运算符前面的值不等于后面的值，则返回 True；否则返回 False
is	判断两个变量所引用的对象是否相同，如果相同则返回 True
is not	判断两个变量所引用的对象是否不相同，如果不相同则返回 True

表 4.3 中的 is 运算符可能比较陌生，它是用来比对两个变量引用的是否是同一个对象，需要注意的是，它与 == 有本质上的区别，完全不同。== 用来比较两个变量的值是否相等，代码如下。

代码清单 4.11　Python 比较运算符 is 和 == 区别

```
a=23
b=23.0
print(a == b)
print(a is b)
```

以上代码的运行结果如图 4.24 所示。

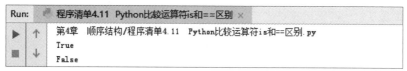

图 4.24　Python 比较运算符 is 和 == 区别的运行结果

上面代码中 a、b 两个变量都作了赋值操作，因此 a、b 两个变量的值是相等的，程序使用 "=="判断并返回 True。但由于 a、b 两个变量分别引用不同的对象，一个引用的是整数，另一个引用的是浮点数，因此 a is b 返回 False。

再看比较运算符的用法，其实也不是很复杂，也是两个变量之间或两个值之间的连接。

下面程序分步说明了比较运算符的基本用法，代码如下。

代码清单 4.12　Python 比较运算符的使用

```
print("8 是否大于 3：", 8 > 3)
print("2 的 5 次方是否大于等于 100.0：", 2 ** 5 >= 100)
print("30 是否大于等于 30.0：", 30 >= 30.0)
print("7 和 7.0 是否相等：", 7 == 7.0)
print("True 和 False 是否相等：", True == False)
```

以上代码的运行结果如图 4.25 所示。

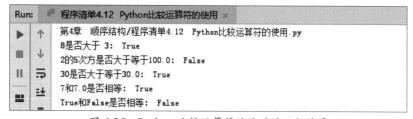

图 4.25　Python 比较运算符的使用的运行结果

4.3.5 运算符优先级

前面分别讲述了各种运算符，但当所有运算符工作在一起时，是按照从低到高优先级的顺序运算的，同一行为相同优先级。

（1）逻辑运算符：or。

（2）逻辑运算符：and。

（3）逻辑运算符：not。

（4）同一性测试：is、is not。

（5）比较：<、<=、>、>=、!=、==。

（6）加法与减法：+、-。

（7）乘法、除法与取余：*、/、%。

（8）正负号：+、-。

以上内容作为常识性内容掌握即可。

接触了3种最基本的逻辑运算符之后，现在把3种逻辑运算符混合搭配起来使用，代码如下。

```
print(7> 10 and 9 or 4 and 12< 10 or not 100> 105)
```

按照从左向右、优先级高的先执行的规则运算。首先比较运算符优先级高于逻辑运算符，这个很容易理解，运算符构成了条件表达式，没有条件就没有逻辑的成立或不成立，如果比较运算符优先级低于逻辑运算符，那就很容易变成 True 和 False 进行大于、小于或等于运算，这没有任何意义。在逻辑运算符的优先级中，not 优先级大于 and 和 or，and 优先级大于 or。具体分析的规则细化如下。

（1）首先看 not，not 后面是 100>105，即要计算 100>105 的条件是否成立，显然 False，但是前面是 not，所以 not 100>105 的结果为 True。再看其他几个条件是否成立，7>10 是不成立的，结果为 False；12<10 的结果也不成立，结果为 False，这样这个长的表达式就变成了 False and 9 or 4 and False or True。

（2）根据优先级，再算 and，False and 9 结果是 False，4 and False 结果也是 False，表达式再次缩减，变成 False or False or True。

（3）最后算 or，从左向左依次去算每一个小式子，or 的特点是有 True 为 True，所以结果为 True。

4.4 强制类型转换

类型转换对 Python 而言是必不可少的。类型转换，说得通俗一点，就是入乡随俗。Python 对这种"入乡随俗"特别在意，如果有个成员是不属于这个部分的，就必须把这个成员扮成这个部分的样子，否则就不能和这个部分的其他成员产生各种运算关系。例如，Python 程序中参与加法运算的是一个整数和一个字符串，整数和字符串不统一，那么就需要对它们进行类型转换。这就是强制转换，即把数据类型不同的两个数据转换成数据类型相同的数据。

Python 提供了几种强制转换类型的方法，下面分别进行介绍。

4.4.1　强制转换为整型（int）

int 型数据在程序中是经常使用的，可以把一些数据类型转换成整型，但不是万能的，只能对 float、bool、str（必须是全数字）进行转换，归纳如下。

（1）将浮点型 float 数据强制转换成整型，会将小数点后的数值直接舍弃，不考虑四舍五入的因素。

（2）将布尔值 bool 强制转换成整型，它会将 True 的值转变成 1，把 False 的值转变为 0。

（3）字符串能够强制转化为整型，前提条件是字符串必须是全数字，否则不行，会报错。

4.4.2　强制转换为浮点型（float）

float 型数据是进行一些数据量运算时必须用到的，与 int 的强制转换一样，可以把 int、bool、str（必须是全数字）转换成浮点型，归纳如下。

（1）将整型强制转化为浮点型，它会在整型后面加上".0"来处理。

（2）将布尔值强制转化为浮点型，它会将 Ture 的值转化为 1.0，把 False 的值转化为 0.0。

（3）字符串能够强制转化为浮点型，首要条件是字符串必须是全数字，否则会报错。

4.4.3　强制转化为布尔类型（bool）

bool 型的强制转换比较直接，结果只有两种：True 或者 False。只要知道 0 是 False，其他都为 True 即可。

4.4.4　强制转换为字符串（str）

强制转换为字符串比较开放一点，所有数据类型都可以强制转化成字符串 str，规律也很简单：在原有类型基础上，在外套一层引号即可。repr 类型可以打印出字符串类型的引号（即原型化输出）。

后面还会出现其他的强制转换类型。强制转换类型就像是做整形手术，把不是某个数据类型的数据强制转换成某个数据类型。为保证程序中运算数据的统一，当出现不统一的情况时，程序就会报错。

4.5 Python 基本语句

4.5.1 基本输入语句

在进行程序设计时，经常需要接收用户输入的内容，然后根据输入内容对程序做出逻辑上的控制。Python 中基本输入语句 input() 函数起到了让程序暂停运行，等待用户输入文本的作用。获取用户输入的文本后，Python 将其存储在一个变量中，方便程序运行过程中提取变量的值参与到运算中。

下面先用 input() 语句的功能让用户输入他喜欢的任意一本书的名字，再将用户输入的书名呈现给用户，让用户确认一下自己的输入是否正确。类似于去银行办理转账业务，当把转账的卡号输入结束，转入金额时，都会再显示一遍，让用户确认一下输入的内容是否正确。

代码清单 4.13　输入书名后确认的程序代码

```python
book = input("请输入你喜欢的一本书的名字：")
print(book)
```

以上代码中 input() 的内容就是向用户显示的提示信息，提示用户应该做什么。例如，一些网站在加载时，都会有一些提示的信息"正在加载中"或"游戏正在努力地加载数据"等。print() 在前面用过，后面也会归纳讲解，就是一条打印消息到屏幕的语句。

运行这个示例，步骤如下。

第一步，用户先看到提示信息："请输入你喜欢的一本书的名字："。

第二步，程序等待用户输入，并在用户按回车键后继续运行。

第三步，输入存储在变量 book 中，使用 print(book) 将输入呈现给用户。

以上代码的运行结果如图 4.26 所示。

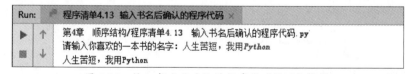

图 4.26　输入书名后确认的程序代码的运行结果

如果感觉用户输入的内容和提示信息太接近了，不容易辨认，可以在提示信息后面加一个空格，如"请输入你喜欢的一本书的名字："，在提示句子中的冒号后面加一个空格，这样用户输入和提示信息就会区分得比较明显，在编码过程中，有时是需要这种技巧的。

如果提示信息过长，一行内可能显示不下，这时可以通过加入"\n"来对提示信息进行换行处理。

如下程序代码就应用了换行的处理方式。

代码清单 4.14　阅读声明输入使用者的姓名的确认程序代码

```
cert=" 请认真阅读以下声明，再使用本程序："
cert+="\n1.本程序的游戏内容仅供娱乐休闲，不可用于赌博。"
cert+="\n2.本程序没有任何加密，宗旨在进行学习和交流，不能用于商业行为！"
cert+="\n 请输入使用者的姓名："
book = input(cert)
print(book)
```

以上代码的运行结果如图 4.27 所示。

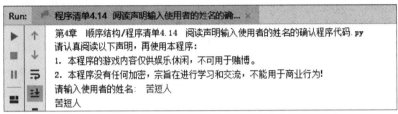

图 4.27　阅读声明输入使用者的姓名的确认程序的运行结果

以上程序将消息分为几部分存储在变量 cert 中，这使程序代码阅读起来比较清晰。代码逻辑中通过运算符 "+=" 把存储在 cert 中的字符串末尾都加了一个 \n 来进行换行处理，使界面比较友好，最后实现的就是用户输入内容之后就把内容显示出来。

Python 的输入语句接收的是字符串，如果让用户输入年龄，接收时把年龄做数值处理，程序就会报错。可以用代码检验，代码如下。

代码清单 4.15　输入年龄比较报错代码

```
age = input(" 请输入年龄：")
# 打印用户年龄是否超过 18，来看用户是否成年
print(age>18)
```

以上代码的运行结果如图 4.28 所示。

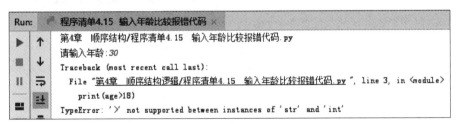

图 4.28　输入年龄比较报错代码的运行结果

图 4.28 中所示的信息错误为类型错误，即 input 接收的是字符串，18 是一个数值，age 的值是一个字符串，Python 无法将字符串和整数进行比较，不能将存储在 age 中的字符串 30 与数值 18 进行比较。针对以上错误，可以使用强制转换，使用 int() 来强制转换获取的输入的数据类型，再进行比较就可以了，代码如下。

代码清单 4.16　输入年龄比较报错调整代码

```
age = input("请输入年龄：")
# 强制转换接收的字符串类型为 int 型
age=int(age)
# 打印用户年龄是否超过 18，来看用户是否成年
print(age>18)
```

以上代码的运行结果如图 4.29 所示。

图 4.29　输入年龄比较报错调整代码的运行结果

以上程序运行正确。要特别注意，input() 的输入为字符串类型，在使用时要根据情况进行强制类型转换。

4.5.2　基本输出语句

Python 中使用最多的基本输出语句是 print() 语句，print() 括号里可以放入要打印的内容或变量名。语句的功能就是将 print() 括号里的内容打印到屏幕上。为使输出语句比较便于阅读，需要掌握输出的格式。

（1）% 字符：标记转换说明符的开始，要根据后面变量名来输出其内容，并不是输出 % 和这个字符。

（2）转换标志："-"表示左对齐；"+"表示在转换值之前要加上正负号；" "（空白字符）表示正数之前保留空格；0 表示转换值，如果位数不够，则用 0 填充。

（3）最小字段宽度：转换后的字符串至少应该具有该值指定的宽度。如果是"*"，则宽度会从小括号括起来的值中读出。

（4）点（.）后跟精度值：如果转换的是实数，精度值就表示出现在小数点后的位数。如果转换的是字符串，那么该数字就表示最大字段宽度。如果是"*"，那么精度将从小括号括起来的值中读出。

（5）字符串格式化转换类型，如表 4.4 所示。

表 4.4　字符串格式化转换类型表

转换类型	含义
d,i	带符号的十进制整数
o	不带符号的八进制
u	不带符号的十进制

续表

转换类型	含义
x	不带符号的十六进制（小写）
X	不带符号的十六进制（大写）
e	科学计数法表示的浮点数（小写）
E	科学计数法表示的浮点数（大写）
f,F	十进制浮点数
g	如果指数大于 -4 或小于精度值则和 e 相同，其他情况和 f 相同
G	如果指数大于 -4 或小于精度值则和 E 相同，其他情况和 F 相同
C	单字符（接受整数或单字符字符串）
r	字符串（使用 repr 转换任意 Python 对象）
s	字符串（使用 str 转换任意 Python 对象）

下面通过具体的例子来说明具体格式的应用。

代码清单 4.17　Python 输出语句格式

```
pi=3.1415926535897932
print("Pi 的数值是 %+.3f"%pi)
print("Pi 的数值是 %+10.3f"%pi)
print("Pi 的数值是 %+010.3f"%pi)
print("Pi 的数值是 %+0.*f"%(3,pi))
```

以上代码的运行结果如图 4.30 所示。

图 4.30　Python 输出语句格式的运行结果

print 的结束标志默认为换行，不过可以通过 print(a,end="_") 进行更改。

代码清单 4.18　Python 输出语句结束标志

```
print("this",end="_")
print("is",end="_")
print("a",end="_")
print("book",end="_")
```

以上代码的运行结果如图 4.31 所示。

图 4.31　Python 输出语句结束标志的运行结果

4.6 能力测试

1. 假如员工的实发工资由 5 部分组成，基本工资 + 物价津贴 + 房屋津贴 + 交通补助 + 饭补，每个月饭补和交通补助固定为 220 和 40，物价津贴是基本工资的 0.3，房屋津贴是基本工资的 0.2，试编程实现输入员工的基本工资，输出员工的实发工资。

2. 输入小写字母存储到变量 letter 中，试编写代码实现小写字母转化成大写字母输出。

3. 输入一个矩形的长和宽，输出矩形的周长。

4. 编写程序把 7320 秒转成"小时：分钟：秒"的表示方法。

4.7 面试真题

1.Python 中的用户输入语句 input()，不管用户输入的是什么，获取到的是什么数据类型？

解析：这道题是对 Python 输入语句细节的考核，最关键的是对 input() 输入语句接收数据类型的掌握。input() 语句接收到的任何数据都是字符串类型，因此，这道题的答案就是字符串类型。

2. 试编程实现给定用户输入 x，输出方程 y=x²+4x+5 的解。

解析：这道题是对顺序结构程序设计的考核。给定用户输入 x，实际上就是由输入语句决定一个变量 x 的值，然后将 x 代入方程 $y=x^2+4x+5$ 中，即可求解 y，是典型的顺序结构程序设计。需要注意的是，$y=x^2+4x+5$ 在计算机中，可以写成 $y=x**2+4*x+5$，其中 ** 就是几次方的意思，**2 就是平方。

程序清单 4.19　Python 实现求解方程 $y=x^2+4x+5$ 的解

```
x=input(" 请输入一个未知数的值 ")
y=float(x)**2+4*float(x)+5
print(" 方程的解为 : "+str(y))
```

4.8 本章小结

本章主要介绍编程逻辑中最基本的顺序结构。任何程序都是从顺序结构开始考虑问题的，顺序结构是程序设计的根本，是最基本的组织形式。

第 5 章

分支结构

本章主要介绍当程序结构中出现了拐点、条件判断时，程序是如何进行格式编写和逻辑实现的。这种程序结构叫作分支结构，也可以叫作选择结构。分支结构逻辑在顺序结构逻辑的基础上丰富了程序的逻辑，更适合处理一些复杂的问题。

5.1 趣味性程序示例

为了限定用户正规操作，也为了更好地控制程序的逻辑，必须在适当时引入条件结构。

那么，Python 的条件结构如何实现呢？

下面通过一个趣味性程序来讲解如何写条件结构的程序。

在一个原始森林里，只有一只野兔和一头野猪在这里生活，不知道是因为环境的改变，还是因为人为的破坏。当走进这片森林里，你希望第一眼看到的是哪个动物？第二眼看到的是哪个动物？需要说明的是，输入 1 为野猪，输入 2 为野兔。

具体输出什么信息，将在后面再加以介绍。

根据程序设定的思路，大致思维逻辑如下。

（1）输出各种提示信息
（2）第 1 眼变量 = 用户输入内容
（3）如果第 1 眼变量 = = "1"：
　　　输出 "............"
（4）如果第 1 眼变量 = = "2"：
　　　输出 "........"
（5）第 2 眼变量 = 用户输入内容
（6）如果第 2 眼变量 = = "1"：
　　　输出 "............"
（7）如果第 2 眼变量 = = "2"：
　　　输出 "........"

Python 把这些思路对应的语句都规划好了：输出可以用 print() 语句来处理，变量直接用英文命名即可，条件判断则用 if 来表示。需要注意的是，在 if 条件后面要加一个冒号；输入可以用 input() 语句。

程序清单 5.1　Python 趣味测试代码

```
print("在一个原始森林里，只有一只野兔和一头野猪在这里生活，不知道是因为环境的改变，还是因
为人为的破坏。当走进这片森林里，你希望第一眼看到的是哪个动物？第二眼看到的是哪个动物？需要
说明的是，输入 1 为野猪，输入 2 为野兔。")
one_eye=input("第一眼看见的动物？")
two_eye=input("第二眼看见的动物")
if one_eye=="1":
    print("你的前辈子是野猪")
```

```
if one_eye=="2":
    print(" 你的前辈子是野兔 ")
if two_eye=="1":
    print(" 你的另一半前辈子是野猪 ")
if two_eye=="2":
    print(" 你的另一半前辈子是野兔 ")
```

以上测试程序的结构就是一个简单的分支结构逻辑，程序本身仅供娱乐。但需要注意的是，if 条件式等号后面是字符串。一个简单的分支结构的语法格式如下。

```
if 条件:
    语句
```

5.2 数字的认识

前面介绍了最简单的分支结构，下面再来研究一下分支控制语句，其思路可以用图 5.1 所示的流程图来表示。

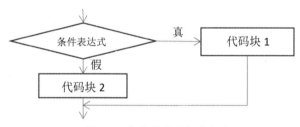

图 5.1　分支控制语句流程图

流程图是用图形的方法表示思路的一种途径。初学程序的人，可以用流程图来帮助思考。

条件分支控制的流程图中箭头表示程序的执行过程，当遇到条件表达式时，条件判断表达式的结果只有两种：真和假。当条件为真时，就执行代码块 1；当条件为假时，就执行代码块 2。不管条件是真是假，完成要执行的代码块之后会继续执行下面的程序。程序有单分支结构、双分支结构和多分支结构等表现方式，下面分别进行介绍。

5.2.1　单分支结构

单分支结构逻辑是最简单的分支结构，语法格式如下。

```
if 条件表达式 :
    代码块
```

根据语法格式决定的执行流程：如果"if"关键词后面的条件表达式成立，则执行与 if 有缩进结构的结构体代码段，反之条件表达式不成立就不执行语法格式中的代码段。

需要注意以下两点。

（1）条件表达式后面有冒号。

（2）缩进的问题。if结构体中的代码块是靠缩进表示的，一般缩进4个空格（一个Tab按键）。

下面通过一个例子——抽奖程序来具体说明一下单分支结构的应用。

现实生活中有很多的抽奖活动，而每一个抽奖活动都不确定哪一个会中奖，是随机的。下面就来设计一个简单的抽奖程序：让用户去猜0~9之间的数字，如果用户猜中了，就提示用户"你中奖了，欢迎使用！"；如果用户没有猜中，就只提示用户"欢迎使用！"。

程序的随机性采用Python的随机模块来实现。Python之所以强大就是因为其有很多拿来即可用的模块。要使用Python模块必须先导入，用import语句可实现，语句格式如下。

```
import 模块名称
```

如果以后需要导入其他第三方开发的模块，也可以使用这种方法。后续章节也会根据需求引入一些实用的模块来提高项目的实用性和趣味性。

随机模块的名字叫random，要产生0~9的随机整数只要调用random模块中的randint()语句即可。randint()需要指定产生随机整数的区间，0~9是10以内的，把开始区间、结束区间放到randint括号里即可。需要注意的是，Python凡是涉及区间基本上都是下限可以等于，上限永不等于，即只能把上限加1，这样randint语句产生0~9之间的随机整数用randint(0,10)表示，把这个结果放到print()语句括号里，就可以输出这个随机整数。

下面就中奖的要求先写思路，再完成代码的编写。

首先要比较用户输入的号码与系统产生的中奖号码是否相等，相等就输出"中奖了"，不相等就不做处理。用简单的分支逻辑很容易实现，用户输入号码可以用input语句，系统产生中奖号码用random模块。打印信息中有一个公共部分"欢迎使用"，如果中奖了，就多加一句话，即可以把一个变量初始值设为"欢迎使用"，如果中奖了，就再加"你中奖了，"进行连接操作（"+"操作）。下面将程序思路归纳如下。

（1）设一个变量info初值为"欢迎使用"。

（2）再设一个变量user接收用户输入的号码。

（3）还需要设一个变量sysnum存储系统产生的随机中奖号。

（4）if条件分支判断用户输入的中奖号码（变量user）是否等于系统随机中奖号码（变量sysnum）：（冒号要注意）。

（5）if的条件分支为True，变量info会做语句连接，即变量info="你中奖了，"+变量info。

（6）输出变量info（这里如果if条件不成立，变量info进入语句连接，直接输出初始值info）。

根据思路，具体代码如下。

程序清单5.2　Python中奖代码

```
import random    # 导入 random 模块
info=" 欢迎使用 "
```

```
user=input(" 请你猜一个 0~9 的数字 ")
sysnum=random.randint(0,10)
if user==str(sysnum):
    info=" 你中奖了，"+info
print(info)
```

5.2.2 双分支结构

双分支结构是在原来单分支结构基础上，除条件为真时做一些事情外，条件为假时还需要继续去做一些事情的分支结构逻辑，其语法结构如下。

```
if 条件表达式 :
    代码块 1
else:
    代码块 2
```

执行流程为，如果条件表达式成立，则执行 if 块（if 体）中的代码，否则执行 else 块（else 体）中的代码。

需要注意的是，这里加了另外一条语句 else，同样，在 else 后面也要加上冒号。在书写时一定要注意格式问题，不要逻辑写对了，格式却错了。

下面通过一个例子——男女姻缘测试来具体说明一下双分支结构的应用。

曾经有一个男女姻缘测试的小游戏，即在一个界面上，输入一个男生的全名，再输入一个女生的全名，就可以测试他们的缘分系数。这个小游戏的逻辑是什么呢？下面就来写一下这个程序的逻辑和编码实现。

首先要说明的是，其实姻缘测试的结果就是一个随机数。条件是如果随机数字大于 50%，就输出"你们的姻缘系数为 ××%，你们很有缘分"；如果随机数字小于 50%，就输出"你们的姻缘系数为 ××%，天涯何处无芳草，兄弟妹子看开点"。

下面先来考虑一下具体的实现思路。

首先，用户需要输入一个男生的名字和一个女生的名字，这两条输入可以用 input() 来解决。

其次，需要程序产生一个随机数字，从 0 到 100，可以使用 random.randInt(0,100) 来实现。需要重申的是，参数是随机开始的数字和随机结束的数字。

最后，根据随机出来的数字进行判断，是比 50 大，还是比 50 小，如果比 50 大，就输出"你们的姻缘系数为 ××%，你们很有缘分"；如果比 50 小，就输出"你们的姻缘系数为 ××%，天涯何处无芳草，兄弟妹子看开点"。

具体程序的实现代码如下。

程序清单 5.3　Python 实现姻缘系统测试

```
import random    # 导入 random 模块
boy=input(" 请输入一个男生的名字 ")
girl=input(" 请输入一个女生的名字 ")
```

```
lucky=random.randint(0,100)
if lucky>50:
    print(" 你们的姻缘系数为 %d%%，你们很有缘分 "%lucky)
else:
    print(" 你们的姻缘系数为 %d%%，天涯何处无芳草，兄弟妹子看开点 "%lucky)
```

需要注意的是，上面程序中的 % 是一个占位符，目的是进行输出格式的限定，在前面介绍输出语句时提到过这个问题。%d 输出的是一个整数，%% 输出的是一个 %。

5.2.3 多分支结构

单分支结构和双分支结构都是对一个条件做出的两种判断，若存在很多个条件时，如星座归类。用户可以根据自己的生日，再根据星座的时间，即可做出自己星座的判断，代码如下。

```
if 用户输入的时间 user_time>3 月 21 日   and 用户输入的时间 user_time<4 月 20 日：
    print(" 你是白羊座 ")
if 用户输入的时间 user_time>4 月 21 日   and  用户输入的时间 user_time<5 月 20 日：
    print(" 你是金牛座 ")
if 用户输入的时间 user_time>5 月 21 日   and 用户输入的时间 user_time<6 月 21 日：
    print(" 你是双子座 ")
...
```

以上代码用 and 来界定用户输入的时间 user_time 是在大于某个值和小于某个值的区间内，但如果条件一直写下去，很不易阅读和理解，同时也没有双分支结构的 else 那么快捷，这就需要对程序做优化。多分支结构就是结合了这些特性的语法结构，其语法格式如下。

```
if 条件表达式 1：
    代码块 1
elif 条件表达式 2：
    代码块 2
elif 条件表达式 3：
    代码块 3
...
else：
    代码块 4
```

以上代码格式上显得比较整齐，不像是多条 if 语句构成的。在 elif 语句后再跟其他条件表达式，由此构成了多分支表达式语句，执行流程变成了：如果条件表达式 1 为 True，则表明条件表达式 1 成立，执行 if 语句块中的代码，执行完程序不再执行后面的 elif 中的代码块；如果 if 后面的条件表达式 1 不成立即值为 False，则判断条件表达式 2 是否成立；如果条件表达式 2 成立则执行代码块 2，否则继续判断条件表达式 3 是否成立；依次类推；如果所有的 elif 都不成立，则执行 else。

需要注意的是，不要把 elif 和 else 混淆了，这两个词在写法上是不同的，elif 是合成词，else 是一个单词。另外，if 、elif、else 后面都有冒号，这是在编写代码时需要注意的细节问题。

下面通过一个例子——家庭趣味骰子来具体说明多分支结构的应用。

这里模拟用户摇骰子，只要按下键盘任意键，程序中不进行数据的接收，故 input() 语句不用接收任何输入即进入摇骰子的结果。

首先通过随机数模块产生 0~5 的 6 个数字。

采用多分支结构，当随机数字出现 0 时，则输出"我刷碗"；当随机数字出现 1 时，则输出"我买花"；当随机数字出现 2 时，则输出"你刷碗"；当随机数字出现 3 时，则输出"我发 10 元红包"；当随机数字出现 4 时，则输出"你发 10 元红包"；当随机数字出现 5 时，则输出"我炒菜"。

具体的实现代码如下。

程序清单 5.4　Python 实现家庭趣味骰子

```python
import random    # 导入 random 模块
input(" 请按任意键摇一下骰子 ")
action=random.randint(0,6)
if action==0:
    print(" 我刷碗 ")
elif action==1:
    print(" 我买花 ")
elif action==2:
    print(" 你刷碗 ")
elif action==3:
    print(" 我发 10 元红包 ")
elif action==4:
    print(" 你发 10 元红包 ")
else:
    print(" 我炒菜 ")
```

需要注意的是，程序中判断相等用的是"=="。

5.2.4　分支嵌套结构

单条件和多条件的分支结构前面都讨论过了，下面介绍分支嵌套结构。什么是分支嵌套结构呢？举例说明，某个电视综艺节目是答题式的，问你一个问题，答对了，第一关闯关结束，1000元梦想基金拿到手，再答第二题，第二题回答正确，第二关闯关结束，梦想基金在原来基础上翻一倍，2000 元梦想基金拿到手，每一关都面临着继续和不继续，每一关的成功和失败又一定决定着下一关的继续和不继续，这种方式就是分支嵌套结构，如下所示。

```
if 条件表达式 1:
    代码块 1
    if 条件表达式 2:
        代码块 3
    else:
        代码块 4
else:
    代码块 2
```

执行流程：如果条件表达式 1 值为 True 时成立，则执行 if 块中的代码块 1，否则执行代码块 2；如果条件表达式 2 值为 True 时成立，则执行代码块 3，否则执行代码块 4。

下面通过一个例子——综艺闯关程序来具体说明一下分支嵌套结构的应用，代码如下。

```
if 第一题回答正确:
    print("1000 元梦想基金 ")
    if 第二关回答正确:
        print("2000 元梦想基金 ")
        if  第三关回答正确:
            print("3000 元梦想基金 ")
        else:
            print(" 闯关失败 ")
    else:
        print(" 闯关失败 ")
else:
    print(" 闯关失败 ")
```

需要注意的是，这种嵌套型的分支选择逻辑一定要注意结构上的缩进，缩进之后才能体现出嵌套的特点。

下面把梦想闯关的嵌套分支逻辑结构用代码实现。可通过三道题来实现，第一题：什么动物最没方向感？（答案：麋鹿，音同"迷路"）第二题：什么鸡没有翅膀？（答案：田鸡）第三题：什么动物能贴在墙上？（答案：海豹，音同"海报"）每一关用户都可以选择继续或者不继续。这个闯关游戏的逻辑如下。

显示"欢迎进入闯关游戏，按任意键进入答题环节"提示信息，提升用户体验度。

显示第一题的题目，让用户选择答案。

比较用户输入的答案，正确，则输出"你获得 1000 元梦想基金，请选择是否继续？（y/n）"。

等待用户输入 y 或 n，若用户输入 y 则进入下一题的题目，等待用户输入答案；若用户输入 n，则显示："你获得 1000 元梦想基金，谢谢参与"。

用户答案输入错误，则走另一个分支，显示"闯关失败，你获得了 0 元做梦基金"。

第二题和第三题与第一题的逻辑相同。

具体的代码实现如下。

程序清单 5.5　Python 实现智力闯关

```
title=input(" 欢迎进入闯关游戏, 按任意键进入答题环节 ")
first=input(" 什么动物最没方向感? ")
if first==" 麋鹿 ":
    ok=input(" 你获得 1000 元梦想基金, 请选择是否继续? (y/n) ")
    if ok=="y":
        second=input(" 什么鸡没有翅膀? ")
        if second==" 田鸡 ":
            ok1=input(" 你获得 2000 元梦想基金, 请选择是否继续? (y/n) ")
            if ok1=="y"
```

```
        third=input(" 什么动物能贴在墙上？ ")
        if third==" 海豹 ":
            print(" 你获得 3000 元梦想基金，闯关成功 ")
        else:
            print(" 闯关失败，你获得 0 元做梦基金 ")
    else:
        print(" 你获得 2000 元梦想基金，谢谢参与 ")
  else:
    print(" 闯关失败，你获得 0 元做梦基金 ")
else:
    print(" 你获得 1000 元梦想基金，谢谢参与 ")
else:
  print(" 闯关失败，你获得 0 元做梦基金 ")
```

需要注意的是，上面程序编码在书写时的嵌套问题。

5.2.5　三元表达式

分支结构逻辑的每种情况都介绍了，常用的就是用一种条件表达式来判断真假的双分支结构，因为其使用的多，所以有一种简单的写法，叫作三元表达式，结构如下。

语句 1　if 条件表达式 else 语句 2

如果 if 后面的条件表达式成立，则执行语句 1；如果 if 后面的条件表达式不成立，则执行语句 2。下面举例说明一下。

2 if 3>4 else 5

分析可知，3 不大于 4，条件是不成立的，所以这条语句的结果是 5。

5.3　条件测试

每条 if 语句的核心都是一个值为 True 或 False 的表达式，这种表达式被称为条件测试，也可以叫条件表达式。而分支逻辑结构可以说就是条件测试加上顺序结构的语句构成的，条件测试的重要性也是不可忽视的。常用的条件测试归纳如下。

5.3.1　检查变量的值是不是等于某个值

大多数条件测试都将一个变量的当前值与一个特定的值进行比较，代码如下。

```
car = " 宝马奔驰 "
car == " 宝马奔驰 "
```

"="是赋值，而"=="是判断是否相等，因为把"宝马奔驰"的值赋给了car，car的值自然等于"宝马奔驰"，表达式返回的就是True。

5.3.2 检查是否相等时不考虑大小写

Python对字母的检查要求是很严格的，区分大小写，两个大小写不同的值就会被视为不相等，例如：

```
mydog= "kitty"
```

判断mydog== "Kitty"，结果为False。

因为大小写不同，"kitty"和"Kitty"就不相等。在检查的过程中，如果不要求区分大小，而只想检查变量的值，则可将变量的值转换为小写，再进行比较，例如：

```
mydog.lower()= "kitty"
```

如果判断"Kitty".lower()==mydog，结果为True。

需要注意的是，lower()是把字母变成小写的方法。例如，前面讲到的用户是否继续（y/n），用户可能输入了大写，假如只比较了小写，就可能出现bug，可以借用lower()函数把用户输入的任何大小写都转化成小写。

5.3.3 检查是否不相等

除判断相等外，有时还要判断两个值是否不等，可使用"!="来进行运算。

例如，现在许多人上车都会刷卡，学生卡和成人卡票价是不同的，判断办卡的用户是不是学生，主要看其是否持有学生证，如果提供的证件没有学生证就不是学生，那么判断语句就可以写成：

```
if user!= "学生证":
    print(" 不是学生，没有持有学生卡 ")
```

注意不等于的表示方法。

5.3.4 比较数字

检查数值非常简单，例如，下面的代码检查一个人是否是18岁：

```
age = 18
```

比较age是不是18，用age == 18。

当然也可以使用大于、小于、等于，例如：

```
age < 21
age <= 21
age > 21
age >= 21
```

根据具体的逻辑来编写对应的条件即可，而且都是单条件的数值比较，比较容易理解。

5.3.5　检查多个条件

例如，公司对入职的员工做加薪处理，是通过在公司工作的长短，即对工龄进行判定。对于工龄的判定肯定要有个界限，1 年以内，1 年到 3 年，3 年到 5 年，5 年到 10 年，10 年以上等，这些工龄对应的工资的涨幅也不一样，那就需要多个条件的结合了。

1. 使用 and 检查多个条件

用 and 连接多个条件来表示数值的一个区间，如 1 年到 3 年，3 年到 5 年，5 年到 10 年这些都有一个区间的问题，这一类问题可以把两个条件用 and 连接。

```
1 年到 3 年    条件：    year>1 and year<3
3 年到 5 年    条件：    year>3 and year<5
5 年到 10 年   条件：    year>5 and year<10
```

2. 使用 or 检查多个条件

用 or 表示两侧的数值，两侧没有交集，数据之间互不干扰。例如，要为小于 10 岁的小孩，大于 50 岁的老年人做免费体检，就没有交集，可以用 or 来组织这个条件：

```
小于 10 岁的小孩，大于 50 岁的老人    条件可以写成：    age<10 or age>50
```

最后，分支结构的每个示例都展示了良好的格式设置习惯。在条件测试的格式设置方面，PEP 8 规范提供的唯一建议是，在诸如 ==、>= 和 <= 等比较运算符两边各添加一个空格，例如，"if age < 4:" 要比 "if age<4:" 好。这样的空格不会影响 Python 对代码的解读，而只是让代码阅读起来更容易。

5.4　能力测试

1. 输入 3 个数，判断其是否是三位整数，若不是，则输出"不是一个三位整数"；如果是，则输出"是一个三位整数"。如 123 是一个三位整，012 不是一个三位整数。

2. 先输入一个年份，再输入一个月份，输出该年份的该月份有多少天？（提示：注意闰年的 2 月份，公历纪年法中，能被 4 整除且不能被 100 整除的是闰年，能被 100 整除且能被 400 整除的年份是闰年）。

3. 输入一个人的全年的工资数额，利用 2019 年最新的个人所得税税率表（表 5.1）计算出该人需要缴纳的个人所得税是多少？

表 5.1　2019 年个人所得税税率

级数	全年应纳税所得额	税率 /%
1	不超过 36000 元的	3
2	超过 36000 元至 144000 元的部分	10

续表

级数	全年应纳税所得额	税率/%
3	超过 144000 元至 300000 元的部分	20
4	超过 300000 元至 420000 元的部分	25
5	超过 420000 元至 660000 元的部分	30
6	超过 660000 元至 960000 元的部分	35
7	超过 960000 元的部分	40

4. 某运输公司计算运费。路程（S）越远，折扣越低，标准如表 5.2 所示。

表 5.2　某公司运费里程折扣

里程 S/ 公里	折扣
$S<300$	没有
$300<=S<600$	3%
$600<=S<1500$	5%
$1500<=S<3000$	10%
$3000<=S$	20%

其中，基本运输费用为每吨每公里 1 元，要求用户输入每次运输的载重（吨）、里程（公里），输出其运输费用。

5. 根据用户输入的电话号码，输出其对应的运营商。运营商情况：移动电话开头为 139、138、137、136、135 、134、188、187、182、159、158、157 、152 、150；电信电话开头为 133、153、180、189；联通电话开头为 130 、131、132、155、156、186。

5.5 面试真题

1. 输入 3 个整数，求 3 个整数中的最小值？

解析：这道题是最基本的使用条件语句的例子。可以直接用语句输入 3 个整数，然后完成输出最小值。可以假定第一次输入的就是所求的最小值，存储在定义的最小值变量中，然后与其他两个整数两两比较，发现其他数值有比当前小的，就把最小值变量里的数值换掉。最后把最小值输出即可。

程序清单 5.6　Python 实现输出 3 个数的最小值

```
# 完成 3 个整数的输入，假定第一个整数为最小的整数变量 min
min=input(" 请输入第一个整数 ")
second=input(" 请输入第二个整数 ")
third=input(" 请输入第三个整数 ")
# 完成 3 个整数从字符串到整型的强制转换
```

```
min=int(min)
second=int(second)
third=int(third)
#完成 min 与其他输入的两个整数的对比，发现比 min 小，就把 min 中的值换掉
if second<min:
    min=second
if third<min:
    min=third
#打印当前最小值
print(min)
```

2. 一百分制成绩，输入的成绩是分数，输出成绩等级"A""B""C""D""E"。90 分以上为"A"，80~89 分为"B"，70~79 分为"C"，60~69 分为"D"，60 分以下为"E"。

解析：这道题同样是最基本的使用条件语句的例子。可以直接用语句输入一个整数，只不过要有很多的分支判断语句，判断当前的成绩在哪个区间、小于某个数或大于某个数等。这些条件都是比较运算符的应用，>、<、!=、== 等，例如，70~79 就需要逻辑运算符的参与了，可以写成">=70 and <=79"的形式。条件表达式确定后，可以用 if-elif-elif-else 结构的语句来套用上面的需求。

程序清单 5.7　Python 实现对成绩等级的输出

```
score=input(" 请输入一个成绩 ")
score=int(score)
if score>=90:
    print("A")
elif score>=80 and score<=89:
    print("B")
elif  score>=70 and score<=79:
    print("C")
elif  score>=60 and score<=69:
    print("D")
else:
    print("E")
```

5.6 本章小结

本章主要介绍编程最基本的逻辑模式中的分支结构。对于分支结构，集中学习的是 Python 实现分支选择结构的几种语句格式：if 结构语句、if-else 结构语句、if-elif-else 结构语句、if-if-else-else 嵌套式结构语句等。在编程的过程中，需要条件判断的情况下，把这几种语句格式视情况去使用即可。条件判断常用的一般是等于、不等于、区间等，把条件判断逻辑确定好之后，就可以实现代码逻辑的分支选择了。

第6章

循环结构

本章主要介绍的是程序的循环结构逻辑。

循环就是按照一定的条件重复地去做一件事情，当条件不成立时就结束循环的内容。

其实生活中循环的例子很多，例如，听歌的时候循环播放，运动会的时候一直在同一运动场上跑步。

在编写代码时，如果能够简化一个程序，把重复的代码形成公共部分，利用语法来控制，对代码进行循环往复的执行，这就形成了循环结构逻辑。

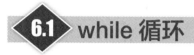 while 循环

6.1.1　while 循环简介

Python 语法中提供的第一种循环方法就是 while 循环。

循环初始条件设置：通常是一个计数器，用来控制条件表达式是否成立。

while 循环的语法格式如下。

```
while 条件表达式：
    代码段（包含改变计数器的值的语句）
```

语法结构体 while 循环中有改变计数器的值的逻辑语句。在程序中，如果无休止地循环下去，程序就会没有最终的结果。一般情况下，程序不希望无休止地循环下去，while 循环中的改变计数器的值就起到了可能终止循环的作用，只有改变了计数器的值，才可能在条件表达式中限定这个计数器代表的范围，条件表达式超出了这个计数器代表的范围，也就退出了循环，就避免了程序一直运行而没有输出结果。也就是说，while 关键词后面紧跟的条件表达式决定了循环是否进行下去。

while 循环的执行流程：如果条件表达式的结果为 True 则条件成立，执行与条件表达式有缩进结构的代码段，每次循环执行后再次回到条件表达式的判断；如果条件表达式的结果仍然为 True，也就是条件仍然成立，则继续执行与条件表达式有缩进结构的代码段。直到 while 后面的条件表达式结果为 False 才终止循环。

6.1.2　while 循环实战：银行叫号程序

在银行办理业务需要取一个排队号码，叫到这个号码，就可以去办理业务了，没有叫到，就处于等待状态。银行职员每办理完一个业务，就会按"下一个"键，叫下一个人过来办理。

现在，假定有 10 人排队办业务，如何编写程序实现叫号呢？

第一个办理的如果是 1 号，则打印"1 号办理业务"。

当银行职员办理完 1 号业务，按任意键，进行下一个人的叫号。按任意键的功能可以用 input() 语句实现，起到接收用户输入的作用，至于输入的是什么内容，程序并不关心，只是等待用户输入操作，不接收该值。

然后第二个人过来办理业务，可以打印"2 号办理业务"。

依次类推，直到 10 个人全部办理完毕。

如果不考虑循环，代码可以这样编写。

程序清单 6.1　Python 实现叫号

```
input("1 号正在办理业务 ")
print(" 请 2 号办理业务 ")
input("2 号正在办理业务 ")
print(" 请 3 号办理业务 ")
input("3 号正在办理业务 ")
```

上面代码为了说明问题，只用了 3 个人办理业务，然后就会发现重复的部分始终是下面这两句。

```
input("X 号正在办理业务 ")
print(" 请 Y 号办理业务 ")
```

如果 100 个人办理业务，以上代码会重复出现 100 次，占用大量内存。如果将这两句重复的部分用循环处理，就简单多了。这里用 while 格式改写一下，需要说明的是 X 号和 Y 号的关系，X 是正在办理的号，值从 1 到 10，Y 是下一个办理的，值从 2 到 10。while 循环的语法里提到了一个计数器，可以把计数器设置为从 1 开始，然后到 10 结束。改写之后的代码如下。

程序清单 6.2　Python 实现叫号（while 循环）

```
count=1
while count<=10:
    input("%d 号正在办理业务 "%count)
    count+=1
    print(" 请 %d 号办理业务 "%count)
```

程序运行后，会出现有序的办理业务流程，运行结果如图 6.1 所示。

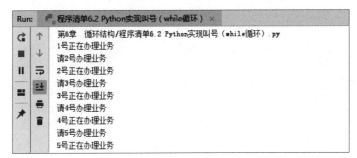

图 6.1　Python 实现叫号（while 循环）的运行结果

银行职员只要按任意键，就会通知到下一个人来办理业务。用循环来处理问题，会发现循环

100 次都可以，只要把 while 后面的条件改一下，把重复的代码放到 while 循环体里就实现了。需要注意的是，计数器被有效地使用到了程序中，意义是银行职员准备服务的号码。当然，计数器也可以在循环体中没有任何意义，只是循环次数的控制。例如，向控制台循环打印 10 遍"人生本来苦短，我干嘛都用 Python"。

程序清单 6.3　Python 打印 10 遍语句

```
count=0
while count<10:
    print(" 人生本来苦短，我干嘛都用 Python")
    count+=1
```

这个程序在循环体内就没有使用计数器 count 的值，count 值是从 0 开始的，只是计数的作用。说明 count 计数器值要活学活用，它可以在循环体里被程序使用，也可能不被使用。具体要实际情况实际分析，计数器的值可能只是循环的计数，也可能是进行操作的一串数据。银行叫号程序就是利用了这个计数器的值。

6.1.3　while 循环例子：求 100 个数的和

下面用 while 语句实现求 1~100 的累加和，代码如下。

程序清单 6.4　Python 打印 1~100 的累加和

```
count=1            # 计数器
sum=0              #统计和值，初值为 0
while count<101:
    sum+=count     # 累加
    count+=1
print(sum)
```

需要注意的是，在这段程序中，首先 count 的数据就被用作操作数，可以产生 1 到 100 的数据，再用 sum+=count 实现累加求和，sum 的意义是存放 1 到 100 累加和结果的变量，每执行一次循环，计数器都会发生改变，同时计数器也是产生的数据，把 count 数据不停地累加到 sum 中，可以分循环次数去考虑。如表 6.1 所示的是 1~100 累加和的分次分析。

表 6.1　1~100 累加和的分次分析

说明	sum	count
没有循环之前	0	1
第 1 次循环	把 sum+count 的结果给 sum（"＋＝"赋值运算符的意义），就是 0+1=1，然后 sum=1	执行 count+=1，结果 count=2
第 2 次循环	同样把 sum+count 的结果给 sum，因为上一步结束时 sum=1，count=2 就是 1+2=3，然后 sum=3	执行 count+=1，结果 count=3

续表

说明	sum	count
第 3 次循环	同样把 sum+count 的结果给 sum，因为上一步结束时 sum=3，count=3 就是 3+3=6，然后 sum=6	执行 count+=1，结果 count=4
...	...	...
第 100 次循环	同样把 sum+count 的结果给 sum，因为上一步结束时 sum=4950，count=100 就是 4950+100=5050，然后 sum=5050	执行 count+=1，结果 count=101

当 count=101 时，就不满足 while 循环条件了，退出循环。

while 循环的语法要点再重申一遍，while 需要做的就是以下三件事。

（1）定义计数器的初始值，这个计数器可以计数，也可以用作求解问题的数字处理。

（2）while 循环条件保证计数器在一定条件下退出循环。

（3）循环做的事情放在循环体里，同时不要忘记计数器的叠加效果。

6.1.4 while 循环实战例子需求更改：银行叫号程序

现在再看之前银行叫号的例子，有没有 bug 呢？细心的人一定会发现程序运行结果会出现一个问题，那就是运行结果的最后一次输出多了一行没有发生的数据，如图 6.2 所示。

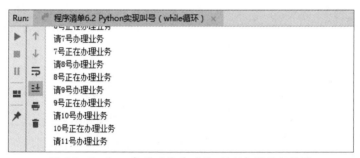

图 6.2　Python 实现叫号（while 循环）的运行结果

这里循环到了 10，到第 10 个办理业务是对的，但第 11 个人是没有的，不能再叫号了。当第 10 个人来办理时，要判断当前办理的人是不是第 10 个人，这就需要 if 语句。所以，有时循环也是要结合分支结构来使用的。直接判断当前的 count 计数值是不是 11，如果不是 11，继续叫号，如果是 11 就不用叫号，当然，也可以判断 count 计数值是不是小于 11。程序中要达到这个逻辑效果的方法有很多种，只要勤于练习和实践，一定会找到很多的方法，继而提升编程的思路。现在，把银行叫号程序修改一下，要养成处理程序细节的习惯。

程序清单 6.5　Python 实现银行叫号（改）

```
count=1
while count<=10:
```

```
input("%d 号正在办理业务 "%count)
count+=1
if count!=11:
    print(" 请 %d 号办理业务 "%count)
```

6.2 while...else... 循环

前面了解了 while 循环基本格式，除此之外，Python 还提供了 while 的另一种格式。

6.2.1 while...else 循环基本结构

初始条件设置：通常是一个计数器，用来控制条件表达式是否成立。

```
while 条件表达式 :
    代码块 1
    代码块 2
    改变计数器的值
else:
    代码块 3
```

这个格式比原来基本的 while 格式多了一个 else 语句，其执行流程也多了一步流程，即当 while 循环体正常执行完后执行 else 代码块中的内容。

6.2.2 while...else 循环实战：银地卡吞卡验证

while...else... 循环结构应用的场合是很重要的。在网上购物时，或者去 ATM（自动取款机）取款时，支付密码或取款密码的输入都是有次数限制的，达到了这个次数，卡或者被锁定，或者被吞掉，需要解锁或找银行工作人员索取。现在，就编写一段代码来限定用户输入次数，输入密码不正确 3 次，就显示"密码不正确，卡被吞，请与发卡行联系"，如果输入正确，就显示"你可以取款了"。完成这样的逻辑需要判断条件，比较用户输入是否正确，假定银行卡原密码为"000000"，仅进行一次判断的代码如下。

程序清单 6.6　Python 实现一次取款密码验证

```
pwd=input(" 请输入银行卡密码 ")
if pwd=="000000":
    print(" 你可以取款了 ")
else:
    print(" 密码不正确，卡被吞，请与发卡行联系 ")
```

现在继续扩展，如果不正确，让用户再输入一次，再输入不正确，就继续输入一次，累计 3 次。

使用分支结构嵌套，再结合 while 循环的例子，把 1 次的效果语句放在 while 语法的语句体里。

程序清单 6.7　Python 实现 3 次取款密码验证

```
count=0              # 添加一个计数器 count，控制 3 次
while count<3:
    pwd=input(" 请输入银行卡密码 ")
    if pwd=="000000":
        print(" 你可以取款了 ")
    else:
        print(" 密码不正确，卡被吞，请与发卡行联系 ")
    count+=1
```

以上代码就是把输入 1 次的代码中套用 while 的语法格式，不同之处在于以下几点。

（1）多定义了一个计数器：count=0。

（2）加了一条 while 语句和条件 count<3，对计数器进行 3 次控制。

（3）多加一条 count+=1，让计数器做一次累加，记录用户操作的次数。

以上程序运行起来后，会执行 3 次，每次输错了，告诉你一次"密码不正确，卡被吞，请与发卡行联系"。注意，只有当 while 循环的 3 次输入机会都用完了，发现密码每次都不正确，才会出现"密码不正确，卡被吞，请与发卡行联系"。实现这个功能，只需把 else 提前一个缩进层次，变成 while...else... 格式即可，代码如下。

程序清单 6.8　Python 实现 3 次取款密码验证（改）

```
count=0              # 添加一个计数器 count，控制 3 次
while count<3:
    pwd=input(" 请输入银行卡密码 ")
    if pwd=="000000":
        print(" 你可以取款了 ")
    count+=1
else:
    print(" 密码不正确，卡被吞，请与发卡行联系 ")
```

这样输入 3 次不正确后，才会出现 1 次"密码不正确，卡被吞了，请与发卡行联系"。而现在输入正确，结果又打印了 3 次"你可以取款了"，并还附加打印 1 次"密码不正确，卡被吞了，请与发卡行联系"，这也不是要求的结果。因为当输入正确时，循环还在继续，没有退出。程序的真正需求应该是输入正确，就不要再循环了。所以，循环也有一个退出的问题，这里先提一下，后面还会再对这个问题做介绍，即可用 break 语句来实现，直接退出循环体，不再执行本层循环。特别强调一下"本层"这两个字，因为后面还会谈到多重循环的问题，现在只有一个循环语句，break 可以直接退出这个循环语句，不再循环。

程序清单 6.9　Python 实现 3 次取款密码验证（终）

```
count=0              # 添加一个计数器 count，控制 3 次
while count<3:
    pwd=input(" 请输入银行卡密码 ")
```

```
    if pwd=="000000":
        print(" 你可以取款了 ")
        break
    count+=1
else:
    print(" 密码不正确，卡被吞，请与发卡行联系 ")
```

从运行结果来看， break 语句也把 else 语句结束了，不仅不再继续执行 while 语句，而且也不执行 else 语句，这对处理这个案例逻辑是很有优势的。

6.3 死循环

在循环逻辑结构中，有一种特殊的情况，就是如果条件判断语句永远是 True，循环体一直执行，这时的循环就变成了死循环。正常来说，死循环是要避免的，但有一些特殊的场景，需要死循环，这种场景在游戏中比较普遍。例如，地图类游戏中，只有英雄的体力值没有了，降为 0 了才可以退出游戏，其他情况，不管英雄在哪个地图里迷路了，还是在哪个地图里站着什么也不干，都不会被退出游戏。其实也有退出死循环的方法，就是前面提到过的 break 语句。但一般情况下，不需要用到死循环，实现死循环的代码如下。

程序清单 6.10　Python 死循环代码 1

```
num=10
while num<11:
    print(" 恭喜你，你进入了死循环的世界 ")
```

以上代码是因为条件没有限定好造成了死循环，也是程序设计中需要注意的问题，不要造成不必要的死循环。还有一种更直接的实现死循环的方法，代码如下。

程序清单 6.11　Python 死循环代码 2

```
while True:
    print(" 进来了就别想走 ")
```

6.4 for 循环简介

循环语句除 while 循环外，还有 for 循环。

while 循环和 for 循环用于处理不同的问题，while 应用在不知道循环次数的情况下，for 应用在确定循环次数的情况下。

6.4.1 for 循环的用法

for 循环语句的格式如下。

```
for 临时变量 in 可迭代对象：
    循环体
```

执行过程就是将每一个可迭代对象中的每一个元素赋给临时变量，再执行循环体。

当可迭代对象中的元素全部遍历完后 for 循环就停止运行。

迭代是重复性反馈过程的活动，目的是逼近所需结果。每一次对过程的重复称为"迭代"，而每一次迭代得到的结果会作为下一次迭代的初始值。魔方就是生活中对迭代最好的应用，如图 6.3 所示。

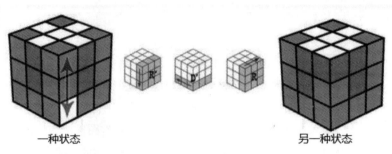

图 6.3　魔方的迭代解释

对于魔方来说，从一种状态到另一种状态，需要不断地转动魔方，每一次的转动都会影响前一次转动的效果，这就是一步步迭代的过程。

可以将迭代对象理解成魔方，不断迭代的每一个数据或步骤都可以依靠循环遍历出来。可迭代对象就是有很多个数据在一起。Python 提供的 range 函数就是一个类似于魔方的可迭代对象。range可以产生某个值到某个值的序列，值和值之间都是相同的步长。相当于魔方在前一个状态的基础上做了几次转动，变成了另一个状态，其中的每一次转动就是迭代的值。下面重点介绍 range 函数。

range 函数可以接收 3 个参数，range(start,stop,step) 产生一个从 0 开始的一个整数序列。这个序列叫列表。一堆整型数据放在一起就形成了整数列表。一堆字符串数据放在一起就形成了字符串列表。range 里接收的 start 表示的是列表的起始位置，stop 是列表的结束位置，step 是步长。

下面结合电影院座位位置来理解 range。

图 6.4 所示是电影院座位位置图，现在有一张观影票，假如是 3 排 10 号，首先 range 会产生列表，列表是一堆数据放在一起，一堆座椅放在一起就是一个座椅的列表。要找

图 6.4　电影院座位位置

到自己的座位，就需要知道编号是从哪里开始的，到哪里结束，还有的就是每个座位的数字间隔为多少。走进影院先看到 1 排这个位置，间隔 2 个步长到 3 排，再看 3 排的起始位置，间隔几个步长到 10 号。所以，想取出列表中的数据内容，一定涉及这 3 个关键点：起始、终止和步长。range 就是用这 3 个参数来产生列表的，如 range(1,10,1) 就会产生 1、2、3、4、5、6、7、8、9 共 9 个元素的列表。可以发现结果中没有 10 这个数字，这个问题在前面说过，Python 的区间左边可以等于，右边一定不等于，即左闭右开。

range 是一个迭代对象，for 格式可以完成遍历其中的数据。

例如，求 1~100 的累加和，下面用 for 来改写。

程序清单 6.12　Python 的 for 循环求 100 以内数字的累加和

```
sum=0
for count in range(1,101,1):
    sum+=count
print(sum)
```

以上代码看上去比 while 循环简单一点，所以编程习惯上用 for 循环。

6.4.2　for 循环实战：180 号段中抽出幸运号

电信举办了一场活动，要在 180 号段中抽出 10 个幸运号码。

具体逻辑分析如下。

（1）产生 10 个幸运号码，就是循环 10 次。

（2）每次随机号码段 180，用 random.randint() 函数随机，可以从 180 号码段全 0 数据到全 9 数据。

代码如下。

程序清单 6.13　Python 的 for 循环取 180 号段幸运号码

```
for i in range(0,10,1):
    print(random.randint(18000000000,18099999999))
```

运行结果就会产生 10 个随机号码段数字。需要注意的是，for 循环结合了 range 来设置循环次数。

for 循环还有另一种格式，代码如下。

```
for 临时变量 in 可迭代对象 :
        循环体
else:
        代码块
```

执行过程和功能也和 while 是一样的，如果 for 循环正常执行完 (没有遇到 break)，则执行 else 中的代码，否则不会执行 else 中的代码。

6.5 循环结束语句

Python 的循环逻辑控制是依靠 for 和 while 这两种语句来实现的。但是，有时不需要把循环执行完，条件合适时需要直接退出循环，这时可以使用 break 语句。还有一种需求，不需要退出整个循环，而是退出本次循环，可以使用 continue 语句。这两个语句的区别如下。

（1）break 用于完全结束一个循环，跳出循环体执行循环后面的语句。

（2）continue 只是终止本次循环，接着还执行后面的循环。

下面通过两个小程序深入了解 continue 和 break 的使用。

6.5.1 continue 实战：循环打印奇数

通过打印 10 以内的所有奇数来了解 continue。判断奇数的条件是不能被 2 整数，这里通过 % 取模运算，模值为 1 就是奇数。对于数字 n，满足 n % 2 ==1 的一定是奇数，满足 n%2==0 就一定是偶数（2 本身除外）。再根据所求的范围是否满足在 10 以内来作为循环条件即可。

程序清单 6.14　Python 循环打印奇数（使用 continue）

```python
for i in range(1,11):
    if i%2==0:
        continue
    print(i)
```

如果判断是偶数，进入下一次循环，如果判断是奇数，直接打印。当然，也可以不用 continue，直接把 range 步长改成 2 也可以达到效果。

6.5.2 break 实战：循环打印闰年

再用求 2020−2050 年的第一个闰年是哪一年这个数学问题来说明 break 的用法。

思路是先找出循环的起始值和终止值，就是 2020 和 2050，而闰年的判断条件是能被 4 整除不能整除 100 或能被 400 整除。找到第一个就退出，可以用 break 来控制循环。

代码如下。

程序清单 6.15　Python 打印闰年（使用 break）

```python
for year in range(2020,2051):
    if year%4==0 and year %100!=0 or year%400==0:
        print(year)
        break
```

还有许多使用 continue 和 break 的应用场景，例如，英雄可能有 3 条命，当前正在使用的角色第一条命"挂掉"时，可以 continue 第二条命，第二条命"挂掉"可以 continue 第三条命，continue 到了英雄的最后一条命，当第 3 条命也"挂掉"时，就只能使用 break，游戏也就结束了。

6.6 嵌套循环

在分支结构逻辑中提到过嵌套问题，同理，循环也是可以嵌套的。循环的嵌套相对来说比较难理解。语法上其实非常简单，即循环的循环体中又出现了循环语句，而关键在于如何去理解程序。

6.6.1 嵌套循环的理解

这里用 for 循环的程序来说明嵌套循环，代码如下。

程序清单 6.16　Python 的 for 循环实现 3 以内两数相乘

```python
for  i in range(1,4):
    for j in range(1,4):
        print("%d*%d"%(i,j))
```

以上代码的运行结果如图 6.5 所示。

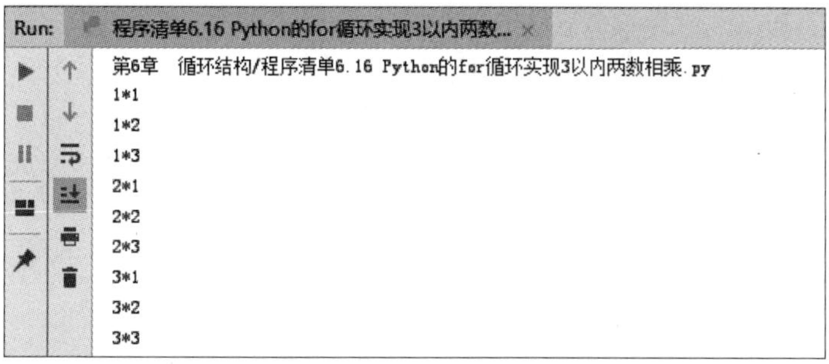

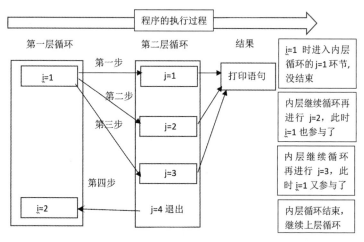

图 6.5　Python 的 for 循环实现 3 以内两数相乘的运行结果

分解其中的几步帮助理解以上程序的运行结果，如图 6.6 所示。

图 6.6　双重 for 循环的理解

从图 6.6 中可以看出，当外层循环进行第一次时，同时也直接进入内层循环的第一次。外层的变量值进入内层循环后就像被关在里面一样，外层循环的变量值将一直保持，直到内层的循环退出为止。现在，把主动权交到外层循环继续执行，外层循环的值才会递增，同理内层循环也不会无缘无故退出。如果实现退出只能由 break、continue 决定。即每一层循环管理着自己的变量值，这层循环不结束，变量值不会被改变。因此，外层循环的一个数可能要与内层循环的多个数进行交叉匹配。两层循环实现嵌套会造成循环次数的累乘效果，以上程序外层 3 个循环，内层 3 个循环，一共产生 3*3 数量级的匹配，就会打印出 9 种结果，每种结果都是两个数的配对。

6.6.2 嵌套循环实战：九九乘法表

按照上面提到的嵌套循环思路去打印一个九九乘法表，形式如下。

```
1*1=1
1*2=2   2*2=4
1*3=3   2*3=6   3*3=9
1*4=4   2*4=8   3*4=12   4*4=16
1*5=5   2*5=10  3*5=15   4*5=20   5*5=25
1*6=6   2*6=12  3*6=18   4*6=24   5*6=30   6*6=36
1*7=7   2*7=14  3*7=21   4*7=28   5*7=35   6*7=42   7*7=49
1*8=8   2*8=16  3*8=24   4*8=32   5*8=40   6*8=48   7*8=56   8*8=64
1*9=9   2*9=18  3*9=27   4*9=36   5*9=45   6*9=54   7*9=63   8*9=72   9*9=81
```

分析以上九九乘法表的思路，从输出格式中可以看到数字是从 1*1 一直到 9*9，要形成 1 到 9 两个数交叉相乘的效果，就必须依靠循环嵌套，代码如下。

程序清单 6.17　九九乘法步骤一

```
for i in range(1,10):
    for j in range(1,10):
        print("%d*%d=%d"%(i,j,i*j))
```

以上代码打印的是竖向的乘法表，不是既定要求的乘法表，原因是目前的结束符是换行，更改结束符即可。这里结束符用 "\t" 制表符，就是两个式子之间的距离，这样 print 语句就变成了 print("%d*%d=%d "%(i,j,i*j),end= "\t")。虽然没有换行了，但输出格式中还是要有换行的，实现方法就是结束完内层循环再进行换行，然后进行第二个数的运算，加个 print() 实现换行即可，代码如下。

程序清单 6.18　九九乘法表步骤二

```
for i in range(1,10):
    for j in range(1,10):
        print("%d*%d=%d"%(i,j,i*j),end="\t")
    print()
```

以上代码的运行结果如图 6.7 所示。

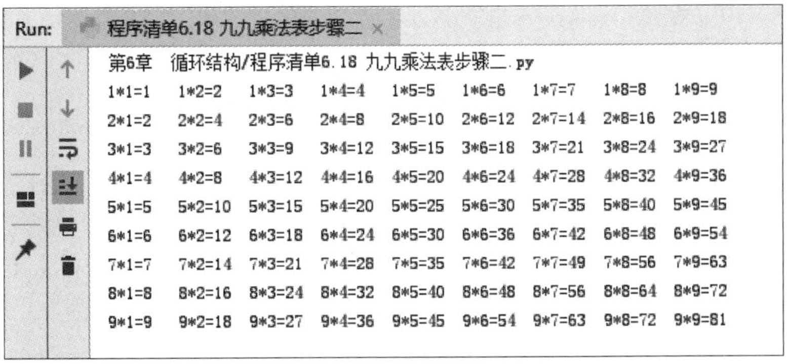

图 6.7　九九乘法表步骤二的运行结果

图 6.7 中的结果比较乱，而且每一行的第 1 个字符相等，与结果的每一列字符相等，所以输出时可以将 i 和 j 互换，代码如下。

程序清单 6.19　　九九乘法表步骤三

```
for i in range(1,10):
    for j in range(1,10):
        print("%d*%d=%d"%(j,i,i*j),end="\t")
    print()
```

注意程序代码中的输出语句，i 和 j 发生了互换，以上代码的运行结果如图 6.8 所示。

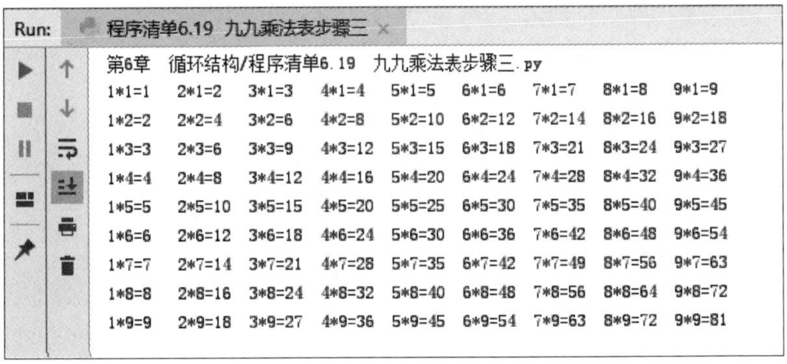

图 6.8　九九乘法表步骤三的运行结果

图 6.8 中的乘法表还是比较乱，应该是第一行只留 1*1，第二行只留 1*2，2*2，第三行只留 1*3，2*3，3*3，依次类推，才能实现要求的乘法表。具体方法是当内层循环比外层循环的数字大时，使用 break 退出本次循环，代码如下。

程序清单 6.20　　九九乘法表终版

```
for i in range(1,10):
    for j in range(1,10):
        if j>i:
            break
        print("%d*%d=%d"%(j,i,i*j),end="\t")
    print()
```

注意程序中使用了 if 条件判断，而这个条件是通过发现打印的结果与最终结果的规律找到的。

6.7 能力测试

1. 编程实现打印所有的"水仙花数"，所谓"水仙花数"指的是一个 3 位数，其每个位上的数字的立方和等于该数本身，比如 $153=1^3+5^3+3^3$。

2. 输出 101~200 所有的素数（素数是只能被 1 和它自身整除的数）。

3. 100 个和尚吃 100 个馒头，刚好吃完。大和尚一人吃 3 个，小和尚 3 人吃 1 个。问大和尚和小和尚各有几个？

4. 母鸡 3 元 1 只，公鸡 1 元 1 只，小鸡 0.5 元 1 只，100 元全部买鸡，买 100 只鸡，有多少种不同的买法，分别是什么？

6.8 面试真题

1. 用循环打印下面星星围成的三角形。

```
*
**
***
****
*****
```

解析：这道题是对循环编程应用的考核。从星形围成的三角形上看，能够查出来是由 1 个星、2 个星、3 个星……一直到 5 个星组成的三角形，可见，进行 5 次循环、5 行的打印，每一行还要打印 1、2、3 等星星个数，这是由两层循环组成的，外层是循环的每一行，内层是打印星星的个数，内层循环打印时，print 语句指明 end 的结束符，以一个空格来结束，这样后面打印的星星和前面打印的星星能够用空格隔开，内层循环打印结束后，再执行一次 print("") 语句，不需要指明 end 结束符，直接换行即可。内层的星星个数的循环打印次数与行数有一定的关系，一行有一个星，二行有两个星等。从 1 循环到 5，由 range() 函数来完成。

程序清单 6.21　Python 实现打印星星围成的三角形的功能

```
for i in range(1,6,1):
    for j in range(1,i,1):
        print("*",end=" ")
    print("")
```

2. 试编程求出 100 以内的能被 3、5、7 同时整除的正整数。

解析：这道题是对循环语句和条件语句相结合编程的考核。要编程求出 100 以内的正整数，就需要 for 循环去产生 1~100 的正整数，再用循环产生的每个数去除以 3、除以 5、除以 7，可以整除的条件是模运算为 0，即除法运算的取余结果为 0 则表明可以整除。根据这个判断条件可以写成三条整除的表达式：num%3==0，num%5==0，num%7==0，如果三条表达式同时满足条件就把这个数输出，这就是逻辑运算中的与运算。

程序清单 6.22　Python 实现打印 1000 以内能被 3、5、7 同时整除的正整数

```python
for num in range(1,1000,1):
    if num%3==0 and num%5==0 and num%7==0:
        print(num)
```

6.9 本章小结

本章主要介绍编程中相对比较难的循环结构。对于循环结构，解决的问题就是在程序设计中的重码问题，一句代码执行多次，就可以考虑使用循环结构，循环结构的几种语句格式，如 while 循环、for 循环及在 while 和 for 中的 break 语句、continue 语句等都是循环结构需要掌握的重点，也是程序设计常用的手段。循环中的嵌套是比较难理解的，需要读者认真地体会和学习，尤其是一些经典程序，如百僧吃百馍、百钱买百鸡、水仙花数等。

7

第 7 章

列表

本章主要介绍 Python 复杂数据类型中的列表。列表是由若干个数据排列而成的，3 个臭皮匠和 1 个诸葛亮就构成了 4 个人的列表，白雪公主和 7 个小矮人，就构成了 8 个人的列表，999 朵玫瑰就构成了 999 朵玫瑰的列表，百万雄师下江南就构成了百万人的列表……列表对处理多个数据是很有帮助的。

7.1 列表的概念

列表由一系列按特定顺序排列的元素组成。

7.1.1 列表的定义实战：金庸武侠书列表

可以创建包含字母表中所有字母、数字 0~9 或若干中文字符组成的列表；也可以将任何内容加入列表中，其中的元素之间可以没有任何关系。

在 Python 中，用方括号（[]）来表示列表，并用逗号来分隔其中的元素。

程序清单 7.1　Python 实现金庸武侠书列表

```
articles=["飞狐外传","雪山飞狐","连城诀","天龙八部"," 射雕英雄传","白马啸西风",
" 鹿鼎记 "]
print(articles)
```

以上代码是金庸的著作列表，如果用 Python 语句将列表打印出来，Python 将打印列表的所有内部元素，包含方括号在内。以上代码的运行结果如图 7.1 所示。

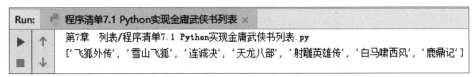

图 7.1　Python 实现金庸武侠书列表的运行结果

图 7.1 中打印的是列表的全部，如果只需要看到列表的部分，不需要全部显示，下面进行介绍。

7.1.2 列表元素访问实战：金庸武侠书列表访问

列表是有序集合，可以访问列表的任何元素，只需知道该元素的位置或索引即可。要访问列表元素，需要指出列表的名称和元素的索引，把元素的索引值放在列表后的方括号内。

例如，要访问金庸小说列表中的第 2 个索引。

程序清单 7.2　Python 实现金庸武侠书列表的访问

```
articles=[" 飞狐外传 "," 雪山飞狐 "," 连城诀 "," 天龙八部 "， " 射雕英雄传 "," 白马啸西风 "，
" 鹿鼎记 "]
print(articles[2])
```

Python 通过列表名 [索引值] 的格式只返回该元素的值，而不包括方括号和引号。以上代码的运行结果如图 7.2 所示。

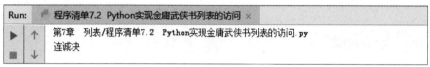

图 7.2　Python 实现金庸武侠书列表的访问的运行结果

通过结果可以看出，只看到要输出的书名，没有看到其他任何信息。

7.1.3　探讨列表元素的索引

在 Python 中，第一个列表元素的索引为 0，而不是 1。要输出的索引为 articles[2]，从列表左边初始位置，按 0,1,2,…的顺序访问，"连城诀"正好是这个位置，就输出了"连城诀"。要访问列表的任何元素，都可将其元素排位减 1，将结果作为索引。假设要访问金庸小说列表中的第 4 个元素，实际上索引值是 3，代码如下。

程序清单 7.3　Python 实现金庸武侠书列表的正索引

```
articles=[" 飞狐外传 "," 雪山飞狐 "," 连城诀 "," 天龙八部 "， " 射雕英雄传 "," 白马啸西风 "，
" 鹿鼎记 "]
print(articles[3])
```

如果列表的元素个数过多，需要定位的元素排序靠后，这样按元素位置查询很不方便，这时就可以使用负数的方式查询。例如，Python 为访问最后一个列表元素提供了一种语法。通过将索引指定为 -1，可让 Python 返回最后一个列表元素。同理，倒数第二个元素为 -2。

程序清单 7.4　Python 实现金庸武侠书列表的负索引

```
articles=[" 飞狐外传 "," 雪山飞狐 "," 连城诀 "," 天龙八部 "， " 射雕英雄传 "," 白马啸西风 "，
" 鹿鼎记 "]
print(articles[-1])
```

以上代码返回的是"鹿鼎记"。这种方法经常用于在不知道列表长度的情况下访问最后的元素。这种约定也适用于其他负数索引，例如，索引值为 -3 则返回倒数第 3 个列表元素，索引值为 -4 则返回倒数第 4 个列表元素，以此类推。

7.1.4　对列表中值的使用实战：爱好的选择组句

列表中的值可以像使用其他变量一样在程序的逻辑中得到使用。

程序清单 7.5　Python 实现爱好的选择组句

```
loves=[" 跑步 "," 听歌 "," 打游戏 "," 爬山 "," 抽烟 "," 喝酒 "," 烫头 "]
message=" 我的爱好是： "+loves[-3]+ ", "+loves[-2]+ ", "+loves[-1]
print(message)
```

以上代码中使用 loves[-3]、loves[-2]、loves[-1] 的值生成了一个句子，并将其存储在变量 message 中，输出是一个简单的句子。把列表的值与运算、变量等内容连接起来，完成的功能是用户从 loves 列表中找出自己的爱好，形成一个简单的句子。以上代码的运行结果如图 7.3 所示。

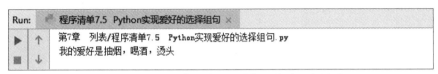

图 7.3　Python 实现爱好的选择组句的运行结果

7.2 修改、添加和删除元素

创建列表的目的是存储值，但大多数列表又是动态的，创建后需要对列表中的元素进行删除、修改和添加等处理。这意味着列表创建后，将随着程序的运行而改变。一些射击类游戏中会不定时地产生一堆敌人，这些敌人被创建出来就相当于列表，玩家射杀了一些敌人，敌人就从列表中被删除了；每次有新的敌人出现在屏幕上时，都将其添加到列表中。例如，植物大战僵尸就是这一类的游戏，僵尸列表被创建，僵尸在僵尸列表中被删除，僵尸被豌豆射中的状态，偶尔游戏还要出现"将有一大波僵尸发起猛攻"，这都是在对僵尸列表进行了增删查改的操作。

7.2.1　修改列表元素实战：足球比赛列表换人

修改列表元素的语法与访问列表元素的语法触类旁通。要修改列表元素，可指定列表名和要修改元素的索引，然后指定该元素的新值即可。

一场足球比赛中可以换 3 个人，换人操作就是修改场上的队员列表元素。

程序清单 7.6　Python 实现足球比赛列表的换人

```
teams=[" 颜骏凌 "," 刘洋 "," 石柯 "," 冯潇霆 "," 刘奕鸣 "," 张呈栋 "," 吴曦 "," 郑智 "," 蒿俊闵 "," 于大宝 "," 郜林 "]
teams[-2]= " 武磊 "
teams[-1]= " 韦世豪 "
print(teams)
```

首先定义一个足球比赛首发人员列表，其中元素"于大宝"在比赛过程中被换下场，换上场的是"武磊"，需要用"武磊"的值替代"于大宝"。接下来，将其中的"郜林"换成了"韦世豪"。

最后打印比赛结束后场上人员列表，就会发现被修改的值发生了变化，其他列表元素的值没变。以上代码的运行结果如图 7.4 所示。

图 7.4　Python 实现足球比赛列表换人的运行结果

一场足球比赛中更换人员，就是在修改列表的值。对于列表而言，可以修改的是任何位置列表元素的值。

7.2.2　在列表末尾添加元素实战：停车场列表新进车

有时可能由于很多原因，要在列表中添加新元素。例如，注册成为某个视频网站的新会员，报名一个新的培训班，停车场开进来了一台车等。Python 提供了多种在列表中添加新数据的方法。

下面先介绍一下在列表末尾添加元素。

在列表中添加新元素时，最简单的方式是将元素附加到列表末尾，由 append 指令实现。停车场中新开进了一台"京 D×××××"车牌的汽车，可以用列表添加实现。车在进入停车场后都是依次添加的，先来后到，相当于添加到停车场车列表的末尾，先来的能最先寻找合适的停车位。

程序清单 7.7　Python 实现停车场列表新进车的增加

```
parks=[" 豫 C×××××"," 冀 R×××××"," 鲁 K×××××"]
print(parks)
parks.append(" 京 D×××××")
print(parks)
```

其中，parks 列表中已经有了一些车牌，当新的车开进停车场 parks 列表时，在尾部又添加了一辆车的车牌。以上代码的运行结果如图 7.5 所示。

```
Run:    程序清单7.7 Python实现停车场列表新进车的增...  ×
    ▶  ↑    第7章　列表/程序清单7.7 Python实现停车场列表新进车的增加.py
         ['豫C×××××', '冀R×××××', '鲁K×××××']
    ■  ↓    ['豫C×××××', '冀R×××××', '鲁K×××××', '京D×××××']
    ❚❚ ⇲
```

图 7.5　Python 实现停车场列表新进车增加的运行结果

可以利用 append() 方法动态地创建列表，也就是说，可以先创建一个空列表，再使用一系列的 append() 语句添加元素。

程序清单 7.8　Python 实现空停车场列表新进车的增加

```
parks=[]
parks.append(" 豫 C×××××")
```

```
parks.append(" 冀 R××××××")
parks.append(" 鲁 K××××××")
parks.append(" 京 D××××××")
print(parks)
```

以上代码形成的停车场列表和前面的停车场列表数据一致，相当于程序清单 7.7 的案例是没有记录前 3 台车进入停车场列表的情况，程序清单 7.8 的案例记录了停车场列表中所有车进入停车场的情况。

为控制用户，可以先创建一个空列表，用于存储用户将要输入的值，然后将用户提供的每个新值附加到列表中。这种方法比较常见。

7.2.3 在列表中插入元素实战：排队插队效果实现

在银行办理业务，取号就是后来的号码大，前面的号码小，银行业务是按照号码从小到大来叫号办理业务。一旦有 VIP 用户办理业务，这个叫号就会暂停，先办理 VIP 用户，再去处理个人普通用户。那么 VIP 用户就相当于正常排队中的插队现象，即在列表的任意位置上添加新元素。可使用 insert() 方法来实现这个操作，但需要指定新元素的索引和值。

程序清单 7.9　Python 实现排队列表的插队效果

```
troops=[" 小张 "," 小王 "," 小李 "," 小孙 "]
troops.insert(0," 小强 ")
troops.insert(2," 小仙 ")
print(troops)
```

在这个示例中，值"小强"被插到了列表开头，而"小仙"被插到了中间的位置上。以上代码的运行结果如图 7.6 所示。

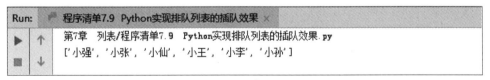

图 7.6　Python 实现排队列表的插队效果的运行结果

7.2.4 从列表中删除元素实战：工人列表的下岗效果

要从列表中删除一个或多个元素，可以根据位置或值来删除列表中的元素。

知道要删除的元素在列表中的位置后可使用 del 语句删除该元素，代码如下。

程序清单 7.10　Python 实现工人列表的下岗效果

```
workers=[" 小强 "," 小张 "," 小仙 "," 小王 "," 小李 "," 小孙 "]
del workers[2]
print(workers)
```

以上代码使用 del 删除了列表 workers 中的第 3 个元素——"小仙"，这是索引位置为 2 的元素。以上代码的运行结果如图 7.7 所示。

图 7.7　Python 实现工作列表的下岗效果的运行结果

使用 del 可删除任何位置处的列表元素，只要指定了索引的位置，就可以删除索引位置处的元素。元素既然被删除了，就意味着无法再访问它了。

7.2.5　使用 pop() 方法删除元素实战：货箱的装卸货效果

有时将元素从列表中删除后还要继续使用它的值。例如，玩射击游戏时，压入枪膛的子弹有个特点，最后一个压入的子弹第一个被发射，打出去的弹壳还可以用作它用。

pop() 方法可删除列表末尾的元素，并且还可以接着使用它。列表就像一个数据结构中的栈，而删除列表末尾的元素相当于弹出栈顶元素。

程序清单 7.11　Python 实现货箱的装货卸货效果

```
boxes=[" 牛奶货箱 "," 内衣货箱 "," 饮料货箱 "," 方便面货箱 "]
poped_boxes=boxes.pop()
print(poped_boxes)
print(boxes)
```

首先把各种货箱放在了车上，产生了货箱列表 boxes。运送货箱的车到达目的地，卸货时先卸的是放在最上面的箱子，卸了一个"方便面货箱"。boxes.pop() 就卸下了一个货箱。输出的值就应该是"方便面货箱"，最后搬上去的货箱会最先卸下来，也就是放在最后的元素会第一个弹出列表，这个弹出列表的值会被 poped_boxes 接收，实际上就是列表元素的最后一个值。最重要的是，证明了能够访问被删除的值。以上代码的运行结果如图 7.8 所示。

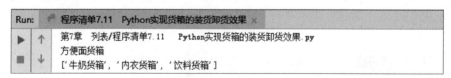

图 7.8　Python 实现货箱的装货卸货效果的运行结果

7.2.6　从列表任何位置弹出元素实战：货箱装卸货杂耍效果

实际上，前面指示的场景是比较适合于说明 pop() 功能的，但程序中的 pop() 方法比较灵活，可以使用 pop() 来删除列表中任何位置的元素，只需在括号中指定要删除的元素的索引即可。

程序清单 7.12　Python 实现装货卸货杂耍效果

```
boxes=["牛奶货箱","内衣货箱","饮料货箱","方便面货箱"]
poped_boxes=boxes.pop(2)
print(poped_boxes)
print(boxes)
```

以上代码就是给卸箱子玩起了杂耍，抽掉了第 3 个箱子，就是索引位置为 2 的箱子，箱子的名称是"饮料货箱"。在列表中，弹出了列表中的索引为 2 的"饮料货箱"，然后打印了一条有关这个货箱的消息。然后后面的数据会向左移 1 位，形成删除了索引位置为 2 的新列表。以上代码的运行结果如图 7.9 所示。

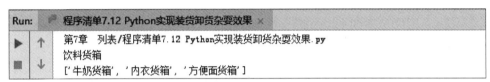

图 7.9　Python 实现装货卸货杂耍效果的运行结果

需要强调的是，每当使用 pop() 时，被弹出的元素就不在列表中了。

del 语句与 pop() 方法的使用标准：要从列表中删除一个元素，不再以任何方式使用它，就使用 del 语句；要在删除元素后还能继续使用它，就使用 pop() 方法。

7.2.7　根据值删除元素实战：钱币列表不允许"二元"流通

pop 和 del 都是根据索引位置来删除元素的，如果只知道要删除的元素值，需要使用 remove() 方法。

程序清单 7.13　Python 实现钱币列表不欢迎"二元"效果

```
moneys=["一元","二元","五元","十元","二十元","五十元","一百元"]
moneys.remove("二元")
print(moneys)
```

在钱币列表中要删除"二元"的钱币。但不清楚其索引，故使用 remove() 方法。以上代码的运行结果如图 7.10 所示。

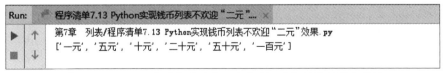

图 7.10　Python 实现钱币列表不欢迎"二元"效果的运行结果

使用 remove() 从列表中删除元素时，被删除的值是不能被接收的，因为 remove() 函数没有返回值。

7.3 组织列表

创建的列表中，元素的排列顺序常常是无法预测的，因为无法控制用户提供数据的顺序。而在程序开发过程中，经常需要以特定的顺序呈现信息。例如，火车票在售卖时火车票列表是按照座位号顺序对应身份证号进行组织的，排队进站检票时就不要求按照这个顺序进行，谁先到谁先进，不用等其他人，上了车对号入座后又可以把座位号和人对应起来了。这种调整就是组织列表的方式。Python 提供了很多组织列表的方式。

7.3.1 使用 sort() 方法对列表进行永久性排序实战：英语书单词倒序效果

Python sort() 方法能够较为轻松地对列表进行排序。英语书的单词表，一般是按照字母顺序排列起来的，可每节课的英语单词可以不按照字母顺序排列，最后一定把所有单词汇聚在一起，按字母顺序排列。假设单词表的所有值都是小写的。

程序清单 7.14　Python 实现英语书单词表排序效果

```
words=["apple","watermelon","pineapple","peach","grape","cranberry"]
words.sort()
print(words)
```

sort() 方法永久性地修改了列表元素的排列顺序。现在，这个散列单词列表 words 是按字母顺序排列的，再也无法恢复到原来的排列顺序。以上代码的运行结果如图 7.11 所示。

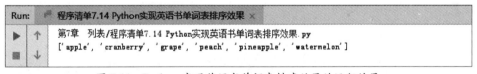

图 7.11　Python 实现英语书单词表排序效果的运行结果

还可以按与字母顺序相反的顺序排列列表元素，只需向 sort() 方法传递参数 reverse=True 即可，代码如下。

程序清单 7.15　Python 实现英语书单词表反向排序效果

```
words=["apple","watermelon","pineapple","peach","grape","cranberry"]
words.sort(reverse=True)
print(words)
```

这种对列表元素排列的修改是永久性的。以上代码的运行结果如图 7.12 所示。

图 7.12　Python 实现英语书单词表反向排序效果的运行结果

7.3.2 使用函数 sorted() 对列表进行临时排序实战：英语书单词排序

sort() 方法是将列表元素的排列顺序永久改变。如果要保留列表元素原来的排列顺序，同时以特定的顺序呈现它们，可使用函数 sorted()。函数 sorted() 能够按特定顺序显示列表元素，同时不影响它们在列表中的原始排列顺序。

程序清单 7.16　Python 实现英语书单词表排序不改变原列表效果

```
words=["apple","watermelon","pineapple","peach","grape","cranberry"]
word_sorts=sorted(words)
print("原来的顺序: "+str(words))
print("sorted后的顺序: "+str(word_sorts))
```

利用散列单词列表 words，使用 sorted(words) 进行排序，首先按原始顺序打印列表，再按字母顺序显示该列表。

原来的顺序：["apple","watermelon","pineapple","peach","grape","cranberry"]

sorted 后的顺序：["apple","cranberry","grape","peach","pineapple","watermelon"]

如果要按与字母顺序相反的顺序显示列表，也可向函数 sorted() 传递参数 reverse=True。

7.3.3 倒着打印列表实战：实现员工进入公司时间倒查

对于列表来说，正序是正常的，有时也需要反序。公司每来一个新员工，就会把员工加入员工库中，如果想要看一下新来公司的员工有谁，就可以把列表倒序输出，那么排在前面的就是新来公司的员工。要反转列表元素的排列顺序，可使用倒序打印列表的方法 reverse()。

程序清单 7.17　Python 实现员工进入公司时间的倒查效果

```
workers=["小强","小张","小仙","小王","小李","小孙"]
print(workers)
workers.reverse()
print(workers)
```

上面代码中，reverse() 反转了列表元素的排列顺序，永久性地修改了列表元素的排列顺序，再次调用 reverse() 即可恢复。运行结果如图 7.13 所示。

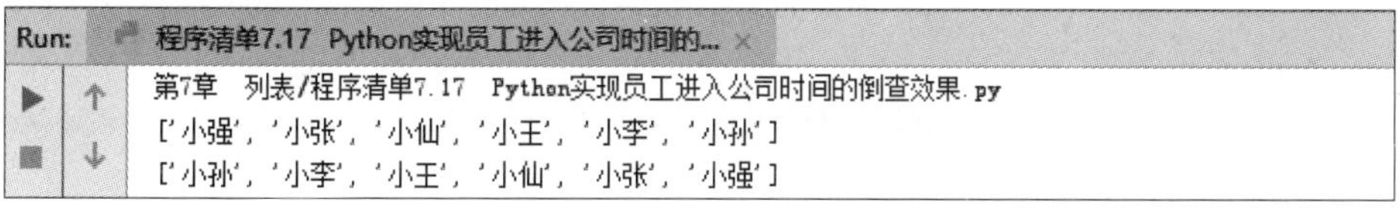

图 7.13　Python 实现员工进入公司时间的倒查效果的运行结果

7.3.4 确定列表的长度实战：动物园动物统计效果

一直围绕着列表的元素操作了很久，而列表的长度也是至关重要的。有了列表的长度就可以方便地设定取出列表元素需要循环的次数。列表长度可使用函数 len() 来实现。

程序清单 7.18   Python 实现动物园动物统计效果

```
zoos=[" 狮子 "," 大象 "," 老虎 "," 猴子 "," 长颈鹿 "," 斑马 "]
print(len(zoos))
```

以上代码用来统计这个小型动物园里有几种动物。len() 可确定列表中有几个元素。

7.4 使用列表时避免索引错误

索引对列表至关重要，初学者要特别注意，避免产生错误。

7.4.1 索引报错实战一：葫芦寻找八娃无果

葫芦娃，一根藤上七朵花，如果非得要去找八娃，在列表中是不存在的，就会报错。

程序清单 7.19   Python 实现葫芦娃寻找八娃报错效果

```
gourds=[" 大娃 "," 二娃 "," 三娃 "," 四娃 "," 五娃 "," 六娃 "," 七娃 "]
print(gourds[8])
```

以上代码中 gourds[8] 已经超出了列表 gourds 中的数据索引，这将导致索引错误。

运行结果如图 7.14 所示。

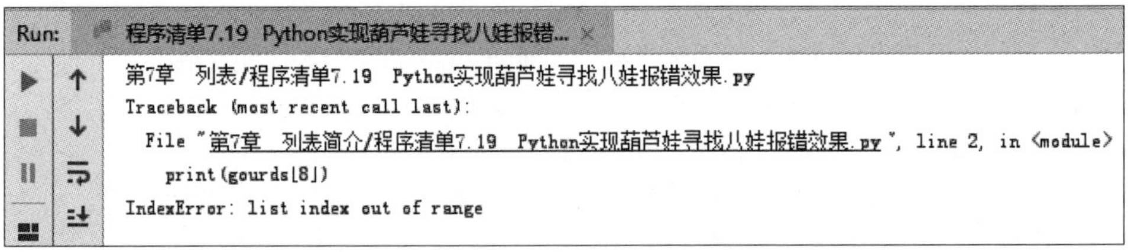

图 7.14　Python 实现葫芦娃寻找八娃报错效果的运行结果

元素索引从 0 开始，如第三个元素的索引为 2，索引错误意味着 Python 无法理解指定的索引。而需要访问最后一个列表元素时，可以使用索引 -1，这在任何情况下都行之有效。

7.4.2 索引报错实战二：没有葫芦娃救爷爷

对空列表访问最后一个列表元素就要报错。

程序清单 7.20   Python 实现葫芦娃被抓无娃调用报错效果

```
gourds=[]
print(gourds[-1])
```

以上代码中，列表 gourds 不包含任何元素，结果还要访问最后一个元素。Python 会返回一条索引错误消息，运行结果如图 7.15 所示。

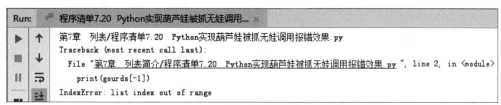

图 7.15　Python 实现葫芦娃被抓无娃调用报错效果的运行结果

在程序编码中，一旦不小心发生索引错误，可以尝试将列表或其长度打印出来。通过查看列表或其包含的元素数，找到逻辑错误。

7.5　能力测试

1. 定义一个列表 [100,64,23,8,12]，将这个列表逆序输出。

2. 对于特定的比赛列表 [" 游泳 "," 拳击 "," 乒乓球 "," 台球 "," 跳远 "]：

（1）将"武术"添加到这个列表中；

（2）将"乒乓球"从这个列表中移除；

（3）将表中的"跳远"改成"跳高 "。

3. 产生由 10 个数字组成的列表，这 10 个数字都是 1~100 的随机数字，可以存在相等数字，然后将这个数字列表降序输出。

7.6　面试真题

1. 有两个列表 list1=[101,202,303] 和 list2=[404,505,606]，试编程完成将第二个列表 list2 的元素添加到列表 list1 中。

解析：这道题是对列表添加元素的考核。要把 list2 列表中的值添加到 list1 中，如果使用 list1. append(list2)，结果是把列表 list2 添加到了列表 list1 中，但 list1 中包含了 list2 这个列表元素，不是 list2 的每个元素直接成为 list1 的元素，list1 形成了一个二维列表，形如 [101，202，303，[404，505，606]]。为此，只能用另一种添加方法 extend，它与 append 的添加方法是有一定区别的，append 的添加方法是把元素添加到列表中，extend 是把列表中的每个值添加到列表中。

程序清单 7.21　Python 实现 extend 添加列表元素的功能

```
list1=[101,202,303]
list2=[404,505.606]
list1.extend(list2)
print(list1)
```

2. 将 list1=[" 天津 "," 上海 "," 广州 "," 武汉 "] 这个地址列表清空。

　　解析：这道题是对列表元素删除的考察。del 和 remove 是一个个地清除某个元素，是对单个元素进行操作的指令。如要删除元素中的所有元素，使用 clear() 方法即可。

程序清单 7.22　Python 实现 clear() 方法清除列表中的所有元素

```
list1=[" 天津 "," 上海 "," 广州 "," 武汉 "]
list1.clear()
print(list1)
```

7.7　本章小结

　　本章主要介绍列表的定义、访问及增删改等方法。列表是 Python 复杂数据的开始，关于列表的操作方法也很重要，尤其是在程序设计中。

第 8 章

操作列表

本章在列表基础上再进行深入研究，包括列表的遍历和深浅复制等，以便更好地利用列表为程序编码服务。列表是处理数据集的一种方式，既然是数据集，就需要对数据集中的元素逐个进行访问和处理，即遍历。同样，列表的复制也非常重要，学好可避免在编程中出现问题。

8.1 遍历整个列表

首先需要了解的就是遍历列表的所有元素，遍历就相当于对列表的每一个元素进行走访，要到每一个元素家里去串门，探访它，慰问它，看看它到底是什么样的数据内容。然后在编码逻辑上可以对每个元素执行相同的操作。就像每个旅客登机前都需要安检，每个食客吃完饭都需要结账一样。如果需要对列表中的每个元素都执行相同的操作，可使用 Python 中的 for 循环。

8.1.1 遍历整个列表功能实战：晚会节目单遍历

假设有一份联欢晚会节目单，需要将其中每个节目的名字都打印出来。为此，可以根据索引值一个个地获取节目单中每个节目的名字，通过 for 循环产生索引值，这是一种比较直接的解决方法，除此之外，Python 还提供了 for...in... 结构来完成对列表的遍历，代码如下。

程序清单 8.1 Python 列表实现晚会节目单遍历

```
programmes=[" 歌曲：春天里 "," 相声：迎春曲 "," 歌曲：万爱千恩 "," 歌曲：爱情36度8"," 小品：
招聘 "," 歌曲：难忘今宵 "]
for programme in programmes:
    print(programme)
```

在以上代码段中，定义了一个节目单列表 programmes。接下来，用 for...in 循环结构让 Python 从列表 programmes 中取出一个节目名字，并将其存储在变量 programme 中。最后，Python 打印存储到变量 programme 中的名字。需要注意的是，这里的 for programme in programmes 是把列表 programmes 中的元素一个个取出来放在 programme 变量中的意思。这样，对于节目单列表中的每个节目名字，Python 都将反复执行从 programmes 取出一个元素，并把这个元素赋给 programme 变量。节目单列表 programmes 中的每个节目名字都会被打印出来。以上代码的运行结果如图 8.1 所示。

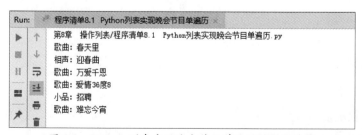

图 8.1　Python 列表实现晚会节目单遍历的运行结果

8.1.2 深入地研究循环

用循环遍历每个元素，循环是让计算机完成重复工作的常见方式。在 for programme in programmes 结合 print(programee) 的代码组合中，Python 将首先读取代码 for programme in programmes，这行代码让 Python 获取 programmes 中的第一个值（"歌曲：春天里"），并将其存储到变量 programme 中。接下来，Python 读取下一行代码 print(programee)，作用是 Python 打印了 programme 的值——"歌曲：春天里"。循环体里的第一次任务完成，然而并没有宣告循环结束，节目单列表还包含其他元素，Python 返回到循环语句 for programme in programmes，接着获取列表中的下一个节目内容——"相声：迎春曲"，同时也把它存储到变量 programme 中，再执行 print(programme) 语句，再次打印变量 programme 的值。同样的道理，节目单列表 programmes 里的元素还包含其他值，继续这样的逻辑：取数据，存 programme 变量，执行 print，打印 programee 的值。这条逻辑一直循环，直到列表中的最后一个值"歌曲：难忘今宵"，程序才宣告结束。

for programme in programmes 就是将列表中的每个元素都循环下去，里面的循环体 print(programme) 就是这个循环对每个元素执行的逻辑，不管列表包含多少个元素，哪怕是 100 万个元素，Python 重复执行的步骤就是 100 万次。

编写 for 循环时，对于用于存储列表中每个值的临时变量 programme，可指定任何名称，例如，运动员列表用 athletes，水果列表可以用 friuts，动物列表用 animals 等，这些命名有助于理解 for 循环中每个元素的意义。

8.1.3 在 for 循环中执行更多的操作实战：公园游玩警示信息

利用 for 循环，可以对每个元素执行任何操作。下面用公园游玩警示信息说明问题。

程序清单 8.2　Python 实现公园游玩警示信息的遍历

```
monuments=[" 颐和园 "," 长城 "," 天安门 "," 故宫 "," 圆明园 "]
for monument in monuments:
    print(" 由于旅游景点人数众多。")
    print(monument+" 景点的票实行网络购票，限制每日的人流量。")
    print(monument+" 景点的公交车将甩站通过不停车，请游客从附近站点下车！ ")
```

这段景点警示信息的列表代码，相比于前面的晚会节目代码，唯一的不同是在 for 循环中添加了很多的逻辑，虽然逻辑上只是打印了几条重要信息，但反映的问题就是在循环体中可以实现多种逻辑，而这些逻辑都是针对景点列表 monuments 中的每一个元素。这个循环第一次迭代时，变量 monument 的值为"颐和园"，循环体中的 3 条逻辑都是针对"颐和园"这一元素的，即"由于景点人数众多，颐和园景点实行网络购票，限制每日的人流量。颐和园的公交车将甩站通过不停车，请游客从附近站点下车"。第二次迭代时，monument 的值为"长城"，输出与长城有关的信息语句，与颐和园景点的提示语句一致。而第三次迭代时，monument 值为"天安门"，逻辑也如此，依次类推，一直到 monument 变量值为"圆明园"。以上代码的运行结果如图 8.2 所示。

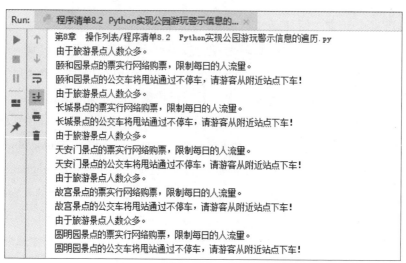

图 8.2　Python 实现公园游玩警示信息的遍历的运行结果

在 for 循环的循环体中，对代码没有限制。在代码行 for monument in monuments 后面，每个缩进的代码行都可以作为循环的一部分，并将列表中的每个值都执行一次。它可以对列表中的每个值执行任意次数的操作。

8.1.4　在 for 循环结束后执行一些操作实战：公园游玩警示信息

for 循环结束后通常需要提供总结性输出或根据程序需求执行其他必须完成的任务。

在 for 循环结束后，没有进行缩进的代码都只执行一次，而不会重复执行，这样就没有循环的意义了。程序清单 8.2 中的景点提示语非常啰唆，建议将程序公共部分只执行一次，精炼一下程序的代码。将相同的代码放在 for 循环前面或后面，并且不需要缩进。

程序清单 8.3　Python 实现公园游玩警示信息遍历修改版

```
monuments=["颐和园","长城","天安门","故宫","圆明园"]
print("由于旅游景点人数众多，")
monument_str=""
for monument in monuments:
    monument_str+=monument
    monument_str=monument_str+"、"
print(monument_str+"……这些景点实行网络购票，限制每日的人流量。")
print("公交车将甩站通过不停车，请游客从附近站点下车。")
```

print("由于旅游景点人数众多，") 语句是与循环没有关系的，可以提到循环的外面。针对列表中每个景点都有的内容提示，可把重复的内容加在 monument_str 字符串变量中做叠加，为了减少 for 循环中语句多的现象，可拆成了两句来写，还可以用一句 monument_str+=monument_str+"、" 来代替。后面的 print 语句与 for 没有缩进，同一个层次，是不参与到循环中的，只执行一次。以上代码的运行结果如图 8.3 所示。

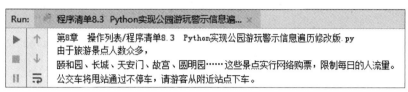

图 8.3　Python 实现公园游玩警示遍历修改版的运行结果

使用 for 循环处理数据是一种对数据集执行整体操作的最普遍的方式，使用这种方式时，重点在于缩进与不缩进的结构。与 for 有缩进关系的在循环里，与 for 没有缩进关系的不执行循环。

8.2　校验列表元素

8.2.1　校验特定值是否在列表中实战：宠物列表查找

对列表进行遍历的目的是对全部元素进行操作。有时，不一定要操作全部元素，可能只对部分元素进行操作。例如，学校里对优秀的学生发放奖学金，这个操作就不是针对全部的学生，而是对符合条件的学生发放奖学金。像这种对部分元素进行操作，就要判断一下列表中是否包含符合条件的元素。执行操作前必须检查列表是否包含特定的值。

检验宠物市场的宠物列表中是否包含特定值"泰迪犬"，实现代码如下。

程序清单 8.4　Python 实现宠物列表查找功能

```
pets=["垂耳兔","拉布拉多犬","泰迪犬","博美犬","吉娃娃犬"]
dog="泰迪犬"
print(dog in pets)
```

以上代码判断"泰迪犬"是否在宠物市场宠物列表中，首先定义了一个宠物列表，然后使用关键字 in 来判断特定的值是否已包含在列表中，dog in pets 即可实现判断"泰迪犬"是否被包含在宠物市场的宠物列表中。

8.2.2　校验特定值不包含在列表中实战：宠物列表查找修改版

把程序清单 8.4 的问题逻辑反过来看，就是看列表中是否不包含特定值，在这种情况下，可使用关键字 not in 来实现，代码如下。

程序清单 8.5　Python 实现宠物列表查找功能修改版

```
pets=[" 垂耳兔 "," 拉布拉多犬 "," 泰迪犬 "," 博美犬 "," 吉娃娃犬 "]
dog=" 泰迪犬 "
print(dog not in pets)
```

如果 "泰迪犬" 不包含在列表 pets 中，则 Python 将返回 True。但针对以上代码的结果，"泰迪犬" 是包含在列表中的，所以返回的是 False。

8.2.3　if 条件校验元素实战：动车查找过滤功能

要对列表中的一些元素进行操作，而不是全部，最直接的逻辑就是 if 条件判断。从 "北京" 到 "天津" 的火车有很多车次，如果要从众多的火车车次中找到高铁标志 "G" 开头的车次，那就需要用条件判断来校验元素，代码如下。

程序清单 8.6　Python 实现动车查找条件过滤功能

```
trains=["G187","2589","K215","K1785","G399"]
for train in trains:
if train[:1]== "G":
    print(train+" 是高铁 ")
```

这里的代码在元素输出之前用 if 语句进行逻辑判断。如果元素第一个字母是 "G"，就输出 "高铁"。以上代码的运行结果如图 8.4 所示。

图 8.4　Python 实现动车查找条件过滤功能的运行结果

8.2.4　校验列表不是空的实战：列表校验功能

对于列表的查询都是列表至少包含一个元素。对列表定义结束后，直接进行 for 循环遍历，而此时列表为空，for 循环就没有任何意义。因此，在进行程序编码时，运行 for 循环之前校验一下列表是否为空很有必要，代码如下。

程序请单 8.7　Python 实现空列表校验功能

```
empty=[]
if empty:
    print(" 列表不为空 ")
    for ex in empty:
        pass
else:
    print(" 列表为空 ")
```

以上代码创建了一个空列表，其中不包含任何信息。直接用 if 语句进行校验列表是否为空，而没有直接执行 for 循环。if 语句中将列表名用在条件表达式中就是为了判断列表中是否有元素，列表含有元素时才返回 True，没有元素返回 False。此程序中列表是空的，没有元素，代码中的列表不执行 if empty 后面缩进的句子，执行 else 后面缩进的句子。当然，对于这个列表来说，if empty 后面的代码没有什么意义，只是使用逻辑来说明如果非空就可以使用 for 循环来处理问题。

8.3 创建数值列表

在程序设计中，需要存储数字的需求比较多，游戏世界中每个玩家的血值、战斗能力；电商购物中的数量、价格等都是数值型的数据。有些数值的列表往往是有一定规律的，如奇数列表、偶数列表、质数列表、合数列表等。Python 也提供了一些工具函数，可以高效地处理数字列表。

8.3.1 使用 range() 函数实战：输出 1~100 的奇数

range() 函数能够轻松地生成一系列的数字，例如，range(1,10) 中 1 就是数字的起始值，10 就是这个数字范围的末端，产生的数字不包括这个末端数字，中间就会连续产生 1，2，3，4，5，6，7，8，9 共 9 个数字；range(1,10,2) 中 2 就是步长，中间就会连续 2 个步长产生 1，3，5，7，9 共 5 个数字。当然，步长也可以用负值，range(10,1,-2) 就会产生负方向的连续 2 个步长的 5 个数字：10，8，6，4，2。但 range() 产生的是迭代对象，如果要产生列表，需要将结果用 list() 函数强制转换。

程序清单 8.8　Python 实现 range() 函数输出 1~100 的奇数

```
numbers=range(1,100,2)
lists=list(numbers)
print(lists)
```

以上代码完成的就是将 range() 迭代对象变成列表，同时产生 1~100 的奇数。

8.3.2 数字列表的简单统计计算

Python 提供了几个专门用于处理数字列表的函数，如用 min 求最小值、用 max 求最大值、用 sum 求和等。下面来看一下相关的统计代码。

程序清单 8.9　Python 实现列表的简单统计功能

```
digits=[10,20,30,40,50]
print(min(digits))
print(max(digits))
print(sum(digits))
```

以上代码可以直接输出 digits 列表中的最小值、最大值及求和值，运行结果如图 8.5 所示。

图 8.5　Python 实现列表的简单统计功能的运行结果

8.3.3　列表表达式

数值型列表有时用列表表达式的方式表达起来更方便，列表表达式实际上就是在迭代的数据中加上 []，[] 里可以用 for...in 循环的方式得到每一个元素。例如，下面就是一个列表表达式：

```
odds=[item for item in range(1,100,2)]
```

这个列表表达式中，range(1,100,2) 产生从 1 开始，100 为上限，步长为 2 的数，即 1~100 的奇数，而 for item in range(1,100,2) 产生所有 1~100 的奇数序列。把这个序列放到 [] 中就形成了列表。这种列表表达式写起来比较方便，避免使用很长的代码去产生列表。

8.4　列表的复制

数据是在编程逻辑中经常遇到的，复制意味着产生了数据的副本。大量数据在工作中其实也需要备份。列表的功能就是能够把大量的数据放在一起，但列表里的数据是可以进行增删改查的，数据一旦发生了增删改，就不能恢复到原来的样子了。如果还需要对原来的数据进行查验，没有备份就很难做到了。银行的存取钱业务，每存一次，卡里的钱就发生了变化，每取一次，卡里的钱也发生了变化。如果有一天客户想贷款买房了，这时候就需要打印银行卡的流水去做贷款的一些资质评定，银行根据卡里的工资流水来决定贷款数额。银行卡里如果只有现在的数额，查不到之前交易的数额，银行就不能下发贷款。因此，必须记录历史交易的数额。列表的复制就是为了更好地保存数据，对原始数据做好痕迹管理，这样才能去查验流水，查交易记录。

列表复制的代码如下。

程序清单 8.10　Python 实现两列表复制

```
list1=[1,2,3,4,5,6]
list2=list1
print("第 1 个列表的值："+str(list1))
print("第 2 个列表的值："+str(list2))
```

以上代码的运行结果如图 8.6 所示。

图 8.6　Python 实现两列表复制的运行结果

从运行结果可以看出，两个列表的值是相等的，暂时完成了复制。但在实际使用中，还是存在问题的。下面进行介绍。

8.4.1　列表复制的原理

简单数据类型变量在内存中保存的形式，可用图 8.7 来进行说明。

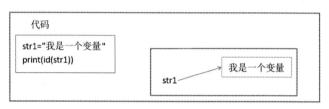

图 8.7　数据变量在内存中的保存形式

图 8.7 中变量的赋值是一种引用的关系，当改变了数值，就相当于改变了 str1 内存地址的指向。下面通过图 8.8 来具体说明变量的值在内存中的改变。

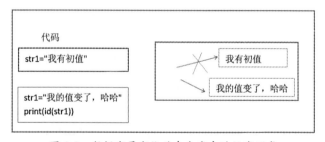

图 8.8　数据变量变化时在内存中的保存形式

现在列表是一个复杂数据类型，这个列表变量在内存中保存的形式也发生了变化，列表中保存的是数据的内存地址而不是数据本身。如图 8.9 所示是列表在内存中的保存形式。

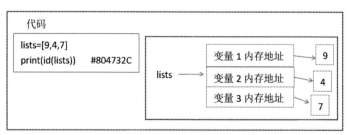

图 8.9　列表在内存中的保存形式

若要给这个列表添加元素 5，列表的保存形式会发生变化。

如图 8.10 所示是列表添加元素时在内存中的保存形式。

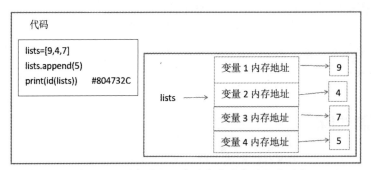

图 8.10　列表添加元素时在内存中的保存形式

如果把列表也像变量一样，发生改变赋值的操作，保存形式的变化如图 8.11 所示。

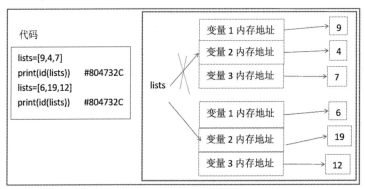

图 8.11　列表中的值改变时在内存中的保存形式

现在按照 list1=list2 的赋值方法，来看一下变量的内存地址变化。如图 8.12 所示的是列表两个值直接赋值时在内存中的保存形式。

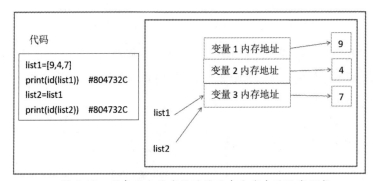

图 8.12　列表两个值直接赋值时在内存中的保存形式

由图 8.12 可知，list1=list2 实际上就是将 list1 的内存地址赋值给了 list2 的内存地址，这与变量的引用还是有差别的。列表指向的是一个地址，当改变了地址指向的值时，两个列表的值就都发生了改变。

8.4.2 直接赋值操作

现在用直接赋值操作将 list1=list2 这种复制做一下改变，即改变其中 list1 中的数值，去验证图 8.12 所示的内存地址的变化，代码如下。

程序清单 8.11 Python 实现直接赋值改变其中列表值

```
list1=[1,2,3,4,5,6]
list2=list1
print(" 第 1 个列表的值: "+str(list1))
print(" 第 2 个列表的值: "+str(list2))
list1[1]=10
print(" 发生了赋值变化后: ")
print(" 第 1 个列表的值: "+str(list1))
print(" 第 2 个列表的值: "+str(list2))
```

以上代码的运行结果如图 8.13 所示。

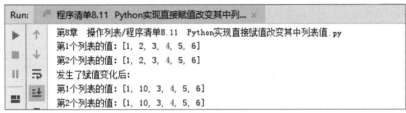

图 8.13 Python 实现直接赋值改变其中列表值的运行结果

从运行结果可以发现，两个列表的值都发生了变化。原因是列表指向的是列表中元素的内存地址。列表和列表发生赋值，实际上地址指向相同，不是又生成了一个新的内存空间。当改变其中一个元素内存地址中的值时，同个列表就都发生了改变，这是由内存地址的指向没有发生改变引起的。

8.4.3 浅复制

除直接赋值外，Python 还提出了深复制和浅复制，深复制从强度上就能看出实现的复杂，浅复制从强度上能看出实现的深度不够。

浅复制可用一段代码来说明，代码如下。

程序清单 8.12 Python 实现两列表浅复制功能

```
list1=[1,2,3,4,5,6]
list2=list1.copy()
print(" 第 1 个列表的值: "+str(list1))
print(" 第 2 个列表的值: "+str(list2))
list1[1]=10
print(" 发生了赋值变化后: ")
```

```
print("第1个列表的值："+str(list1))
print("第2个列表的值："+str(list2))
```

上面代码与直接赋值代码的不同之处在于使用 list2=list1.copy() 来产生复制出的列表。copy()方法就是浅复制，以上代码的运行结果如图 8.14 所示。

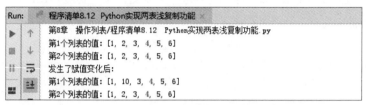

图 8.14　Python 实现两表浅复制功能的运行结果

从运行结果上来看，浅复制后的列表并没有改变原始数据。从原理上来说，浅 copy 的第一层创建的是新的内存地址，但其实也只限于第一层，而从第二层开始，指向的还是同一个内存地址。所以，对于第二层及更深的层数来说，还是保持了一致性。

如图 8.15 所示是列表浅复制在内存中的保存形式。

（1）浅复制就是首先将 list1 中保存的内存地址复制出一份来，代码 list2=list1.copy() 可以实现这一功能。

```
代码
list1=[4,7,9]
list2=list1.copy()
print(id(list1))      #804732C
Print(id(list2))      #804732C
Print(id(list1[0]))  #205AFD042
Print(id(list2[0]))  #205AFD042
```

图 8.15　列表浅复制在内存中的保存形式

（2）现在改变列表的值，并观察两个表之间的数据是否会发生改变，如果往 list1 里添加一个元素 8，其内存的保存形式如图 8.16 所示，是列表浅复制添加元素后在内存中的保存形式。

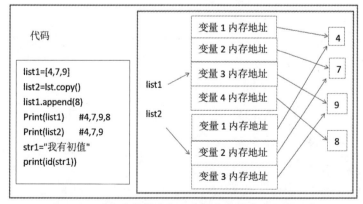

图 8.16　列表浅复制添加元素后在内存中的保存形式

从图 8.16 中可以看出，添加元素不会影响 list2 的结果。

（3）如果将 list1 中的元素 4 删除，其内存的保存形式如图 8.17 所示，是列表浅复制后删除元素在内存中的保存形式。

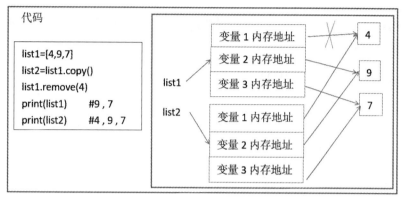

图 8.17　列表浅复制后删除元素在内存中的保存形式

从图 8.17 中可以看出，删除元素也不会影响 list2 的结果。

（4）通过增加和删除都会使列表中的元素个数发生变化，但浅复制产生的列表并没有产生关联的关系，对原列表或新列表进行增删都不会对没有发生增删数据的列表产生影响。

如果再把 list1 里的第一个元素值修改为 8，那么其内存的保存形式如图 8.18 所示，是浅复制后修改元素在内存中的表示形式。

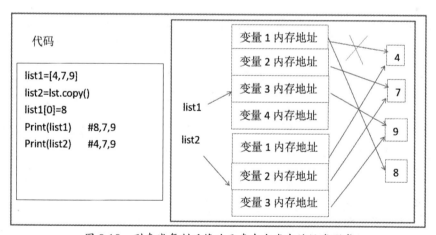

图 8.18　列表浅复制后修改元素在内存中的保存形式

从图 8.18 中可以看出，修改也不会影响 list2 的结果。

通过图形说明会发现，浅复制产生的列表并没有产生关联的关系，对原列表或新列表进行增删改都不会对没有发生增删改数据的列表产生影响，使列表的历史数据被保留。其实，前面的图示都是对第一层地址的，如果这个地址为第二层或更深层，会发现浅复制只为第一层开辟了空间，后面都保持了一致性，代码如下。

程序清单 8.13　Python 实现浅复制的列表嵌套功能

```
list1=[1,2,3,[4],5,6]
list2=list1.copy()
print(" 第 1 个列表的值：" +str(list1))
print(" 第 2 个列表的值：" +str(list2))
list1[3][0]=100
print(" 发生了赋值变化后：")
print(" 第 1 个列表的值：" +str(list1))
print(" 第 2 个列表的值：" +str(list2))
```

注意以上代码中，list1 列表中存在一个 4 元素改成了列表 [4]，列表中还有一个小列表。意味着小列表也要继续开辟变量的内存地址，也就是 [4] 也要有内存地址才可以，浅复制后的列表，就没有为这个小列表再开辟内存地址，值就不变了。这里访问 4 元素是先通过 list[3] 访问到小列表 [4]，再调用 4 元素对应下标 0，即使用 list[3][0] 就访问到了 4，然后把 4 改成 100。以上代码的运行结果如图 8.19 所示。

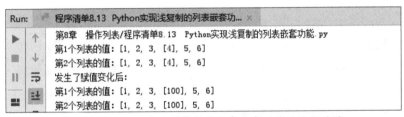

图 8.19　Python 实现浅复制的列表嵌套功能的运行结果

图 8.19 表明浅复制没有为 [4] 创建内存地址。如图 8.20 所示是嵌套列表浅复制后在内存中的保存形式。

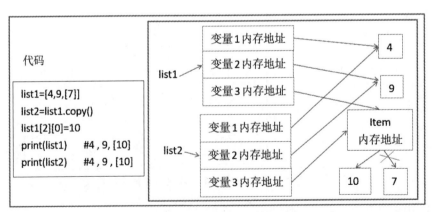

图 8.20　嵌套列表浅复制后在内存中的保存形式

从图 8.20 中可以看出，list1 和 list2 第一层都指向各自的内存地址，第二层就指向了公共的内存地址，由此可见，当第二层后面的数据发生变化，它们的一致性是同步的。对于列表中含有列表这样的数据，浅复制是没有完成完全意义上的复制的。

8.4.4 深复制

Python 还提供了另外一种复制的方法，叫作深复制，为列表中的列表元素重新开辟一块内存空间。使用深复制需要导入 copy 模块，使用 deepcopy() 方法完成，代码如下。

程序清单 8.14　Python 实现唐僧师徒关系深复制的功能

```
Import copy
teacher_pupil=[' 唐僧 ',[' 沙和尚 ',' 悟空 ',' 八戒 ']]
another_teacher_pupil=copy.deepcopy(teacher_pupil)
print(" 查看原始复制内容: ")
print(teacher_pupil)
print(another_teacher_pupil)
print(" 修改第一层内容: ")
another_teacher_pupil[0]=' 元始天尊 '
print(teacher_pupil)
print(another_teacher_pupil)
print(" 修改第二层内容: ")
another_teacher_pupil[1][0]=" 猴头大哥 "
del another_teacher_pupil[1][1]
del another_teacher_pupil[1][1]
print(teacher_pupil)
print(another_teacher_pupil)
```

上面代码输出的形式分成了 3 段，第一段是原始的列表数据，第二段是修改列表第一层数据，第三段是修改列表第二层数据，以上代码的运行结果如图 8.21 所示。

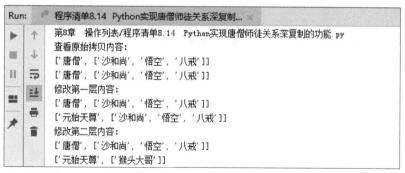

图 8.21　Python 实现唐僧师徒关系深复制的功能的运行结果

由结果可以看出，把第一个列表的师徒关系深复制后，深复制后的师徒关系列表先改第一层关系，由"唐僧"变成"元始天尊"，没有两个列表均改变，再进行第二层，把"沙和尚"改成"猴头大哥"，把"悟空"和"八戒"删除。

del another_teacher_pupil[1][1] 语句虽然始终是删除第二层索引为 1 的元素，但代码中执行了两次，执行第一次时删除了列表中的一个元素，列表长度就会发生变化，这时没有索引为 2 的值了，只能删除索引为 1 的值。深复制就是为列表的复制一直开辟新的内存空间。

如图 8.22 所示是嵌套列表深复制后在内存中的保存形式。

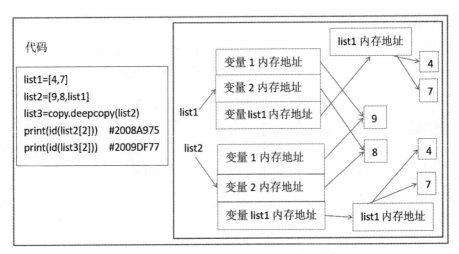

图 8.22　嵌套列表深复制后在内存中的保存形式

从图 8.22 中可以看到，深复制不但在第一层开辟了新的内存地址，在第二层也同样开辟了内存地址，直到当前的内容不再是一个内存地址，而是指向了一个数值，否则就会开辟内存地址，这样保证了列表套用了多少层都不会出现列表复制后，原列表的改变会改变复制的列表，或者复制的列表变化影响原列表。

8.5　字符串切分成列表 split() 方法

字符串提供的拆分方法可以将字符串拆分成一个列表的形式。split() 方法可方便地按指定格式对字符串进行拆分并返回一个列表。

8.5.1　字符串拆分 split() 方法的使用实战：字符串网址的分割

例如，"www.neea.edu.cn"为一个教育考试网址，edu 表示教育，cn 表示中国，以"."分隔的每一个英文都有着一定的意义。通过 split() 方法按"."分开，就得到了分隔后英文形成的列表，代码如下。

程序清单 8.15　Python 实现字符串分割网址 "www.neea.edu.cn" 的功能

```
urls="www.neea.edu.cn"
nets=urls.split(".")
if nets[-1]== "cn":
    print(" 中国 ")
```

```
if nets[-2]== "edu":
    print(" 教育 ")
```

以上代码通过 split 把网址 "www.neea.edu.cn" 按 "." 切割成网址的各个部分，程序中通过切割后列表的最后一个元素判断是否是 "中国" 域名网站，倒数第二个元素判断是否是 "教育" 类网站。split() 方法中传入了一个参数 "."，该参数就是进行切分的依据。

split 的语法格式如下。

```
strs.split(str="",num=string.count(str))[n]
```

语法格式中最前面的 strs 就是字符串变量的名字，点后面是 split 切分方法，split 中的第一个参数 str="" 表示分隔符，默认为空格，但是不能为空（""）。若字符串中没有分隔符，则把整个字符串作为列表中的一个元素。split 中的第二个参数 num 表示分割次数，如果存在参数 num，则仅分隔成 num+1 个子字符串，并且每一个子字符串可以赋给新的变量，也就是分隔成多少个字符串，就可以用多少个变量进行接收。[n] 表示选取第 n 个切片。

还可以将分割网址的代码进行改写。

程序清单 8.16　Python 实现字符串切割网址 "www.neea.edu.cn" 后的变量接收功能

```
urls="www.neea.edu.cn"
host,domain,orig,area=urls.split(".",3)
if orig=="edu":
    print(" 教育 ")
if area=="cn":
    print(" 中国 ")
```

以上代码的功能也完成了对网址的切割，不过在使用 split 时，使用了第二个参数 3，这个参数可以使这个网址变成 4 个子字符串，分割的 4 个子字符串用 host、domain、orig、area 4 个变量来接收，其中，host 接收分隔的第一个子字符串，代表主机；domain 接收分隔的第二个子字符串，代表主域名；orig 接收分隔的第三个子字符串，代表组织；area 接收分隔的第四个子字符串，代表地区。这样，可以直接根据 orig 变量的值判断，如果是 edu，则表示 "教育"，再直接根据 area 变量的值，如果是 cn，则表示 "中国"。

8.5.2　split 方法的妙用实战：统计字符串中某个字符个数

split 方法是对字符串进行切割，功能不能改变，但可以把一个字符串按照某一个字符切割后，计算得到的列表的长度，把其长度减去 1 就是这个字符在这个字符串中出现的次数。

如图 8.23 所示是初始时字符串的图形表示。

图 8.23　字符串

以"愁"字开始做切分，如图 8.24 所示是字符串以"愁"切分的图形表示。

图 8.24　字符串将要以"愁"切分

切分后的列表如图 8.25 所示，是字符串以"愁"切分后的图形表示。

图 8.25　字符串以"愁"切分后

形成如图 8.25 所示的情况后，"愁"的个数就是列表的长度值减去 1。如图 8.26 所示是"愁"的个数统计。

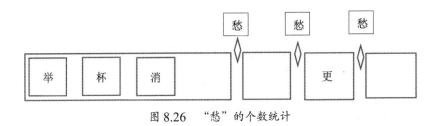

图 8.26　"愁"的个数统计

用代码实现上述的思路如下。

程序清单 8.17　Python 实现查找字符串中某个字符出现的个数功能

```
strs=" 举杯消愁愁更愁 "
chou_counts=strs.split(" 愁 ")
print(" 句子中愁的个数为："+str(len(chou_counts)-1))
```

8.6 能力测试

1. 试编程求解列表 [100,64,23,8,12] 的数值之和及数值的平均值。

2. 试编程实现输出某公司的职员列表 [" 刘小光 "," 赵差事 "," 李来电 "," 何灭火 "," 姚动力 "] 中的所有职员的姓。

3. 现有一个列表 [11,33,66,77,99,44,57,87,68]，将这个列表中大于 66 的数生成一个新的列表。

4. 有两个列表，list1=[22,44,66]，list2=[11,44,77]，试编程实现获取两个列表的相同元素形成新的列表。

5. 有两个列表，list1=[22,44,66]，list2=[11,44,77]，试编程实现获取两个列表的不相同元素形成新的列表。

8.7 面试真题

1. 试编程统计数字"121"在列表 list1=[121,232,343,121,343,565,121] 中出现的次数。

解析：这道题是对列表遍历或统计的考核。实现统计列表中某元素的出现个数，可以遍历元素，出现统计的元素就把汇总的个数累加，最后输出累加的个数和。其实，Python 在列表操作中也提供了查找某个元素在列表中的个数的 count() 方法。

程序清单 8.18　Python 实现统计某个元素在列表中的个数

```
list1=[121,232,343,121,343,565,121]
count=list1.count(121)
print(count)
```

2. 试实现一个列表生成式，产生一个公差为 11 的等差数列。

解析：这道题是对列表生成式的考核。列表生成式是用 [] 括起来的一组数。这组数的特点是产生一个公差为 11 的等差数列，即把 range 函数的步长调整为 11，不管第一个数字是几，后面的数据都是在这个基础上不断地累加 11，这样 range(1,100,11) 的 range() 函数功能就能产生 1~100 公差为 11 的数，将这些数组成列表就形成了列表生成式。

```
[x for x in range(1,100,11)]
```

8.8 本章小结

本章主要介绍列表的遍历及对列表的深复制和浅复制。对于列表而言，除增删改查外，还需要了解的就是列表在内存中的存储方式，以便更好地理解程序中代码的运行结果。在程序设计中，还要注意深复制、浅复制和直接赋值对列表结果的影响。

第 9 章

元组和集合

本章主要介绍元组和集合的相关内容。元组实际上可以理解成只读的列表。集合是一个没有重复值的列表。元组和集合都是特殊的列表。元组和集合的相关操作对在编写程序中使用复杂的数据类型起到了至关重要的作用。

9.1 元组的定义

元组从读写分离的意义上来讲，可以理解成一个只读的列表，列表是 [] 括起来的，元组使用 () 来标识。定义元组后，就可以使用索引来访问其元素，就像访问列表元素一样。

一般，公司都会发布一些公告，而公告的信息只是用于阅读的，是不可更改的，因此，可用元组来定义，代码如下。

程序清单 9.1　Python 实现公告的元组定义访问功能

```
notices=("公告 1 – 公司办公区域不允许吸烟的规定","公告 2 – 公司关于迟到早退的相关规定")
print(notices[0])
print(notices[1])
```

首先定义了元组 notices，元组里存储了公司的相关公告。因为是元组，所以使用了圆括号而不是方括号。然后，使用元组名称和索引值结合，分别打印该公告元组的每个元素。

既然元组是一个只读的列表，可以尝试一下修改一下元组中的元素值。

例如，针对公司的公告程序，对代码做一下修改。

程序清单 9.2　Python 实现元组引用修改的错误

```
notices=("公告 1 – 公司办公区域不允许吸烟的规定","公告 2 – 公司关于迟到早退的相关规定")
notices[1]="公告 2 – 公司关于提前发放奖金的相关规定"
```

以上代码的运行结果如图 9.1 所示。

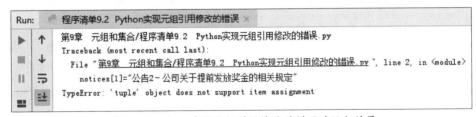

图 9.1　Python 实现元组引用修改的错误的运行结果

代码试图修改 notices 元组中的第二个元素，Python 报告错误，这就达到了列表仅可读的效果。

9.2 遍历元组中的所有值

元组既然是一个可读的列表，就可以使用 for 循环来遍历元组中的所有值。

9.2.1 遍历一维元组实战：公告元组遍历

例如，公司公告的小程序，用 for 遍历的方法来写就比较简单。

程序清单 9.3　Python 实现 for 循环遍历公告元组

```
notices=("公告 1 – 公司办公区域不允许吸烟的规定 ","公告 2 – 公司关于迟到早退的相关规定 ")
for notice in notices:
    print(notice)
```

for notice in notices 先是把 notices 元组中的第一个元素提取出来存储到变量 notice 中，执行 print(notice)，打印 notice 当前元素，如果 notices 的元组内还有其他元素，继续提出来存储到变量 notices 中，接着执行 print(notice)，直到所有的元素全部被打印完为止。

9.2.2 遍历多维元组实战：四大名著人物遍历

元组除有一维的结构外，也可能会有嵌套结构，元组嵌套元组就形成了多维元组。多维元组的访问可以用多重下标来处理，如果要遍历每一个元素就需要嵌套的循环结构。代码如下。

程序清单 9.4　Python 实现访问多维元组四大名著人物数据

```
infos=(("宋江 ","吴用 "),("唐僧 ","八戒 "),("刘备 ","诸葛亮 "),("贾宝玉 ","林黛玉 "))
print(infos[1][0])
print(infos[2][1])
```

以上代码采用双重下标的方式来访问一个二维元组 infos，这个元组的意义是分别提取了四大名著中的两个名人，首先看第一重下标，0、1、2、3 分别对应了（"宋江 "，"吴用 "）（"唐僧 "，"八戒 "）（"刘备 "，"诸葛亮 "）（"贾宝玉 "，"林黛玉 "）4 个元素，这 4 个元素还是一个元组，又接着对应于第二重下标，对于第一重下标为 0 的元素（"宋江 "，"吴用 "），第二重下标 0 代表"宋江"，第二重下标 1 代表 "吴用"，对于第一重下标为 1 的元素（"唐僧 "，"八戒 "），第二重下标 0 代表 "唐僧"，第二重下标 1 代表 "八戒"，依次类推。代码中打印的是 infos[1][0]，根据二维元组的结构，输出应该是 "唐僧"。以上代码的运行结果如图 9.2 所示。

图 9.2　Python 实现访问多维元组四大名著人物数据的运行结果

对于四大名著中名人的二维元组用双重循环来输出每一个元素，代码如下。

程序清单 9.5　Python 实现循环嵌套访问多维元组四大名著人物数据

```
infos=((" 宋江 "," 吴用 "),(" 唐僧 "," 八戒 "),(" 刘备 "," 诸葛亮 "),(" 贾宝玉 "," 林黛玉 "))
for info in infos:
    for one in info:
        print(one)
```

双重 for 循环起到的作用是，第一重 for 循环输出了 (" 宋江 "," 吴用 ")、(" 唐僧 "," 八戒 ")、(" 刘备 "," 诸葛亮 ")、(" 贾宝玉 "," 林黛玉 ") 4 个元素，这 4 个元素还是一个元组，又用了 for...in 的结构，把每一个包含两个元素的元组一分为二，如 (" 宋江 "," 吴用 ") 变成了 "宋江" 和 "吴用" 两个元素。其他的元素也是如此，最终的 print(one) 就会打印出所有的元素。

9.3　元组的合并和重复

在实际的程序开发中，可能有多个元组变量，元组和元组变量之间也可能出现相关的运算关系。例如，公交车坏了，车上的乘客还没有到达终点，公交车司机有义务拦截相同线路的公交车，把乘客安全送达目的地。把两辆公交线都定义成直达专线，一站到达的，中途没有上下车，这样两辆车的乘客可以形象地用元组来处理，中间没有增删改，现在就需要两个元组的合并。还有把同一线路的公交车放在一个元组中，表示公交车场中同一线路的车聚集在一起，每次发车直接从元组中引用下标值即可，当达到最后一个元素，再从第一个索引开始继续调度车辆。这就需要元组的重复操作。

下面分别介绍元组的合并和元组的重复。

9.3.1　元组的合并实战：合并车间的师傅学徒

元组的合并就是把两个元组合并成一个元组，相当于对列表的操作进行了补充。

把两个元组合并到一起使用的是 "+" 操作。将生产车间中的车间 1 和车间 2 合并成一个车间，车间 1 和车间 2 是一个元组的类型，假定这两个车间里的师傅是不能被解雇和添加新成员的，合并是由于生产扩大的需要，代码如下。

程序清单 9.6　Python 实现元组的合并

```
workshop_one=(" 张师傅 "," 刘师傅 "," 贺师傅 "," 李学徒 ")
workshop_two=(" 丁师傅 "," 王师傅 "," 赵学徒 ")
workshop=workshop_one+workshop_two
print(workshop)
```

这段合并的代码并不复杂，就是把车间 1 的元组变量 workshop_one 与车间 2 的元组变量 workshop_two 用 "+" 号连接在一起。最后输出连接后的结果。以上代码的运行结果如图 9.3 所示。

图 9.3　Python 实现元组的合并的运行结果

9.3.2　元组的重复实战：对参加比赛的态度

如果一个元组里的元素都是重复的，可以采用重复的操作方法，用"*"号和需要重复的元组进行运算，列表也可以进行相同的操作，还可以把这个操作扩展到字符串，例如：

```
"5"*10="5555555555"
```

元组用"*"操作符解决重复问题。例如，班里 10 名同学参加比赛，而且 10 名同学是固定不变的，不添加、不删除，对比赛的态度也是不能改变的，用元组表示参赛态度。前 9 名同学对参加比赛持"弃权"态度，最后 1 名学员持"参加"态度。这里并不关心谁参加，谁弃权，只是表征数据的特点，实现元组的重复的代码如下。

程序清单 9.7　Python 实现元组的重复

```
print(" 班级对参加比赛的态度：")
manner=(" 弃权 ")
manners=manner*9
simple=(" 参加 ")
manners=manners+simple
print(manners)
```

以上代码中先定义一个元组，其中有"弃权"的元素，因为班里有 9 人选择了弃权，就用 manner*9 实现了 9 次弃权状态的描述，并把这个值存到了 manners 中。有 1 人选择"参加"，就定义了一个 simple 变量，存储的是"参加"的内容，将 manners 与 simple 做一次合并，就表示了班里同学对这次比赛的一个整体态度。最后输出合并后的 manners 变量。

9.4　元组的其他特性

元组虽然是只读的列表，但元组也有一些特性。

9.4.1　使用多个变量接收元组中的值

元组中的值可以使用多个变量来接收，但要注意变量的数目和元组中元素的个数要一一对应。使用格式如下。

> 变量1, 变量2,...=(元素1, 元素2,...)

其中，以"="符号连接，左边的是变量的列表，右边的是元组。元组中元素的数目要和变量的个数一一对应。

程序清单 9.8　Python 实现多个变量接收元组的值

```
lanlan,yueyue,mingming=(10,20,30)
print(lanlan)
print(yueyue)
print(mingming)
```

以上程序段的作用是分糖，左边的小朋友有 lanlan（蓝蓝），yueyue（月月），mingming（明明），右边分糖的方式有 10 块、20 块、30 块。通过 lanlan,yueyue,mingming=(10,20,30) 达到了给左边 3 个变量名赋值的效果。最后打印 3 个变量的值。

9.4.2　元组中一个逗号

如果元组中只有一个元素，那是元组，还是其他数据类型呢？测试代码如下。

程序清单 9.9　Python 实现验证（1）的类型

```
tuple_tst=(1)
print(type(tuple_tst))
```

以上代码定义了一个变量，存储的是用括号括起来的 1，然后输出 type(tuple_tst)，相当于输出这个变量的数据类型，以上代码的运行结果如图 9.4 所示。

图 9.4　Python 实现验证（1）的类型的运行结果

以上结果只显示了这个数据的数据类型，并不是元组。这与数学运算里的括号差不多。例如，式子 (3+2)*5 中的 (3+2) 不是一个元组。而要表达元组，用元组中的分隔符，即加上一个逗号，形如 (1,)，这就是元组。测试代码如下。

程序清单 9.10　Python 实现验证（1, ）的类型

```
tuple_tst=(1,)
print(type(tuple_tst))
```

以上代码的运行结果如图 9.5 所示。

图 9.5　Python 实现验证 (1,) 的类型的运行结果

图 9.5 中的 tuple 就是元组。

9.4.3 tuple() 函数

tuple() 函数、list() 函数都是数据类型的英文名称函数，元组的英文名称为 tuple，列表的英文名称为 list，这些英文名称形成的函数实际上就是用来做强制转换的。tuple() 功能就是以一个序列作为参数并把它转换为元组，如果参数是元组，那么该参数就会以原数据类型返回。list() 功能就是以一个序列作参数并把它转换成列表，如果参数是列表，就会以原数据类型返回。代码如下。

程序清单 9.11 Python 实现 tuple() 函数转换字符串的功能

```
strs="hello"
strs_to_tups=tuple(strs)
print(strs_to_tups)
```

以上代码定义了一个字符串变量 strs，然后用 tuple(strs) 将 strs 字符串变量内容强制转换成 tuple 元组型。以上代码运行结果如图 9.6 所示。

图 9.6 Python 实现 tuple() 函数转换字符串的功能的运行结果

从图 9.6 可以看出，输出的结果就是字符串中的每个字符形成的元组。

程序清单 9.12 Python 实现 tuple() 函数转换列表的功能

```
list1=[1,2,3,4,5,6,7]
list_to_tups=tuple(list1)
print(list_to_tups)
```

以上代码定义了一个列表变量 list1，然后用 tuple(list1) 将 list1 这个列表变量内容强制转换成 tuple 元组型，以上代码的运行结果如图 9.7 所示。

图 9.7 Python 实现 tuple 函数转换列表的功能的运行结果

list() 与 tuple() 的功能相似，就不再赘述了。

9.4.4 两个值的交换

如果想把两个变量的值交换，例如，左手有一瓶可乐，右手有一瓶橙汁，要想左手拿橙汁，右手拿可乐，就是交换一下左右手的饮料，该怎么做呢？先把左手拿的橙汁或右手拿的可乐放到桌子上，然后腾出一只手，这样就可以用腾出来的那只手去拿另一只手里的橙汁或可乐。然后就把拿橙汁或可乐的那只手空出来，再把桌上的橙汁或可乐拿起来即可。这是最常见的交换方法，就是需要一个空的第三方平台。

上述例子写成代码如下。

程序清单 9.13　Python 实现利用中间变量交换两值

```python
one_hand=" 可乐 "
two_hand=" 橙汁 "
print(one_hand)
print(two_hand)
desk=one_hand
one_hand=two_hand
two_hand=desk
print(one_hand)
print(two_hand)
```

上面代码把变量名和手里的东西都采用了语义化的形式，可以慢慢体会。

当然，有一种大胆设想，就是"我的手足够大，可以拿两瓶饮料"，那交换两只手里的饮料逻辑就变成了，先用拿着橙汁或可乐的手去拿另一只手里的橙汁或可乐，这样，一只手空闲，另一只手既拿着橙汁又拿着可乐，再用空闲的手从另一只手里拿走与原来不一样的饮料就可以了。这种逻辑转化成代码也是可以的，代码如下。

程序清单 9.14　Python 实现不用中间变量交换两值

```python
one_hand=(" 可乐 ",)
two_hand=(" 橙汁 ",)
print(one_hand)
print(two_hand)
one_hand=one_hand+two_hand
two_hand=one_hand[0]
one_hand=one_hand[1]
print(one_hand)
print(two_hand)
```

以上代码的逻辑看起来复杂一些，因为用了复杂的数据类型——元组。元组支持合并操作，将"可乐"和"橙汁"放在一起相当于合并操作，所以元组模拟了比较大的那只手 one_hand，它是由 one_hand 和 two_hand 里的饮料合并而成的。注意，one_hand 只有一个元素"可乐"，two_hand 也只有一个元素"橙汁"，这两个变量只有一个元素。只用括号括起来是字符串，再加一个逗号才表示是一个元组。two_hand 的内容合并后，取的是 one_hand 的第一个元素，索引为 0，元组不能做分解操作，不能从合并的元组中把元素分解开来，只能用索引去分开元素，one_hand 自然就只留下 one_hand 里的第二个元素，即索引值为 1 的元素。这样就完成了交换。

还可以利用元组合并实现交换，代码如下。

程序清单 9.15　Python 实现利用元组合并交换两值

```
one_hand=(" 可乐 ",)
two_hand=(" 橙汁 ",)
print(one_hand)
print(two_hand)
two_hand,one_hand=one_hand+two_hand
print(two_hand)
print(one_hand)
```

两个元组合并后，two_hand 取第一个元素，one_hand 取最后一个元素。当然也可以不用元组的方法，直接交换即可。

程序清单 9.16　Python 实现直接交换两值

```
one_hand=" 可乐 "
two_hand=" 橙汁 "
print(one_hand)
print(two_hand)
two_hand,one_hand=one_hand,two_hand
print(one_hand)
print(two_hand)
```

如果把"小朋友分糖"的问题再深化一下，代码如下。

程序清单 9.17　Python 实现列表变量接收元组的值

```
lanlan,*friends=(10,20,30)
print(lanlan)
print(friends)
```

以上代码左右两边的变量值并不是一一对应的，但是左边的第二个变量用了列表 *friends，这时列表会把除第一个元素外的其他元素都存储到这个列表中。运行结果如图 9.8 所示。

图 9.8　Python 实现列表变量接收元组的值的运行结果

从运行结果来看，friends 变成了一个列表项，这是 *friend 列表变量作用的结果。

9.5 元组中的方法

元组中有两个重要的方法，一个是 index() 方法，这个方法的功能是从左往右返回第一个遇到的指定元素的索引，如果没有，报错；另一个是 count() 方法，这个方法的功能就是返回元组中指定元素的个数。这两个方法的使用，代码如下。

程序清单 9.18　Python 实现元组的 index() 和 count() 方法

```
tup=(" 数据结构 "，" 编译原理 "，"C 语言程序设计 "，"java 语言程序设计 "，" 计算机原理 "，
" 编译原理 ")
print(tup.index(" 编译原理 "))
print(tup.index("C 语言程序设计 ",1,4))
print(tup.count(" 编译原理 "))
```

以上代码就使用了 index() 方法，看到 index(" 编译原理 ") 很容易理解，就是输出"编译原理"的索引位置，index("C 语言程序设计 ",1,4) 也是输出索引位置，不同的是它有个区间（从索引位置 1 开始到索引位置 4 结束），在这个区间内查找"C 语言程序设计"的索引位置。count(" 编译原理 ") 就是统计一下这个元组中"编译原理"的个数。

以上代码的运行结果如图 9.9 所示。

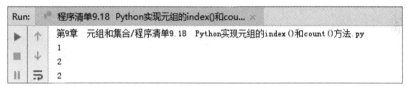

图 9.9　Python 实现元组的 index() 和 count() 方法的运行结果

9.6 集合 (set)

集合是一个特殊的列表，可以对数据去重。所以，集合也是多个数据的一种类型。

9.6.1　集合的定义

集合中的元素是无序的、唯一的、不可改变的类型。集合可以使用大括号 {} 或 set() 函数把数据集合在一起。把集合的表示格式细化，具体如下。

（1）变量名 ={ 元素 1，元素 2，元素 3，...}

直接把元素用 {} 括起来即可。

（2）变量名 =set(序列)，例如，变量名 = set(元组，字符串等)

这种方式指明了当前序列是什么，与 tuple 和 list 是一样的道理，set 就是集合的意思，set() 也可以理解成强制转换，或者说定义了一个集合。set 中的参数可以是元组、字符串、列表，还可以是一个集合。这个参数只要是一个序列即可。

9.6.2 集合实战：集合实现列表去重

集合还有去重的功能，可以随意地写一个集合，验证集合的去重功能。

程序清单 9.19　Python 实现列表的去重

```
list1=[1,2,3,1,2,3,1,2,3,1,2,3]
sets=set(list1)
print(sets)
```

以上代码简单地定义了一个列表序列，其中的值都是 1,2,3 的重复。把这个列表用 set(list1) 强制转化成集合，以上代码的运行结果如图 9.10 所示。

图 9.10　Python 实现列表的去重的运行结果

图 9.10 中的运行结果加了 {} 来表示是一个集合，同时把 1,2,3 重复的内容去掉了，留下了不重复的内容。

如果用集合来记录班级学生姓名，代码如下。

程序清单 9.20　Python 实现集合中姓名的去重

```
students={" 张三 "," 李四 "," 王五 "," 赵六 "," 张三 "," 严八 "}
print(students)
```

以上代码非常简洁，就是把"张三""李四""王五""赵六""张三""严八"这 6 名学生放到了集合里。以上代码的运行结果如图 9.11 所示。

图 9.11　Python 实现集合中姓名的去重的运行结果

原来集合里叫"张三"的有两位学员，输出的结果里有一个"张三"被去掉了，这是集合的特点，达到了去重的功能。班级的姓名一般在使用时，不能保证没有重名，所以基本上不会用集合，而是用列表的形式来存储。如果用集合的方式存储，就用唯一性的特征，"学号"可以把他们每个人分开，要存储班级每一名学生可以用集合存储学号。

注意，创建一个空集合必须用 set()，不能使用两个大括号括起来，如 {}，因为 {} 与后面学到的字典有关系，{} 是用来定义空字典的。

9.7　集合操作

集合属于一种复杂的数据类型，也是一个去重的特殊列表。下面介绍集合的增删改查操作。

9.7.1　添加操作实战：打油诗集合

在程序中用 set() 定义了一个空的集合，然后在空集合的基础上动态添加元素。在集合中添加元素有 add() 和 update() 两种方法。

（1）add() 方法：把要传入的元素作为一个整体添加到集合中。

（2）update() 方法：把传入的元素拆分成单个字符，存于集合中，去掉重复的值。

这两个方法的区别是，add() 方法是把积木搭成了某个样式加到一个组合好的模型中，update() 方法是把搭好的积木打散。

下面通过一个程序来统计一下中文句子中汉字的个数，代码如下。

程序清单 9.21　Python 使用 update() 方法实现统计中文句子中汉字的个数

```
words=set()
sentences=" 没有人会记得死的东西，所以要活下去，咬牙切齿地活下去！"
words.update(sentences)
print(len(sentences))
print(len(words))
```

以上代码的运行结果如图 9.12 所示。

图 9.12　Python 使用 update() 方法实现统计中文句子中汉字的个数的运行结果

其中，update() 方法把 sentences 中的每个汉字分隔开来，然后利用集合的特性去重，最后用 len(words) 输出了集合的长度，这个长度就是中文句子中汉字的个数。

程序清单 9.22　Python 使用 add() 方法实现打油诗集合

```
words=set()
words.add(" 仿佛昨天还谈爱 ")
words.add(" 转眼青春就不在 ")
words.add(" 当年那个万人迷 ")
words.add(" 如今已成老太太 ")
print(words)
```

以上代码的运行结果如图 9.13 所示。

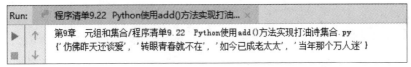

图 9.13　Python 使用 add() 方法实现打油诗集合的运行结果

代码中用 add() 把一首打油诗放在了集合里，但需要注意的是，这个集合没有顺序，不会按照打油诗的顺序输出。

9.7.2　删除操作实战：100 个数随机不重复

对于集合中的操作有添加必然有删除，集合的删除方法有 pop()、remove()、clear()、del() 等。下面分别介绍这 4 种方法的具体功能。

（1）pop()：用于随机删除并返回删除的那个元素，如果集合为空则报错。

（2）remove()：需要参数，删除集合中的元素，元素为传入的参数。元素不存在，就报错。

（3）clear()：清空集合。把集合中的元素全部删除，集合变成空集合。

（4）del()：清除集合变量。使用 del 集合变量名，执行语句后，会报错（该变量名未定义）。

下面利用集合删除方法来实现产生 100 个随机数，每次随机都是 1~100 的值（包括 100），但要求 100 次随机，每次随机值都不一样。直到把 1~100 的数字全部随机完为止。

如果单纯用随机，很难控制随机数。但可以尝试使用集合的随机删除，代码如下。

程序清单 9.23　Python 实现 100 个数随机不重复

```
numbers=set()
for i in range(1,101):
    numbers.add(i)
for i in range(0,100):
    print(numbers.pop())]
```

这段程序代码是把 1~100 的数字先放到集合里，然后利用 numbers.pop() 方法实现随机删除，随机删除了一个数据，集合 numbers 中就没有了这个数据，但又是随机删除，也不知道集合中到底哪个元素被删除了。pop() 方法被循环 100 次就完成了 100 次数字的随机，而且不重复。

下面简单介绍 remove()、clear() 和 del() 的用法。

程序清单 9.24　Python 实现 remove()、clear() 和 del() 方法的报错

```
sets=set()
words="人生就算不苦短，我还执着用 Python"
sets.update(words)
sets.remove("Python")
sets.clear()
del sets
```

以上代码就是把"人生就算不苦短，我还执着用 Python"这句话分成字放在 sets 集合中，在集合中删除掉"Python"这个元素，再清空 sets 集合，最后清除集合变量。

运行后发现报错, 以上代码的运行结果如图 9.14 所示。

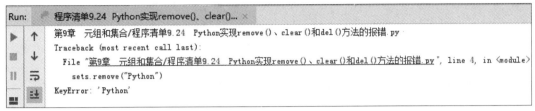

图 9.14 Python 实现 remove()、clear() 和 del() 方法的报错的运行结果

图 9.14 中的错误提示信息说明, update() 把中文按字分开, 英文按字母分开, 被 update() 放到集合中的那句话 "人生就算不苦短, 我还执着用 Python", 集合中并没有 "Python", 只有 "P" "y" "t" "h" "o" "n" 这几个字母, 若 remove ("P") 是没有问题的, 可以将代码更改一下, 这是运用 update() 时必须注意的问题, 代码如下。

程序清单 9.25 Python 实现 remove()、clear()、del() 方法的功能

```
sets=set()
words="人生就算不苦短, 我还执着用 Python"
sets.update(words)
sets.remove("P")
sets.clear()
del sets
```

9.7.3 遍历操作实战: 学习浪打浪

集合作为一种复杂的数据类型, 也是一个去重的列表, 其遍历操作的代码如下。

程序清单 9.26 Python 实现集合的遍历

```
words=set()
words.add("学习道路的赠言 ")
words.add("长江后浪推前浪 ")
words.add("前浪死在沙滩上 ")
words.add("后浪继续往上上 ")
words.add("一样拍死沙滩上 ")
words.add("让我们往死学吧 ")
for word in words:
    print(word)
```

9.8 集合的运算

有两个列表, 一个列表中有元素 [10,30,45,29,39,50], 另一个列表中有元素 [8,45,34,19,30,56], 如果

想求这两个列表中有哪些是共同的元素，或者想求一下两个列表中有哪些是不同的元素，可以使用遍历，即两个列表嵌套遍历，有相等的数值就取出来。

程序清单 9.27　Python 实现查找两列表的公共值

```
list1=[10,30,45,29,39,50]
list2=[8,45,34,19,30,56]
pub=[]
for ele1 in list1:
    for ele2 in list2:
        if ele1==ele2:
            pub.append(ele2)
print(pub)
```

以上代码完成了取出两个列表的公共部分。先定义两个列表，再定义公共元素的列表 pub，初始状态 pub 为 []，然后先遍历第一个列表元素 for ele1 in list1，嵌套遍历第二个列表元素 for ele2 in list2。将两个列表的元素逐个对比，如果相等，就把元素添加到 pub 列表中。最后打印公共元素列表 pub。

以上思路没有问题,但双重 for 循环给代码造成了不优化的结果。而且数据量大时计算量就大了。集合提供了求交集、并集、差集、子集等方法，以提高效率。

9.8.1　求交集

集合 A 和集合 B，其中属于集合 A 且属于集合 B 的所有元素组成的集合就是集合 A 与集合 B 的交集。可以用图形去表示一下集合 A 与集合 B 交集的几种情况（这里把集合 A 和集合 B 用圈来表示）。

集合 A 与集合 B 有交集，如图 9.15 所示。

图 9.15　集合 A 与集合 B 有交集

集合 A 与集合 B 无交集，如图 9.16 所示。

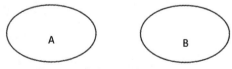

图 9.16　集合 A 与集合 B 无交集

Python 上实现交集可以用 & 或 intersection 来进行代码实现。下面用数字的集合进行运算，代码如下。

程序清单 9.28　Python 实现求两集合的交集

```
sets1={7,53,72,13,64,55}
sets2={9,55,64,109,53,2}
print(sets1.intersection(sets2))
print(sets1&sets2)
```

以上代码的运行结果如图 9.17 所示。

```
Run:    程序清单9.28 Python实现求两集合的交集 ×
 ▶   ↑    第9章 元组和集合/程序清单9.28 Python实现求两集合的交集.py
 ■   ↓    {64, 53, 55}
          {64, 53, 55}
```

图 9.17　Python 实现求两集合的交集的运行结果

从代码和运行结果上看，intersection 和 & 的用法是一样的，都是求两个集合中的交集。

9.8.2 求并集

有集合 A 和集合 B，所有属于集合 A 或属于集合 B 的元素组成的集合，称为集合 A 与集合 B 的并集。可以用图形来表示集合 A 与集合 B 的并集。

集合 A 与集合 B 有交的并集如图 9.18 所示。

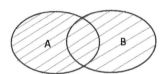 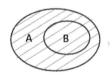

图 9.18　集合 A 与集合 B 有交的并集

集合 A 与集合 B 无交的并集如图 9.19 所示。

 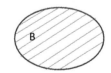

图 9.19　集合 A 与集合 B 无交的并集

Python 上实现并集可以用 | 或 union 来进行代码实现。下面用数字的集合来进行运算，代码如下。

程序清单 9.29　Python 实现求两集合的并集

```
sets1={7,53,72,13,64,55}
sets2={9,55,64,109,53,2}
print(sets1.union(sets2))
print(sets1|sets2)
```

以上代码的运行结果如图 9.20 所示。

图 9.20　Python 实现求两集合的并集的运行结果

从代码和运行结果上看，union 和 | 的用法是一样的，都是求两个集合中的并集。

9.8.3　求差集

有集合 A 和集合 B，所有属于集合 A 且不属于集合 B 的元素组成的集合，称为集合 A 减集合 B 的差集。可以用图 9.21 来表示集合 A 与集合 B 有交的集合 A 减集合 B 的差集情况。

图 9.21　集合 A 与集合 B 有交的集合 A 减集合 B 的差集

可以用图 9.22 来表示集合 A 与集合 B 无交的集合 A 减集合 B 的差集情况。

图 9.22　集合 A 与集合 B 无交的集合 A 减集合 B 的差集

Python 上实现差集可以用减号或 difference 来进行代码实现。差集的数学运算，代码如下。

程序清单 9.30　Python 实现求两集合的差集

```
sets1={7,53,72,13,64,55}
sets2={9,55,64,109,53,2}
print(sets1-sets2))
print(sets1.difference(sets2))
```

以上代码的运行结果如图 9.23 所示。

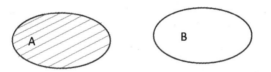

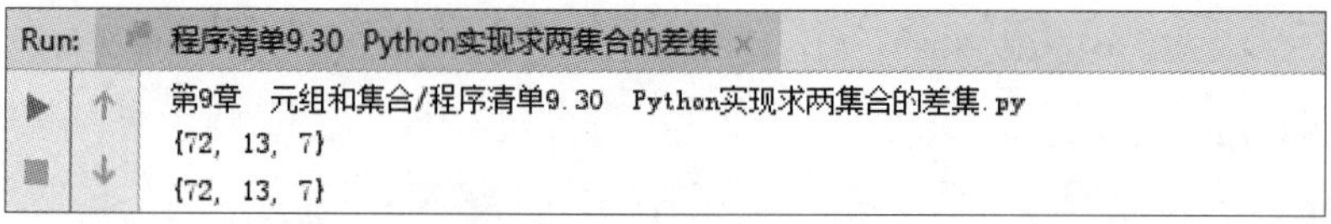

图 9.23　Python 实求两集合的差集的运行结果

从代码和运行结果上看，减号和 diffrence 的用法是一样的，都是求两个集合中的差集。

9.8.4 子集

有集合 A 和集合 B，集合 A 包含了所有属于集合 B 的元素，称为集合 B 是集合 A 的子集。下面用图 9.24 来表示集合 B 是集合 A 的子集情况。

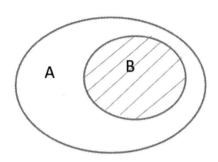

图 9.24　集合 B 是集合 A 的子集

在 Python 上实现子集可以用小于号（＜）或 issubset 来进行代码实现。子集的数学运算代码如下。

程序清单 9.31　Python 实现求某集合是某集合的子集

```
sets1={9,55,2}
sets2={9,55,64,109,53,2}
print(sets1<sets2)
print(sets1.issubset(sets2))
```

以上代码的运行结果如图 9.25 所示。

Run:　程序清单9.31 Python实现求某集合是某集合的子集 ×

第9章　元组和集合/程序清单9.31　Python实现求某集合是某集合的子集.py
True
True

图 9.25　Python 实现求某集合是某集合的子集的运行结果

从代码和运行结果上看，小于号和 issubset 的用法是一样的，都是求两个集合中的子集。

9.9 能力测试

1. 随机生成 100 个卡号：卡号以 6222001 开头，后面 3 位依次是（001，002，003，…，100），生成的卡号不是按照顺序排列起来的元组。

2. 试用程序将列表 [1,22,4,56,35,87,46,67,22,56,90] 排序并把相同的数据去掉。

3. 让用户输入一句英文，统计出英文中单词的个数，并将重复的单词输出。

4. 有一个元组 (1,2,3,4)，试编程实现把 7 增加到这个元组中，并能够用索引值 2 来访问 7 这个元素。

9.10 面试真题

1. 给定两个列表 list1=[111,222,333,444]，list2=[333,444,555,666]，试编程求出这两个列表的相同元素和不同元素。

解析：这道题是对列表和集合综合分析的考核。问题的关键是求出相同元素和不同的元素，而解决方法是使用集合的交集和差集。把列表转换成集合，求解集合中的交集和差集就可以求解出列表的重复和不重复元素。

程序清单 9.32　Python 求解列表中的重复值和不重复值

```
list1=[111,222,333,444]
list2=[333,444,555,666]
set1=set(list1)
set2=set(list2)
print("list1 和 list2 两个列表中的重复元素 :")
print(set1&set2)
print("list1 和 list2 两个列表中不重复元素 :")
print(set1^set2)
```

2. (5,) 和 (5) 分别代表了什么样的数据类型？

解析：这道题是对元组中逗号运算符的考核。小括号里有一个元素和小括号里有一个元素和一个逗号，这两种情况用 type 去输出具体数据类型来进行判断，最后会得出结果。

(5,) 代表的是元组的数据类型。

(5) 代表的是整型数值的数据类型。

9.11 本章小结

本章主要介绍元组和集合的使用。元组和集合是列表概念上的扩充，元组可以理解成可读性的列表，集合可以实现列表的去重，这些特点有助于在程序中去处理数据的逻辑问题，同时可以利用数据类型的转化来提高代码的执行速度，更好地优化程序。元组同时又保证了列表数据的安全性。

第10章

字典

本章主要介绍的是字典。谈到字典，最容易想到的就是查字典，例如，"我学代码都学疯了"，若对"疯"字不太理解，可以查字典了解其含义，查出来的结果如下：

疯

（瘋）

fēng

【名】

（形声。从疒（chuáng），表示与疾病有关。风声。本义：头风病）

同本义【migraine】

疯，头病。—《集韵》

瘫痪【paralysis】

【形】

神经错乱，精神失常【mad;insane;crazy】。如：疯病（神经错乱，精神失常的病）；疯痰病（疯病）；疯傻（疯癫痴呆）；疯蒙（疯癫蒙昧）

形容任性放荡，不受管束或无节制地嬉笑哄闹【unrestrained】。如疯闹（任性无节制地吵闹）

指农作物生长旺盛但不结果实【spindled】。如：疯长

由上可以发现，《新华字典》把字从名和形两个维度分别解释，尤其在形上，会组词语，然后解释词语的意思。由此延伸到 Python 程序中的字典，首先是数据类型，与《新华字典》有一定联系。首先要了解字典的数据类型是什么，然后是在程序编码过程中使用字典来做什么事情。字典的数据类型也是经常接触的网络数据的数据类型。

10.1 一个简单的字典：游戏玩家字典

字典可以理解成一种解释，形如：

【从一个方面】解释的内容
或者：
词语（词语的解释）

不管是"【 】"，还是"（ ）"，或者是"："，都在用一个符号去区分被解释的内容和解释内容的对应关系。重点在于解释符号的使用，用于被解释的内容与解释内容的对应，即一种信息与一种内容的对应关系。在程序中也有对应关系的问题，Python 模仿《新华字典》造了一个字典的数据，其特征如下。

（1）符号：Python 采用冒号模拟字典。

（2）对应关系：冒号前是对应关系的一个要素，冒号后是对应关系的另一个要素。

例如，游戏中的玩家有昵称、血量值、攻击力、法宝等属性，可以把这个玩家写成下面的形式。

昵称：玩家
血量值：100%
攻击力：50
法宝：闪光弹

以上表述方法与字典类似，而且很清晰，但这些定义不在一行里，要用 Python 完成玩家的字典定义，则用大括号来定义字典的开始与结束，用逗号隔开，用冒号分隔，字符串用引号，Python 语言的字典定义如下。

```
{
"昵称 ":" 玩家 ",
"血量值 ": 100%,
"攻击力 ": 50,
"法宝 ":" 闪光弹 "
}
```

字典是一系列的键–值对，键和值之间用冒号隔开，而键–值对之间用逗号隔开，其中的"键"和"值"，"键"是冒号左边的内容，"值"是冒号右边的内容。

把字典应用到程序中，要输出其中的值，就把"键"对应的"值"输出即可，因为"键"实际上只表征这个数据意义，真正参与程序逻辑的是"值"，编码过程中用的也是"值"，"键"只是用来帮助理解值的。引用"键"的"值"的格式如下。

字典名 [" 键 "]

字典在程序中的调用代码如下。

程序清单 10.1　Python 实现字典的内容输出

```
hero={
"昵称 ":" 玩家 ",
"血量值 ": "100%",
"攻击力 ": 50,
"法宝 ":" 闪光弹 "
}
print(hero[" 昵称 "])
print(hero[" 血量值 "])
print(hero[" 攻击力 "])
print(hero[" 法宝 "])
```

以上代码的运行结果如图 10.1 所示。

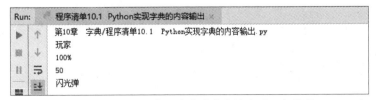

图 10.1　Python 实现字典的内容输出的运行结果

字典能够高效地模拟现实世界中的情形。

10.2 元组的其他特性

字典是一系列键—值对，每个键都与一个值相对应，而且与键相对应的值有很多种类型，如数字、字符串、列表乃至字典。任何 Python 对象都可以用作字典中的值。

10.2.1 字典使用实战：玫瑰花语

字典用放在花括号 {} 中的一系列键—值对表示。

用户输入玫瑰花的数目，程序会在控制台打印玫瑰的花语，代码可以做内容上的延展，本例只提供 5 种花语，代码如下。

程序清单 10.2　Python 实现字典的玫瑰花语功能

```
roses={
    "1":" 一见钟情 ",
    "2":" 心心相印 ",
    "3":" 我爱你 ",
    "14":" 好聚好散 ",
    "51":" 我的心里只有你 "
}
many=input(" 请输入玫瑰的支数 ")
print(roses[many])
```

以上代码没有用条件去判断用户输入，只是用花的数目去做字典类型数据的键名，键—值对是两个相对应的关系，必然有一个花语与之对应，所以只输入字典名称的对应键的值即可。注意，程序最重要的就是字典中键名的设计。设计好了，事半功倍。

10.2.2 访问字典中的值

要获取与键相对应的值，可依次指定字典名和放在方括号内的键，例如，电影介绍 movie 的字典结构如下：

```
{
"电影名称 ": " 夺冠 ",
"上映日期 ": "2020 年 1 月 25 日 ",
"主演 ": " 巩俐, 白浪 "
}
```

要想获取"上映日期"，就以字典名称["上映日期"]的形式写出movie["上映日期"]，要想获取"主演"，就以字典名称 [" 主演 "] 的形式写出 movie[" 主演 "]。将返回字典 movie 中与键"上映日期"
或"主演"相关联的值。

字典中可包含任意数量的键—值对。

10.2.3　添加键—值对实战：一周心情日志

字典是一种动态结构，可以随时在其中添加键—值对。要添加键—值对，可依次指定字典名、
用方括号括起的键和相关联的值。形如：

字典名 [" 键名 "] = 键值

程序清单 10.3　Python 实现字典的一周心情日志

```
diaries={" 星期一 ":" 今天心情不错 !"," 星期二 ":" 今天阴天，心情坏透了 "}
print(diaries)
diaries[" 星期三 "]=" 今天被老板骂了，给自己加油，做个努力生活的打不死的小强 "
diaries[" 星期四 "]=" 今天公交车没等上，打车来的公司，心疼呀！ "
print(diaries)
```

以上代码实现了一周的心情日记。日记往往是当天记录的内容，是随时的、随机的，可在程序
中不断地动态添加。当然，也可以把日期用作主键，这样查询哪天的心情，直接把日期当成主键就
可以了。这个程序可以做进一步扩展，变成自己的心情日记。

程序中的心情日记字典包含 4 个键—值对，其中两个是程序预先定义的，而新增的两个是后期
赋值产生的，也可以用 input 用户输入方式来增加。这里需要说明的是，键—值对的排列顺序与添
加顺序不同。Python 不关心键—值对的添加顺序，而只关心键和值之间的对应关系。

10.2.4　创建一个空字典

心情日记是有初始值的，通常情况下，心情日记一般初始状态都是空的，然后随时添加内容，
内容也可以由用户输入。在程序中需要先把字典型的数据置空，在空字典中添加键—值对是为了方
便，有时也是代码设计的需求。直接使用一对空的花括号就可以定义空字典，再通过字典名 [" 键
名 "] = 键值的语句添加各个键—值对。下面使用空字典来完善心情日志，代码如下。

程序清单 10.4　Python 实现字典的一周心情日志修改版

```
diaries={}
while True:
    day=input=(" 请输入今天是星期几 ")
    heart=input(" 你今天的心情如何？ ")
    if day=="q" or heart=="q":
        break
    diaries[day]=heart
print(diaries)
```

以上代码中 diaries ={} 定义了一个空字典。然后程序要求是循环输入记录一周的心情周记，注

意程序是按一周来算的，所以当输入两周时，后面一周的心情就把前面的一周的心情覆盖了，即当字典里有两个键值相同时，后面的键的赋值就把前面的键的赋值覆盖了。字典是以键名来区别每条数据的。

10.2.5 修改字典中的值实战：投票唱票环节

要修改字典中键的值，就是依次指定字典名、用方括号括起的键及与该键相对应的新值。形如：

字典名 [" 键名 "] ＝新键值

投票活动中有一个唱票环节，即票数统计环节。例如，竞聘主管、民主投票中唱票环节的具体实现代码如下。

程序清单 10.5　Python 实现投票唱票环节功能

```
broadcast={}
while True:
    names=input(" 请输入这张票中圈定的人选姓名 ")
    if names=="q":
        break
    elif broadcast.get(names):
        broadcast[names]+=1
    else:
        broadcast[names]=1
print(broadcast)
```

以上代码就是唱票环节的简易实现，首先定义了一个 broadcast 的空字典，然后循环输入唱票中的被圈定人选的姓名，当输入 q 时退出，只要字典里有了这个人选的键，就把此人的票数 +1，如果字典中没有这个人，这个人的名字就作为键名添加，形成新的唱票被圈定人选，再直接赋值给他一票。最后输出唱票的结果表。

其中，broadcast[names]+=1 就是在修改字典 broadcast 已有键名的键值。需要注意的是，这里取 names 属性值时用了 get() 方法，如果直接使用 broadcast["names"] 可能会报错，原因是 broadcast 中可能没有这个键值。get() 方法的作用是返回指定键的值，如果值不在字典中，就返回默认值，一般默认值为 None，可以保证程序不会因为报错而退出程序。

10.2.6 删除键—值对实战：火车候车屏信息展示

前面完成了对字典中数据的修改和添加，不断地添加和修改很有可能就加入了一些不再需要的信息。对于这些不再需要的信息，可使用 del 语句将相应的键—值对彻底删除。使用 del 语句时，必须指定字典名和要删除的键名。

例如，火车站候车室中的大屏幕，显示当天火车的发车时间和候车室名称，一辆火车检票结束后火车离开站台，候车室大屏幕上就要删除这辆车的信息。若把一辆火车的各种对应信息理解成字典，把大屏幕上该次列车的信息删除的代码如下。

程序清单 10.6　Python 实现火车候车屏的信息展示删除功能

```
trains={"6:00":"G66 广州南—北京西 3 候车室 ","6:30":"G276 广州南—长沙南　2 候车室 ",
"7:12":"K829　广州—深圳东 1 候车室 "}
leave_times=input(" 请输入时间 ")
if trains.get(leave_times):
    del  trains[leave_times]
else:
    print(" 输入错误，没有这个时间发车的火车 ")
print(trains)
```

以上代码没有用循环来反复实现，只执行了一次时间判断，可根据需要改成循环的方式。
trains 字典定义是以时间为键名，要求当前用户输入时间，当时间到达时，如果 trains 字典中有以
该时间为键名的数据，这个数据就可以被删除了。如果没有，就告知用户："输入错误，没有这个
时间发车的火车"。如果用户输入 "6:00"，Python 将键 "6:00" 从字典 trains 中删除，同时删除
与这个键相关联的值，然后输出，可以验证一下，键 "6:00" 及其值 "G66 广州南—北京西 3 候车
室" 是否已从字典中删除，其他键-值对没有受到影响。以上代码的运行结果如图 10.2 所示。

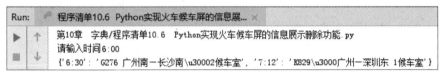

图 10.2　Python 实现火车候车屏的信息展示删除功能的运行结果

需要注意的是，这里在判断 trains 中有没有 leave_times 中的键时，也是用 get() 方法来获取的，
原因也是避免字典里没有这个键，就会出现报错信息。

再次需要强调的是，键-值一经删除，不可恢复。

10.3 遍历字典

字典可能包含大量的数据，这些数据要从字典中获取，就需要 Python 支持对字典遍历。
Python 有多种遍历字典的方式，可遍历字典的所有键-值对、键或值。

10.3.1　遍历所有的键-值对实战：食物相生字典

Python 字典的遍历是基于 for 循环实现的。要编写用于遍历字典的 for 循环，可声明两个变量
来存储键-值对中的键和值，这样获取字典中的键与值的对应关系比较方便。形如：

```
for 变量名 1, 变量名 2  in 字典名 .items()
```

变量名1存储的是键名，变量名2存储了键值，可使用这两个变量来打印每个键及其相关联的值。利用遍历键—值的方法来编写食物相生的程序，代码如下。

程序清单 10.7　Python 实现食物相生字典的遍历

```
foods={
    " 花生 + 芹菜 ":" 芹菜具有清热、平肝、降血压的作用；花生有止血、润肺的作用。两者同食，具
有软化血管、降低胆固醇的功效 ",
    " 莴笋 + 青蒜苗 ":" 莴笋和青蒜苗同食，可顺气、通经脉、清热解毒、防治高血压 ",
    " 茄子 + 苦瓜 ":" 茄子有去痛活血、清热消肿的功效；苦瓜有清心明目的作用。两者是心脑血管病人
的理想蔬菜 "
}
for key,value in foods.items():
    print(key+": "+value)
```

需要注意的是，这里输出的键—值对的返回顺序也与存储顺序不同。Python 不关心键—值对的存储顺序，而只跟踪键和值之间的关联关系。

10.3.2　遍历字典中的所有键实战：菜谱菜肴

如果需要获取字典中到底有哪些键名，而不关心键值的信息，可以使用 keys() 方法。下面来遍历字典 menus 菜谱中有哪些菜肴，不关心菜肴的价格信息，代码如下。

程序清单 10.8　Python 实现字典的菜谱的菜肴键名显示功能

```
menus={
    " 香辣大虾 ":38.00,
    " 卤猪脚 ":28.00,
    " 水煮肉片 ":14.00,
    " 酸辣土豆丝 ":10.00
}
for name in menus.keys():
    print(name)
```

for name in menus.keys() 让 Python 提取字典 menus 中的所有键名，并依次将它们存储到变量 name 中，输出了菜谱上每个菜肴的名字。

10.3.3　按顺序遍历字典中的所有键值实战：炒菜字典

字典明确地记录键和值之间的对应关系，需要指明的是，获取字典的元素时，获取顺序是不可以进行预测的。若要以特定的顺序返回元素，办法是在 for 循环中对返回的键进行排序，可使用 sorted() 函数来获得按特定顺序排列的键列表。下面以炒菜的步骤字典来实现输出有序，代码如下。

程序清单 10.9　Python 实现炒菜字典的顺序显示功能

```
fries={"1":" 热锅 ","2":" 倒油 ","3":" 葱、姜炝锅 ","4":" 有肉先放肉，没肉直接放菜 ",
    "5":" 翻炒 ","6":" 放调料 ","7":" 倒入少许清水 ","8":" 加入鸡精或味精 ","9":" 大火收汁或水淀
```

```
粉收汁 "}
for key,value in sorted(fries.items()):
    print(key+" 步: "+value)
```

10.3.4 遍历字典中的所有值实战：弹幕信息显示

对于字典来说，最感兴趣的还是字典中包含的所有值，可使用 values() 方法返回值列表，其中并不包含字典里的任何键。在网络上观看视频时，会发现有一些弹幕信息，若不关心弹幕的发出者，只关心弹幕信息的具体内容，代码如下。

程序清单 10.10　Python 实现弹幕信息的显示功能

```
barrage={
    " 发狂的猴 ":" 主演太做作，应该走心一点 ",
    " 静静的茶杯 ":" 女主角只是漂亮，缺乏演技 ",
    " 剪不完的刘海 ":" 故事情节还是不错的，演员需要加油 "
}
for value in barrage.values():
    print(value)
```

上面代码中 for value in barrage.values() 语句提取字典中的每个值，并将它们依次存储到变量 value 中。通过打印这些值，就获得了一个列表。

10.4 嵌套

在程序编码中，往往需要将一系列数据类型嵌套使用。例如，列表中有整型、字符串型，同样字典也可能被存储在列表中，或将列表作为值存储在字典中，这种数据类型的交叉使用称为嵌套。可以在列表中嵌套字典，也可以在字典中嵌套列表甚至在字典中嵌套字典。

10.4.1 字典列表实战：驾考科目一模拟

先介绍在列表中嵌套字典，就是列表中的每一个数据都是字典，访问列表每一个数据后，还需要继续访问字典中的每一个键-值信息。

下面用驾照考试科目一的模拟试题程序来编码说明字典列表的嵌套应用。篇幅所限，考题以 3 道题为例。

程序清单 10.11　Python 实现驾考科目一模拟实战列表字典嵌套功能

```
exams=[
    {" 题目 ":" 驾驶机动车应当随身携带哪种证件？ ",
```

```
        "A":" 身份证 ",
        "B":" 职业资格证 ",
        "C":" 驾驶证 ",
        "D":" 工作证 ",
        " 答案 ":"C"
    },
    {
        " 题目 ":" 有下列哪种违法行为的机动车驾驶人将被一次记 12 分？ ",
        "A":" 驾驶故意污损号牌的机动车上道路行驶 ",
        "B":" 以隐瞒、欺骗手段补领机动车驾驶证的 ",
        "C":" 驾驶机动车不按照规定避让校车的 ",
        "D":" 机动车驾驶证被暂扣期间驾驶机动车的 ",
        " 答案 ":"A"
    },
    {
        " 题目 ":" 驾驶技能准考证明的有效期是多久？ ",
        "A":"1 年 ",
        "B":"2 年 ",
        "C":"3 年 ",
        "D":"4 年 ",
        " 答案 ":"C"
    }
]
for exam in exams:
    print(exam[' 题目 '])
    print("A、"+exam['A'])
    print("B、"+exam['B'])
    print("C、"+exam['C'])
    print("D、"+exam['D'])
    answer=input(" 请输入答案: ")
    if answer==exam[' 答案 ']:
        print(" 答题正确 ")
    else:
        print(" 答题错误 ")
```

　　首先创建了一个驾考科目一的字典列表，其中每个字典都表示一道题目，这是由"题目""A""B""C""D"，"答案"等键名结构组成的。通过循环遍历列表，把每一个字典里除"答案"这一项外，其余信息全部输出。然后利用 input 语句让用户输入答案，最后判断用户输入的答案与字典中的答案数据是否吻合。吻合就输出"答题正确"，不吻合就输出"答题错误"。

　　在列表中包含大量的字典，可以解决一堆数据放在一起的问题，也可以解决每一个数据有象征性意义的一对一关系。例如，为每天去火车站的很多旅客建立一对一的旅程信息记录，再把这些旅客信息放到列表中；也可以为进入某网站的每个用户建立会员信息，再把会员信息放到列表中……，只要有大量数据的地方就可能有列表的存在，只要每个数据要有信息的一对一关系就有字典的存在。字典和列表会联合起来为程序中的数据服务。

10.4.2 在字典中存储列表实战：英语四级考试报名

下面通过英语四级考试的报名程序来说明字典存储到列表中的应用。

程序清单 10.12　Python 实现英语四级考试报名实战字典列表功能

```
exams={"title":" 英语四级考试 ","time":"12 月 14 日 ","humans":[]}
while True:
    human=input(" 请输入英语四级考试报名人姓名 ")
    if human=="q":
        break
    else:
        exams["humans"].append(human)
print(exams)
```

在以上代码中，定义了一个字典 exams。字典 exams 中的信息是关于四级考试的相关内容，有
"title" "time" 和 "humans" 3 个键名。其中 "humans" 键名最初赋值一个空列表。"title" 和 "time"
是英语四级考试的名称和考试时间的键名。通过 while 循环输入英语考试者姓名，其他信息此处做
了简化。然后把输入的姓名 append 到四级考试字典 exams 的 "human" 键名对应的列表值中。输入 "q"
退出程序。最后输出 exams 字典的内容。

10.4.3 在字典中存储字典实战：用户订单

除了列表中有字典，字典中有列表，还可能是字典中嵌套字典，但代码可能很复杂。例如，去
购物网站，在里面"立即购买"了一件商品，然后生成了订单，代码如下。

程序清单 10.13　Python 实现用户订单实战字典嵌套功能

```
order={
"user":"lili001122"
}
create_time="2019/12/24"
goods_name=input(" 请输入你购买的商品名称 ")
price=input(" 请输入你购买的商品价格 ")
count=input(" 请输入你购买的商品数量 ")
order["create_time"]=create_time
order["goods"]={
"name":goods_name,
"count":count,
"price":price
}
print(order)
```

首先定义了只有"user"的订单字典 order，然后在程序代码中动态添加了订单的创建时间键名

"create_time"，这里直接给出时间，后面学习到 datetime 模块就可以获取当前时间。紧接着要求用户输入商品名称存到变量 goods 中，用户输入商品价格存到变量 price 中，用户输入商品数量存到 count 中，用户输入结束就把 order 订单字典里加上 "create_time" 订单生成时间的键名，再添加 "goods" 的键名，但商品 "goods" 中还需要提供商品名称、商品价格、商品数量才能生成订单，这些数据又构成了字典的一对一的关系，所以把键名 "goods" 对应的值也定义成字典，里面有 3 个键名，"name" 商品名称、"count" 商品数量、"price" 商品价格。这 3 个键名的键值分别对应了用户输入的内容存储的变量名。这样就构造出来了订单的商品字典信息。最后打印这个字典，就显示出来了订单信息。

10.5 能力测试

1. 建立一个空字典，添加如下键值对：key1--->深圳，key2--->沈阳，key3--->天津，key4--->上海。

2. 遍历出第 1 题字典中所有的 key 值。

3. 遍历出第 1 题字典中所有的 value 值。

4. 遍历出第 1 题字典中所有的 key-value 值。

5. 为第 1 题的字典增加 key5---> 北京。

6. 第 1 题字典中如果存在键值为 "key3" 的元素则删除。

7. 把第 1 题字典中的 "key2" 修改成 "广州"。

8. 试编程实现比较字典 {"城市 1":"沈阳"，"城市 2":"天津"} 与字典 {"城市 1":"北京"，"城市 3":"黑龙江"} 中共有的键。

9. 试编程实现比较字典 {"城市 1":"沈阳"，"城市 2":"天津"} 与字典 {"城市 1":"北京"，"城市 3":"黑龙江"} 中不同的键。

10.6 面试真题

1. 至今为止，我们接触过很多的数据类型，哪些数据类型是可变的，哪些数据类型是不可变的。

解析：这道题是对数据类型知识点总结的考核。可变和不可变指的是内存中的值是否可以被改变。不可变类型指的是对象所在的内存块里的值不可以改变，有数值、字符串和元素；可变类型指的是内存块里的值可以改变，因为保存的是地址，有列表和字典。

2. 试用程序实现把字符串"K:1|K1:2|K2:3|K3:4"处理成 Python 字典 {K：1，K1：2，...}。

解析：这道题是对字符串类型转成字典类型的编程逻辑进行考核。字典是由 key-value 键—值对组成的，由字符串"K:1|K1:2|K2:3|K3:4"可以看出来一些规律，以"|"分隔开了"："组合的键—值对。这样，就应用了字符串切分函数 split。用 split 按"|"分隔后，得到了每一组以"："结合在一起的键—值对。再对每一组以"："结合的键—值对用 split 按"："分开，将键和值添加到定义的一个空字典 dict 中。

程序清单 10.14   Python 实现字符串切分处理成 Python 字典

```
str1="K:1|K1:2|K2:3|K3:4"
dict1={}
for item in str1.split("|"):
    key,value=item.split(":")
    dict1[key]=value
print(dict1)
```

10.7 本章小结

本章主要介绍 Python 中一种复杂的数据类型——字典。字典是由键—值对组成的，遍历所有的键、遍历所有的值、遍历所有的键—值对、对字典进行增删改，这都是对字典进行深入了解的关键。

11

第11章

函数

本章主要介绍函数、函数的用法等。函数是程序中实现功能的途径。

11.1 定义函数

11.1.1 Python 程序文件的入口

之前所有的程序，都是直接在编辑器中定义一个变量，或者使用一条语句，定义一个循环，这样代码如果行数很多，就显得比较乱。函数的引入是为了整理语句。

其实，每一个程序都有一个入口文件，入口文件是在整体上对代码进行整理和规范。Python 默认直接在编辑器中写的代码就是直接进入了这个程序的入口，如果把入口标注出来，阅读代码就比较方便，哪个地方是函数实现的，哪个地方是入口实现的，就相当于文档的分门别类。函数可以理解为零件配备各种功能，主程序把零件的这些功能有序组织起来一起执行。Python 主程序的入口是由 if __name__=="__main__" 来实现的，代码如下。

程序清单 11.1 Python 实现主程序入口的功能

```
if __name__=="__main__":
    a=input(" 请输入一个数 ")
    print(a)
```

以上代码中，"__main__" 是主程序的入口，加上条件语句 if 来进行逻辑控制，如果 __name__ 程序执行的是主程序 __main__，执行语句就是完成缩进格式后的输入语句和输出语句的动作。

11.1.2 函数功能实现实战：现在几点了

函数其实就是一个功能。例如，想知道"现在几点了"，可以先定义一个函数 get_time，然后调用这个函数，代码如下。

程序清单 11.2 Python 实现获取当前时间的函数功能

```
import datetime
def get_time():
    print(datetime.datetime.now())
if __name__=="__main__":
    get_time()
```

其中，datetime 模块主要是用来处理时间的，与 random 类似，但功能不同，都是 Python 标准库，标准库中的模块直接用 import 标识符导入即可。用 datetime 标准库模块中的 datetime 日期和时间对象，在 datetime 日期和时间对象中用 now() 来输出当前时间，也可以用 today() 函数来输出当前时间。

datetime 对象中包含 year、month、day、hour、minute、second 等属性，用于获取年、月、时、分、秒等信息。还有一些实用的方法，如 weekday() 返回今天星期几。这个对象对程序逻辑中操作时间是很有帮助的，平明多练习有助于在程序中实现对时间的操作。

程序清单 11.2 演示了最简单的函数结构。定义函数时必须使用关键字 def 作为开头，然后是函数名 get_time()，括号的作用是表明它不需要任何信息就能完成其工作，因此括号是空的。虽然是空的，但括号必不可少。最后，定义以冒号结尾。

def get_time(): 后面的所有缩进行构成了函数体，在函数体中 print(datetime.datetime.now()) 输出当前时间。函数调用让 Python 执行函数中的代码，就实现了事先定义的功能：打印当前时间。

11.1.3 向函数传递信息实战：饮料机

函数功能除起到询问的作用外，还需要结果，或提供一部分信息作参考。例如，现在普遍使用的饮料机，需要使用者输入饮料的编号，再扫码或投入适量的硬币，饮料就会从饮料口中掉落下来。如果用一个函数来模拟饮料机，就需要这个函数能够接收输入饮料的编号，接收饮料编号的这个过程叫作传参。定义函数时可以为函数传入一个参数 no，表示饮料的编号，还需要传入投入的硬币金额 coins，函数的功能就是如果投入的硬币金额 coins 等于饮料编号 no 的价格，就把编号 no 的饮料掉落下来。为此，可在函数定义 def get_drink() 的括号内添加 no 和 coins，no 和 coins 就是函数 get_drink() 的参数。通过添加 no 和 coins 参数，就可让函数接收 no 和 coins 指定的任何值。现在，调用 get_drink() 时，可将编号和投入硬币传递给它，代码如下。

程序清单 11.3　Python 实现模拟饮料机函数传参的功能

```python
def get_drink(no,coins):
    if coins==3:
        print(" 你购买的饮料编号是："+no+"，没有找零 ")
    else:
        print(" 你购买的饮料编号是："+no+"，找零为："+str(coins-3)+" 元 ")
if __name__=="__main__":
    get_drink("024",3)
```

代码 get_drink（"024",3）实现了调用函数的功能，并向它提供执行 print 语句所需的信息。这个函数接收传递给它的饮料编号和投入的钱币数，打印出饮料编号和找零。运行结果如图 11.1 所示。

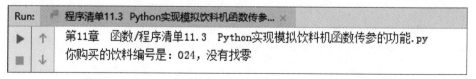

图 11.1　Python 实现模拟饮料机函数传参的功能的运行结果

这就实现了函数传参。

11.1.4 实参和形参

回顾饮料机程序，定义函数 get_drink() 时，要求给变量 no 和 conis 指定值。在函数 get_drink() 的定义中，变量 no 或 coins 叫作形参 ——函数完成其工作所需要的信息。在代码 get_drink("024",3) 中，值 "024" 和 3 叫作实参。实参是调用函数时传递给函数的信息。在调用函数时，函数使用的信息放在括号内，当作形参处理。在调用 get_drink() 函数时，将实参 "024" 和 3 传递给了函数 get_drink()，这个值分别被存储在形参 no 和 coins 中。

11.2 传递实参

函数定义中可能不只包含一个形参，函数调用中也可能包含多个实参。向函数传递实参的方式很多，可使用位置实参，要求实参的顺序与形参的顺序相同；也可使用关键字实参，其中每个实参都由变量名和值组成；还可使用列表和字典。下面分情况具体阐述。

11.2.1 位置实参实战：新郎和新娘结婚

调用函数时，Python 必须将函数调用中的每个实参都关联到函数定义中的一个形参。最简单的关联方式是基于实参的顺序，称为位置实参。

为理解其中的含义，下面定义一个新郎和新娘结婚的函数，代码如下。

程序清单 11.4　Python 实现新郎和新娘函数位置参数功能

```python
def wedding(bridegroom,bride):
    print(" 新郎 "+bridegroom+" 和新娘 "+bride+" 在举办婚礼 " )
if __name__=="__main__":
    wedding(" 郭靖 "," 黄蓉 ")
```

代码中函数的定义表明，调用函数时需要新郎和新娘的名字，即调用 wedding() 时，需要按顺序提供新郎和新娘的名字。代码中实现的结果显示，实参 "郭靖" 存储在形参 bridegroom 中，而实参 "黄蓉" 存储在形参 bride 中。

输出描述了新郎和新娘的婚礼。运行结果如图 11.2 所示。

图 11.2　Python 实现新郎和新娘函数位置参数功能的运行结果

1. 调用函数多次

一个函数可以根据需要调用很多次。如再描述一对新人的婚礼，只需再次调用 wedding() 即可，代码如下。

程序清单 11.5　Python 实现函数位置参数的集体婚礼功能

```
def wedding(bridegroom,bride):
    print(" 新郎 "+bridegroom+" 和新娘 "+bride+" 在举办婚礼 "）
if __name__=="__main__":
    wedding(" 郭靖 "," 黄蓉 ")
    wedding(" 韦小宝 "," 阿珂 ")
    wedding(" 杨过 "," 小龙女 ")
```

第二次调用 wedding() 函数时，向它传递了实参"韦小宝" 和"阿珂"。与第一次调用传递方式一样，Python 将实参"韦小宝"关联到形参 bridegroom ，并将实参"阿珂"关联到形参 bride 。第三次调用 wedding() 函数时，再次向它传递了实参"杨过"和"小龙女"。传递方式也是一样的，Python 将实参"杨过"关联到形参 bridegroom，并将实参"小龙女"关联到形参 bride。至此，打印出的信息就是一个集体婚礼现场。运行结果如图 11.3 所示。

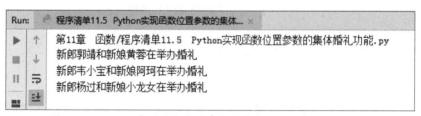

图 11.3　Python 实现函数位置参数的集体婚礼功能的运行结果

函数调用多次是一种效率极高的工作方式。只需要在函数中编写一次描述婚礼的代码就够了，然后每当需要描述婚礼时，都可调用这个函数，并向它提供新郎和新娘的信息。这个函数还可起到集体婚礼的功能。在函数中，根据需要使用任意数量的位置实参，Python 将按顺序将函数调用中的实参关联到函数定义中相应的形参。

2. 位置实参的顺序

如果婚礼现场闹了乌龙，新郎变成了小龙女，新娘变成了杨过，婚礼现场就闹出大笑话了，代码如下。

程序清单 11.6　Python 实现函数位置参数传参的颠倒造成集体婚礼混乱

```
def wedding(bridegroom,bride):
    print(" 新郎 "+bridegroom+" 和新娘 "+bride+" 在举办婚礼 "
if __name__=="__main__":
    wedding(" 黄蓉 "," 郭靖 ")
    wedding(" 阿珂 "," 韦小宝 ")
    wedding(" 小龙女 "," 杨过 ")
```

在函数调用中，先指定新娘，再指定新郎。由于实参"小龙女"在前，这个值将存储到形参

bridegroom 中；同理，"杨过"将存储到形参 bride 中。传入的实参顺序不对，造成了婚礼现场混乱。运行结果如图 11.4 所示。

图 11.4　Python 实现函数位置参数传参的颠倒造成集体婚礼混乱的运行结果

由此可见，确认函数调用中实参的顺序与函数定义中形参的顺序一致是很重要的。

11.2.2　关键字实参实战：三国水浒人物主角

关键字实参是传递给函数的名称—值对。直接在实参中把名称和值关联起来，这样向函数传递实参时就不会发生混淆。关键字实参无须考虑函数调用中的实参顺序，还清楚地指出了函数调用中各个值的真正意义。

程序清单 11.7　Python 实现著作人物函数关键字实参功能

```python
def author_writings(writings,leading):
    print(writings+" 著作中有主角 +leading)
if __name__=="__main__":
    author_writings(writings=" 三国演义 ",leading=" 刘备 ")
    author_writings(writings=" 水浒传 ",leading=" 宋江 ")
```

以上代码调用 author_writings() 函数时，向 Python 明确地指出了各个实参对应的形参。使用函数调用时，Python 应该将实参"三国演义"和"刘备"分别存储在形参 wrtings 和 leading 中，而且是一一对应的，运行结果如图 11.5 所示。

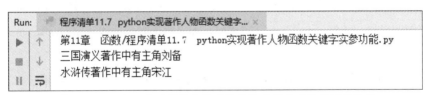

图 11.5　Python 实现著作人物函数关键字实参功能的运行结果

如果用这种方式来传递结婚的参数，新郎和新娘都用关键值参数来进行实参的指定，就不会出现新郎新娘混乱了。

11.2.3　默认值实战：手机套餐

编写函数时，可以为每个形参指定一个默认值。在调用函数中为形参提供了实参时，Python 将使用指定的实参值；否则，将使用形参的默认值。这样，给形参指定默认值后，可在函数调用中省略相应的实参。例如，手机使用时每个月都有套餐，超出套餐的部分需要再另收费用。

程序清单 11.8　Python 实现手机套餐函数默认值功能

```
def mobile_fare(total,combination=120):
    #combination 套餐费包含 total，表示总共 50M 的流量
    if total>50:
    # 把超出部分暂定费用按超出部分 *0.3 计算
        print(" 套餐: "+str(combination)+", 超出部分 "+str((total-50)*0.3))
    else:
        print(" 套餐: "+str(combination))
if __name__=="__main__":
    mobile_fare(total=60)
```

以上代码中定义了函数 mobile_fare()，同时给形参 combination 套餐指定了默认值 120。套餐中包含了总计流量 50。调用这个函数时，没有给 combination 指定数值，Python 就会把形参套餐设置为默认值 120，再根据 total 的总计值来计算增加后的费用。运行结果如图 11.6 所示。

图 11.6　Python 实现手机套餐函数默认值功能的运行结果

现在，调用这个函数可以用最简化的方式，只提供上网流量，如 mobile_fare(60)。

函数调用只提供了一个实参 60，这个实参将关联到函数定义中的第一个形参 total。由于没有给 combination 提供实参，因此 Python 会使用 combination 的默认值 120。与函数调用 mobile_fare(total=60) 是一样的功能效果。

11.2.4　避免实参错误

函数定义后，在被调用的过程中，当提供的实参多于或少于函数完成其工作所需的信息时，将出现实参不匹配的错误。例如，wedding 结婚函数，如果调用时只使用 wedding()，而不传入参数，代码如下。

程序清单 11.9　Python 实现新郎和新娘函数无参调用报错功能

```
def wedding(bridegroom,bride):
    print(" 新郎 "+bridegroom+" 和新娘 "+bride+" 在举办婚礼 "）
if __name__=="__main__":
    wedding()
```

以上代码中调用 wedding() 函数时没有传参，运行结果的报错信息如图 11.7 所示。

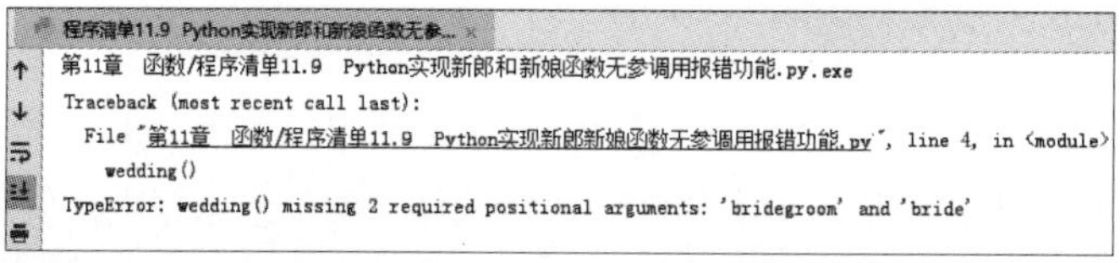

图 11.7　Python 实现新郎和新娘函数无参调用报错功能的运行结果

由错误提示知道，traceback 指出了问题所在，该函数调用没有提供两个实参，意味着婚礼没有新郎和新娘。所以，要根据具体形参数量提供实参，如果有的形参有默认值，就可以不给这个形参赋值。

11.3 返回值

11.3.1 返回值的定义

之前的函数都是直接打印输出内容，最终计算的结果只是显示，没有参与到别的函数中去计算。但有时要求某个函数据数据处理完毕后，还需要对这个数据再进行加工处理，这样，又交给了另外一个功能函数去处理。例如，饮料生产线中要向饮料瓶中注入饮料，然后还需要将瓶子做封盖处理，这就是数据处理不是由一个函数实现的，而是一个函数实现后，还需要把这个处理后的数据交由后面的函数再处理。数据是很多函数共同处理的结果。这就需要前一个函数处理完数据后，再把处理后的数据返回，然后由后面的函数继续加工处理。这种把数据返回的逻辑，称为函数带有返回值。函数可以返回一个或一组值。函数返回的值被称为返回值 。在函数中，可使用 return 语句将值返回到调用函数的代码行。

返回值能够将程序的大部分繁重工作转移到函数中去完成，从而简化主程序。

11.3.2 返回简单值实战：四大名著的判断

下面根据书名判断一本书是否属于四大名著，注意 return 语句在函数中的使用，代码如下。

程序清单 11.10 Python 实现判断书名是否归属四大名著函数返回值功能

```python
def get_book(book_name):
    if book_name in [" 三国演义 "," 水浒传 "," 红楼梦 "," 西游记 "]:
        return True
    else:
        return False
```

以上代码中定义的函数 get_book() 通过形参接收书名。将书名同四大名著的名称进行对比，如果书名被包含在四大名著中则返回 True，否则返回 False。

调用返回值的函数时，需要提供一个书名变量 book_name，用于返回判定结果的值。在这里，将布尔值直接用 return 返回。

用函数实现了判断一本书是否属于四大名著的功能，如果程序需要使用这个功能，直接调用即可，避免了代码的复用。

11.3.3 返回字典实战：外卖点餐

函数可返回任何类型的值，包括列表和字典等较复杂的数据结构。字典也是网络中经常使用的数据格式，如天气预报数据格式。

```
{"weatherinfo":
{"city":" 北京 ",
"cityid":"101010100",
"temp1":"3℃ ",
"temp2":"-8℃ ",
"weather":" 晴 ",
"img1":"d0.gif",
"img2":"n0.gif",
"ptime":"11:00"}}
```

这里可以定义一个函数来返回上面的天气预报字典型数据。顾客点外卖时需要进入某餐饮品牌商品列表进行点餐，外卖小哥会获取到点餐的内容，然后到店里取餐，最后送到顾客手中。实现order_food() 订餐函数的代码如下。

程序清单 11.11　Python 实现东北饭店函数返回字典功能

```
def order_food(shop_name):
    return{
        "shop_name":shop_name,
        "order":{
            " 小鸡炖蘑菇 ":32.00,
            " 地三鲜 ":14.00,
            " 麻婆豆腐 ":10.00
        }
    }
if __name__=="__main__":
    print(order_food(" 东北饭店 "))
```

以上代码中函数 order_food() 接收餐厅名称 shop_name，并将这些值封装到字典中。顾客在这家店中的点餐结果就形成了字典，而且是这个函数的返回值。

11.3.4 传递列表实战：超市买单

有时向函数传递列表类型也是很实用的。例如，超市收银会时扫描很多商品，最终来求和；学生考试后会按总成绩统计名次。这都需要很多数据，这些数据放在一起形成列表。这种列表包含的可能是名字、数字或更复杂的对象。将列表传递给函数后，函数就能直接访问其内容，再按照其内容实现相应功能。

下面程序的功能就是传入了超市买入的商品，算出最终消费的总和，代码如下。

程序清单 11.12　Python 实现超市结算函数传入列表功能

```
def count_fare(buy_list):
    sum=0
    for item  in buy_list:
        sum+=item["price"]*item["count"]
        return sum
if __name__=="__main__":
    fare=count_fare([{"food":" 洗发水 ","price":13.00,"count":2},{"food":" 面包 ",
"price":3.00,"count":5},{"food":" 牙膏 ","price":15.00,"count":2}])
    print(" 用户总共花销了："+str(fare)+" 元 ")
```

以上代码中函数 count_fare() 接收一个商品列表，商品列表中的每个商品是一个复杂的字典类型，每个商品由 food、price 和 count 3 个键名组成，分别代表商品名称、商品价钱和商品数量，并将其存储在形参 buy_list 中。函数遍历接收到的商品列表，并对其中每个商品的价格和商品数量做相乘运算，得出的结果再求和即用户总花销。在主程序中，定义了一个变量接收函数 count_fare() 的返回值，然后打印用户总花销，运行结果如图 11.8 所示。

图 11.8　Python 实现超市结算函数传入列表功能的运行结果

11.3.5　传递任意数量的实参实战：超市库存

函数的实参千变万化，甚至实参个数也不确定。Python 允许函数从调用语句中收集任意数量的实参。

例如，超市库存的函数中需要接收很多种商品入库，但无法预先确定采购科采购了多少商品。下面的 make-stock 函数只有一个形参 *goods，但不管调用语句提供了多少实参，形参 *good 都可以接收，代码如下。

程序清单 11.13　Python 实现超市库存函数传入不定参功能

```
def make_stock(*goods):
    goodslist=set(goods)
    return goodslist
if __name__=="__main__":
    goods_category=make_stock(" 牙刷 "," 牙膏 "," 可乐 "," 矿泉水 "," 可乐 "," 牙刷 ",
" 牙膏 ")
    print(goods_category)
```

形参 *goods 中的星号让 Python 创建一个名为 goods 的空元组，并将接收到的所有值都封装到这个元组中。函数内的 goodslist=set(goods) 语句是把元组转化成集合，采购商把采购的内容输入，进入 make_stock() 函数中变成元组，再转化成集合，将采购的内容去重，得到采购了哪种商品，通过返回的集合，了解到有哪些商品。通过 print 语句打印商品种类名，运行结果如图 11.9 所示。

图 11.9　Python 实现超市库存函数传入不定参功能的运行结果

11.3.6　结合使用位置实参和任意数量实参实战：超市库存

如果要让函数接收不同类型的实参，例如，超市库存函数中不但传入商品的名称，还要传入每个商品的平均数量，商品的名称是字符串类型，每个商品平均数量是整型。这种情况下，必须在函数定义中将接纳任意数量实参的形参放在最后。Python 先匹配位置实参和关键字实参，再将余下的实参都收集到最后一个形参中，代码如下。

程序清单 11.14　Python 实现超市库存函数传入位置实参与任意实参功能

```
def make_stock(count,*goods):
    goodslist=set(goods)
    return goodslist,count
if __name__=="__main__":
    goods_category,count=make_stock(20,"牙刷","牙膏","可乐","矿泉水","可乐",
"牙刷","牙膏")
    print(str(goods_category)+"这些商品的数量都是"+str(count))
```

上述代码中，Python 将收到的第一个值存储在形参 count 中，并将其他的所有值都存储在元组 goods 中。在函数调用中，首先指定库存各商品的平均数量，再指定库存里有哪些商品，有重复的商品出现，会在函数内部通过集合达到去重的目的。

11.3.7　使用任意数量的关键字实参实战：超市库存

有时，需要接收任意数量的实参，但预先并不知道传递给函数的会是什么样的信息。在这种情况下，可将函数编写成能够接收任意数量的键—值对信息，调用语句提供了多少键—值对信息就接收多少参数。把前面超市买入的商品案例中的商品名称、商品数量、商品价格作为一一对应的键—值对来做实参，代码如下。

程序清单 11.15　Python 实现超市库存传入任意数量关键字实参功能

```
def count_fare(name,shop_name,**buy_list):
    sum=0
    sub_sum=0
    for key,value in buy_list.items():
        key=key[0:-1]
        if key=="price":
```

```
            sub_sum=value
        elif key=="count":
            sub_sum=sub_sum*value
            sum+=sub_sum
        else:
            sub_sum=0
        return sum
if __name__=="__main__":
    fare=count_fare(" 小刘 "," 小刘超市 ",goods1=" 牙刷 ",price1=13.00,count1=4,
    goods2=" 矿泉水 ",price2=2.00,count2=10,goods3=" 洗衣粉 ",price3=16.00,count3
=5)
    print(" 用户总共花销了: "+str(fare)+" 元 ")
```

以上代码中函数 count_fare() 要求提供用户名和超市名称，同时用户还要提供任意数量的商品信息键—值对。形参 **buy_list 中的两个星号让 Python 创建一个名为 buy_list 的空字典，并将收到的所有商品信息键—值对都封装到这个字典中。这样，可以像访问其他字典一样访问 buy_list 中的名称—值对。

在 count_fare() 的函数体内，对接收的字典信息的键名进行切片匹配，只要是前缀中有 price 的商品，函数中的变量 sub_sum 中都记录了每个商品的价格；只要是前缀中有 count 的商品，函数中的变量 sub_sum 中都会把对应商品的价格和数量作乘积，并累加到商品的总计结果；只要是前缀是 goods 的都需要把每个商品的小计值清 0，即 sub_sum 为 0，便于接收的后面的商品小计从 0 开始累加。不断累加每件商品的小计值，就得到了最终的商品总价格。也就是用户在超市的总花销。

编写函数时，可以各种方式混合使用位置实参、关键字实参和任意数量的实参。要正确地使用这些类型的实参，需要经过一定时间的练习。

11.4 将函数存储在模块中

函数的优点之一是，使用它们可将代码块与主程序分离。通过给函数指定描述性名称，可让主程序容易理解得多。如将函数存储在被称为模块的独立文件中，再将模块导入主程序中。import 语句允许在当前运行的程序文件中使用模块中的代码。

通过将函数存储在独立的文件中，可隐藏程序代码的细节，将重点放在程序的逻辑问题上。而且还能在众多不同的程序中让函数重用。将函数存储在独立文件中后，也可以与其他程序员共享这些文件而不是整个程序。这就需要函数是可导的。要让函数是可导入的，得先创建模块。模块是扩展名为 .py 的文件，包含要导入程序中的代码。

导入模块中的特定函数，语法如下。

```
from module_name import function_name
```

通过用逗号分隔函数名，可根据需要从模块中导入任意数量的函数。

```
from module_name import function_0, function_1, function_2
```

如果要导入的函数的名称与程序中现有的名称冲突，或者函数的名称太长，可指定简短而独一无二的别名，相当于函数的另一个名称。关键字 as 可以起到为函数起别名的作用。

```
from module_name import function_name  as another_name
```

这样，在程序代码使用时就可以使用别名 another_name。

11.5 lambda 匿名函数

前面介绍的函数都是由 def 来定义的，Python 还有另外一种函数，叫 lambda 函数，也就是常说的匿名函数。这种函数是没有名字的函数，只是临时用一下，而且是在业务逻辑很简单的情形下。

11.5.1 lambda 语法格式

lambda 语法格式只包含一个语句，表现形式如下。

```
lambda [arg1,[arg2,arg3,...,argn]]:expression
```

其中，lambda 是 Python 的关键字，语法格式中必须保留；[arg...] 是参数列表，它的结构和 Python 中函数 function 的参数列表是一样的。args 有很多种形式可以使用，例如：

```
a,b
a=2,b=3
*args
**kwargs
```

以上各种形式都可以作为 args 的参数。

语法格式中的 expression 是一个参数表达式，表达式出现的参数需要在 [args...] 中有定义，并且表达式只能是单行的，只能有一个表达式。

以下几种形式都可以做表达式。

```
a-b
sum(a)
a if a >10 else 1
```

表达式中出现的参数 a 或 b 都需要在传参数 args 中传递过来。

下面的程序演示了 lambda 函数的使用，代码如下。

程序清单 11.16　Python 实现 lambda 函数的求解数的平方的功能

```
x=input(" 请输入一个数 ")
result=lambda y:y**2
```

```
print(result(int(x)))
```

以上代码的功能是使用 lambda 函数求解数的平方的功能。先通过 input 函数输入一个数，然后定义一个 lambda 函数，格式是 lambda y:y**2，其中，lambda 是 Python 保留字，y 是参数，相当于输入的数据，y**2 是计算 y 参数的平方，相当于把输入的参数平方计算后输出结果，结果存储到了变量 result 中，最后在 print 语句中实现打印 result 的值。需要注意的是，result 需要传入一个参数，这个参数就是用户输入的内容，只不过用户键盘输入的都是字符串，需要转化成 int 型进行计算，意味着只对整型数进行计算。

由以上例子可以得出 lambda 函数的一些特性。

（1）lambda 函数是不需要取名字的，是匿名的函数。

（2）lambda 函数是有输入和输出的，输入是参数列表 args 中的值，输出是冒号后面表达式 expression 计算得到的值。

（3）lambda 函数不能访问参数列表以外的参数，只能完成非常简单的功能。

下面用 lambda 函数实现两数输出最大值，代码如下。

程序清单 11.17　Python 用 lambda 函数完成输入两数输出最大值功能

```
x=input(" 请输入一个数 ")
y=input(" 请输入另一个数 ")
z=lambda x,y:x if x>y else y
print(z(x,y))
```

在以上代码中，需要注意的是，lambda 表达式中的 x 和 y 与输入语句的 x 和 y，不是一个意义上的 x 和 y，lambda 表达式中的 x 和 y 相当于局部变量的 x 和 y。而输入语句的 x 和 y 可以看作外部全局变量的 x 和 y。lambda 表达式中的 x 和 y 是需要 z 变量在使用时传入相关的参数，然后 lambda 函数才会把结果返回。

11.5.2　lambda 用法的高级函数 map

Python 高级函数可以结合 lambda 函数一起使用，如 map 函数。map 函数会根据指定的序列做映射，语法格式如下。

```
map(function,iterable,...)
```

其中，function 函数可以是 lambda 函数，也可以是函数名，将 iterable 序列中的每一个元素都调用 function 函数，返回了包含每次 function 函数返回值的新列表。

下面就是一个 map 应用的例子，代码如下。

程序清单 11.18　Python 实现 map 函数结合 lambda 的功能

```
list1=map(lambda x:x**3,[1,3,5,7,9])
for item in list1:
    print(item)
```

以上代码的功能就是用 map 函数和 lambda 函数完成了指定列表 [1,3,5,7,9] 中所有元素的立方值。最终通过 for 循环输出 map 的结果值 1,27,125,343,729，即每个元素立方值的结果，注意直接打印 item 不会打印出其值，这种数据类型会在后面学习。

程序清单 11.8 中 map 函数的第一个参数就是 lambda 函数，后面第二个参数就是一个被进行映射的列表。

11.6 函数综合实战：托儿所学员管理程序

下面以托儿所学员管理程序为例，当一个学员升到了小学进行学习时就要删除一个托儿所的学员，当学员居住地址发生变化时，也需要修改学员的相关资料，同时也要定期查询学员的资料，与家长沟通。根据这些流程暂定的功能如下。

（1）托儿所学员的入托、离托、查询和修改的菜单展示。

（2）托儿所学员的入托。

（3）托儿所学员的离托。

（4）托儿所学员的查询。

（5）托儿所学员的修改。

（6）托儿所学员的信息暂定有学员名称、学员年龄、学员住址、学员家长姓名、学员家长电话等内容。

托儿所学员是若干学员的集合，需要列表来存储。入托是列表元素的增加，离托是列表元素的删除，修改就是列表中元素的修改，查询暂定根据学员姓名来查询相关信息，以上每一个功能都是一个函数。入托需要输入学员的信息，然后加入学员列表中，这里传入学员列表做形参；离托需要告知程序是哪一个学员，需要输入学员的姓名，这里传入学员列表做形参；修改也是需要告知程序是哪一个学员，需要输入学员的姓名，这里也传入学员列表做形参；查询是根据学员的姓名，也需要传入学员的姓名，根据学员姓名从学员列表中查询，也需要传入学员列表做形参；菜单展示也需要一个函数的功能体现，不需要传参去解决，然后在主程序中调用菜单展示的功能。当选择某一功能号时，就选择了这个功能号对应的功能函数。

程序清单 11.19　Python 利用函数实现托儿所学员管理程序

```
def menu():
    list=[]
    while True:
        print(" 请选择托儿所学员管理功能号 ")
        print("—————————————————————")
        print("1    入托 ")
```

```
        print("2    离托 ")
        print("3    查询 ")
        print("4    修改 ")
        print("5    全部 ")
        print("6    退出 ")
        print("——————————————")
        choice=input(" 输入你选择的功能号： ")
        if choice=="1":
            goNursery(list)
        elif choice=="2":
            leaveNursery(list)
        elif choice=="3":
            selectNursery(list)
        elif choice=="4":
            modifyNursery(list)
        elif choice=="5":
            selectAll(list)
        else:
            break
def goNursery(list):
    name=input(" 请输入学员的姓名： ")
    age=input(" 请输入学员的年龄： ")
    address=input(" 请输入学员的住址： ")
    parentName=input(" 请输入学员家长的姓名： ")
    parentTel=input(" 请输入学员家长的电话： ")
    list.append({"name":name,"age":age,"address":address,"parentName":pare-
    ntName,"parentTel":parentTel})
    return list
    def leaveNursery(list):
    name=input(" 请输入离托学员的姓名：")
    i=0
    for item in list:
        if item["name"]==name:
            del list[i]
        i+=1
    return list
def selectNursery(list):
    name=input(" 请输入查询学员的姓名： ")
    i=0
    for item in list:
        i+=1
        if item["name"]==name:
            print(" 学员年龄 :"+item["age"])
            print(" 学员地址 "+item["address"])
            print(" 学员家长姓名: "+item["parentName"])
            print(" 学员家长电话: "+item["parentTel"])
```

```
            break
         print(" 没有这个学员 ")
   def modifyNursery(list):
      name=input(" 请输入修改的学员姓名:   ")
      age=input(" 请输入修改学员的年龄:   ")
      address=input(" 请输入修改学员的地址:   ")
      parentName=input(" 请输入修改学员的父母姓名:   ")
      parentTel=input(" 请输入修改学员的父母电话:   ")
      for item in list:
         if item["name"]==name:
            item["age"]=age
            item["address"]=address
            item["parentName"]=parentName
            item["parentTel"]=parentTel
   def selectAll(list):
      for item in list:
         print(" 学员姓名: "+item["name"])
         print("---------------")
      print(" 学生年龄: "+item["age"])
      print(" 学员地址: "+item["address"])
      print(" 学员家长姓名: "+item["parentName"])
      print(" 学员家长电话: "+item["parentTel"])
      print("---------------")
   if __name__=="__main__":
      menu()
```

11.7 能力测试

1. 编写一个名为 collect() 的函数, 它有一个 number 的参数, 如果参数是偶数, collect() 就打印出 number 数字的平方, 如果参数是奇数就打印 number 数字的 2 倍数。

2. 编写一个函数 count(), 接收任意多个数值参数, 返回一个元组, 元组的第一个元素是这些数值参数的个数, 元组的第二个元素是这些数值参数的和, 元组的第三个元素是这些数值参数的最大值, 元组的第四个元素是这些数值参数的最小值。

3. 编写一个函数, 接收一个列表和整数 k, 函数的功能是把整数 k 之前的元素逆序后与后面的元素一并返回。

4. 试根据托儿所案例完成花店的管理程序:

（1）花店进花;

（2）花店卖花;

（3）花店修改花的库存属性；

（4）花店查询花的相关信息。

关于花店里花的相关信息，要求必须有花名、产地、花的数量、花的生长周期，其他自己定义。

11.8 面试真题

1.Python 调用函数时，参数的传递方式是值传递还是引用传递。

解析：这道题是对函数参数传递方式的考核。对于 Python 参数传递方式，不管是位置参数、默认参数、可变参数还是关键字参数，都可以根据具体参数的数据类型决定是值传递还是引用传递。不可变参数是用值来进行传递的，像整数和字符串这样的不可变对象，是通过复制进行传递的；可变参数是引用传递，像字典和列表就通过引用传递，可变对象函数的内部可以改变。

2. 什么是 lambda 函数，它有什么样的好处，写一个匿名函数求两个数之和？

解析：这道题是对 lambda 匿名函数进行考核。lambda 匿名函数在编程过程中是经常用到的。lambda 函数是匿名函数，得名于省略用 def 声明函数的标准步骤。

用 lambda 匿名函数求解两个数之和。

程序清单 11.20　Python 实现求 lambda 函数的两数之和

```
f=lambda x,y:x+y
print(f(2008, 2009）)
```

11.9 本章小结

本章主要介绍函数的定义和实现。随着程序设计能力的加强，函数为处理程序问题的模块化起到了很重要的作用，也为代码的封装提供了很好的方法。在程序设计时，利用函数把代码封装起来，一则可以有效避免重码，二则也使问题的分析趋于模块化。不但要熟悉不传参的函数，还要理解传参函数。最后是不定参函数的使用。只有掌握了函数在不同情况下的应用，才能够更好地进行程序设计。

12

第12章

算法

本章主要介绍算法，算法其实就是一种逻辑的解题思路和解题步骤。世界那么大，我想去看看，是坐火车去，还是坐飞机去，去时带多少钱，打算先到哪，后到哪。这个具体的执行思路，就是算法的雏形。在程序中就是解决问题的思路，以象棋为例，其中有个规则"马走日，象走田"，如何让计算机实现这个规则？可以通过 $(x_1-x_0)*(y_1-y_0)$ 算式来实现，其中 x_0 和 y_0 是象棋"马"原来的单位长度坐标位置，x_1 和 y_1 是象棋"马"走了一步之后的单位长度坐标位置，判断 $(x_1-x_0)*(y_1-y_0)$ 的乘积取绝对值是不是两个单位长度就能证明用户操作的"马"走法是否正确，这就是程序中的判断，也是"马走日"这句功能的具体算法实现，还可以用这样的算式去套用和分析其他象棋棋子的算法。

总结起来，程序设计中的算法就是如何去实现一种想法和逻辑。

下面分别认识递归、冒泡排序、选择排序、插入排序、归并排序和快速排序等算法，从总体上找到编程中算法的思路和方法。

12.1 递归算法及其程序实现

12.1.1 递归

下面通过一个故事来理解递归。

从前有座山，山上有座庙，庙里住着一个老和尚，老和尚对小和尚说，从前有座山，山上有座庙，庙里住着一个老和尚，老和尚对小和尚说，然后又是无穷尽的从前一座山，山上有座庙，庙里住着一个老和尚，老和尚对小和尚说。这就是一个山、庙、老和尚对小和尚说的递归故事。

递归是反复地去做同一个逻辑，把问题不断地分解成为小问题，直到小问题可以用一样的逻辑来解决的方法。通常情况下，递归会不停地调用自己的函数。

12.1.2 递归求和例子

以式"7+9+11+15+17 =？"为例，其是一个简单的连加算式，分步计算如图 12.1 所示。

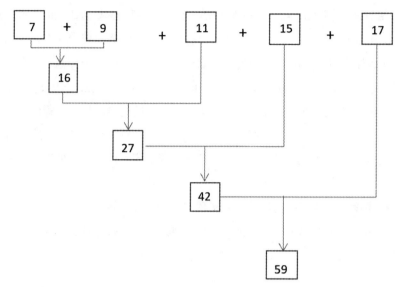

图 12.1　递归求和的累加分析

从图 12.1 可知，以上运算重复着一个逻辑，即把后面的数不停地加到前面的数里，最终得到连加的结果。

将上述想法转换成 Python 程序是关键。如果把这些数字的集合用列表表示，则数字列表 nums 的总和等于列表中第一个元素（nums[0]）加上其余元素（nums[1:]）之和。可以用函数的形式表示：

```
nums_sum=first(nums)+nums_sum(rest(nums))
```

其中，first(nums) 返回列表中的第一个元素，rest(nums) 则返回其余元素。用 Python 可以轻松地实现这个等式，代码如下。

程序清单 12.1　Python 利用递归来求和函数的实现

```
def nums_sum(nums):
    if len(nums)==1:
        return nums[0]
    else:
        return nums[0]+nums_sum(nums[1:])
```

在以上代码中，if len（nums）==1 检查表中是否只包含一个元素。这个检查非常重要，同时也是该函数的退出语句。对于长度为 1 的列表，其元素之和就是列表中的数值。nums_sum 函数调用自己的语句 nums_sum（nums[1:]），这也是将 nums_sum 称为递归函数的原因。递归函数会不断地调用自己。

每一次递归调用都是在解决一个更小的问题，如此进行下去，直到问题本身不能被简化为止，如图 12.2 所示。

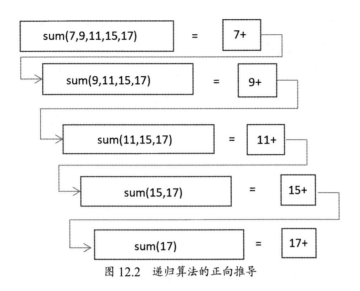

图 12.2　递归算法的正向推导

把上面的图逆向返回到顶层时，就有了最终的求和答案，如图 12.3 所示。

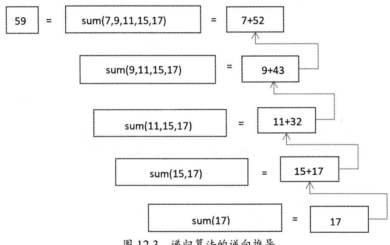

图 12.3　递归算法的逆向推导

综上所述，递归的特点可总结为递归三原则。所有的递归算法都遵守以下 3 个重要的原则。

（1）递归算法必须有自己的基本情况。

（2）递归算法必须能够改变其状态并逐步向基本情况靠近。

（3）递归算法必须递归地调用自己。

12.1.3　递归算法实战：斐波那契数列

递归算法的经典的例子是斐波那契数列，可说明递归三原则。

斐波那契提出了一个有趣的兔子问题：若一对成年兔子每个月恰好生下一对小兔子（一雌一雄）。在年初时，只有一对小兔子。在第一个月结束时，小兔子成长为成年兔子，到了第二个月结束时，这对成年兔子将生下一对小兔子。这种成长与繁殖的过程会一直持续下去，并假设生下的小兔子都不会死，那么一年之后共有多少对小兔子？

首先要清楚研究的问题，一是开始有一对小兔子，第一个月后小兔子成年了。二是第二个月后成年兔子生下一对小兔子，而且还是龙凤胎。三是长此以往，兔子不断繁殖，注意假定兔子是永远不会死的。在这种前提下去讨论多久后有多少对小兔子，这里单位是"对"，不是"只"。兔子繁殖的过程如图12.4所示。

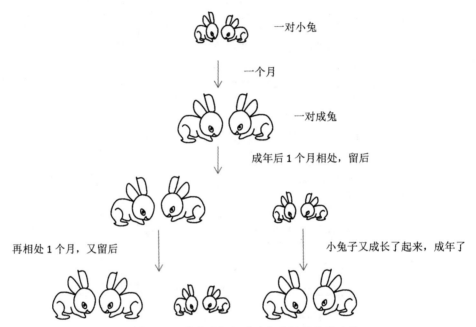

一对小兔

一个月

一对成兔

成年后1个月相处，留后

再相处1个月，又留后

小兔子又成长了起来，成年了

图 12.4 斐波那契数列的兔子问题图形说明

依次类推，推算一下在第5个月结束时兔子的总数。

（1）第1个月：只有1对兔子。

（2）第2个月：兔子没有长成，仍然只有1对兔子。

（3）第3个月：这对兔子生了1对小兔子，这时共有2对小兔子。

（4）第4个月：老兔子又生了1对小兔子，而上个月出生的兔子还未成熟，这时共有3对兔子。

（5）第5个月：这时已有2对兔子可以生殖，于是生了2对兔子，这时共有5对兔子。

如此繁衍下去，不难得出下面的结果，如表12.1所示。

表 12.1 斐波那契数列兔子繁殖问题说明表

月份数	1	2	3	4	5	6	7	8	9	10	11	...
兔子数 / 对	1	1	2	3	5	8	13	21	34	55	89	

从表12.1中，可以发现数字的变化规律，例如，第7个月的兔子数量恰好是第5个月和第6个月的兔子数量之和。

可以用式子表示：

第 7 个月的兔子数 = 第 5 个月兔子数 + 第 6 个月兔子数

       13   =   5   +   8

归纳斐波那契数列的算法，可以得出以下公式：

第 n 个月的兔子总数 = 第 (n-1) 个月的兔子总数 + 第 (n-2) 个月的兔子总数

现在根据递归三原则来分析斐波那契数列的问题。

（1）基本情况是第一对小兔。

（2）改变状态向基本情况靠近。这一条主要体现在倒推的问题上，要想得到某个月的兔子数状态，就需要知道前两个月的兔子数状态，逐步向两个月靠近，就到了最原始的基本情况：前一个月第一对小兔变化为成年兔，前两个月还是这一对小兔，利用这两个月的状态，得到改变后的状态，第三个月的兔子数量等于前两个月兔子数量之和。

（3）递归算法必须递归地调用自己。就是任何月份的兔子数都等于前两个月兔子数之和。

现在用 Python 来实现精典的斐波那契数列的问题，代码如下。

程序清单 12.2　斐波那契数列求第 20 项和

```python
def fib_list(n):
    if n <= 1:
        return n
    return fib_list(n-1) + fib_list(n-2)
print(fib_list(20))
```

该算法存在的问题是需要对算法的时间复杂度进行考量。时间复杂度就是运行这个算法需要多长时间，在递归问题上的时间复杂度就是递归总次数 * 每次递归的次数。递归的时间是要看递归多少次，并且每次递归又要执行多少次语句。斐波那契数列的时间复杂度就是 $O(n^2)$，O 是标记时间复杂度的大 O 标记法。

12.2 冒泡排序算法及其实现

排序算法也是程序设计经常遇到的算法问题。在大数据的时代，数据的有序性尤为重要，如果数据杂乱无章，查询就比较困难。如果数据有一定的排序规律，查询起来就比较方便。生活中的排序现象有火车对号入座，号就是所谓的排序；快递在派件时，按照手机尾号分堆排序，这样只要报出尾号，就可以根据尾号的顺序找到对应的快递等。排序的应用很多，良好的排序效果对程序帮助很大。

12.2.1　冒泡排序算法的理解

什么是冒泡呢？可以理解成鱼吐出的气泡，从小泡到大泡自水底向上排列。

在程序中，冒泡实际上就是比较相邻的元素，将不符合顺序的数字交换。每一轮遍历都将本轮最大值放在正确的位置上。每个元素通过"冒泡"的大小找到自己所属的位置。

冒泡实际上可分为两个层次来理解。

（1）第一个层次就是将所有的数据参与第一次冒泡。

① 第一次比较：首先比较第一和第二个数，将小数放在前面，将大数放在后面。

② 比较第二和第三个数，将小数放在前面，将大数放在后面。

……

如此继续下去。

下面通过一次冒泡来了解数据的交换过程，如图 12.5 所示。

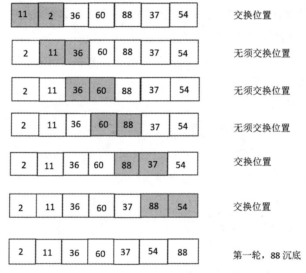

图 12.5　一次冒泡过程中数据的交换

通过第一轮的单次冒泡，列表中的最大数 88 沉底。

（2）第二个层次是去掉比较完的数字，依次类推，其他数字完成遍历过程的冒泡。每一轮的比较都会有最大数沉底，下次不参与比较。

第一轮冒泡排序数字的变化，如图 12.6 所示。

图 12.6　第一轮执行冒泡排序的数字变化

第二轮冒泡排序数字的变化（88 不参与），如图 12.7 所示。

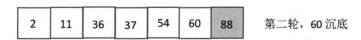

图 12.7　第二轮执行冒泡排序的数字变化

第三轮冒泡排序数字的变化（60、88 不参与），如图 12.8 所示。

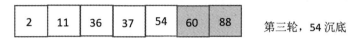

图 12.8　第三轮执行冒泡排序的数字变化

第四轮冒泡排序数字的变化（54、60、88 不参与），如图 12.9 所示。

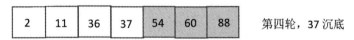

图 12.9　第四轮执行冒泡排序的数字变化

第五轮冒泡排序数字的变化（37、54、60、88 不参与），如图 12.10 所示。

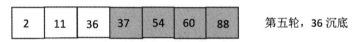

图 12.10　第五轮执行冒泡排序的数字变化

第六轮冒泡排序数字的变化（36、37、54、60、88 不参与），如图 12.11 所示。

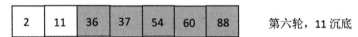

图 12.11　第六轮执行冒泡排序的数字变化

至此，排序结束，结果如图 12.12 所示。

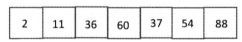

图 12.12　冒泡排序执行结束的数字排序变化

12.2.2　冒泡排序算法的实现

由图 12.6 ~ 图 12.11 所示的冒泡排序的过程，可将冒泡排序总结如下。

（1）列表中共有 7 个数字，一共排了 6 次。如果有 10 个数字，会排序几次？答案是 9 次。也就是说，n 个数排序 $n-1$ 次。

（2）每一轮排序要比较几次呢？每轮排序不参与排序的数据是逐个递增的，从 0 个数字开始，到 $n-1$ 轮结束时，有 $n-2$ 个数据不参与排序。参与排序的数据就会从 n 开始，到 $n-(n-2)$ 结束。把从 0~$n-1$ 设为循环次数 i，那么参与排序的数据就会从 0 开始，逐步递增，恰好就是 i 每一轮的循环次数，这样，不参与排序的数据就会是从 n 开始，每轮递减 1，如图 12.13 所示。

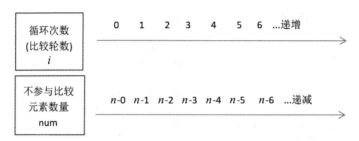

图 12.13　循环次数和不参与比较元素的对比规律

将图 12.13 中的规律归纳为如图 12.14 所示。

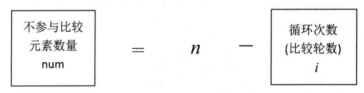

图 12.14　循环次数和不参与比较元素的规律总结

（3）每一轮排序要交换几次呢？在比较的过程中，只要不符合条件的都要进行交换，那么就是在循环体中去实现交换的逻辑代码。只不过交换逻辑代码是在一定条件下发生的。

由以上总结可以看出，要想完成冒泡排序，就需要总的比较轮数和每次比较的数字这两个维度变化，这样就需要两层循环。同时需要注意的是，每次比较轮数中发生了比较的两个数字变化，也就是轮数循环嵌套了比较数据变化的循环，即双重循环结构。对于每次循环的始末，最外层循环就是总的比较轮数，从0开始到 $n-1$ 结束，里层循环就是每轮比较的数字变化，也是从列表下标0开始，最大到列标下标 $n-i-1$ 结束。减1的原因是不参与的数字到 $n-2$ 结束。最后将有条件的交换代码放在循环体中实现，代码如下。

程序清单 12.3　冒泡算法的代码

```python
def bubbleSort(alist):
    for i in range(0, len(alist)-1):
        for j in range(0,len(alist)-i-1):
            if alist[j]>alist[j+1]:
                tmp=alist[j]
                alist[j]=alist[j+1]
                alist[j+1]=tmp
```

以上程序中 Python 对值的交换再灵活一些，改写成另一种形式，代码如下。

程序清单 12.4　冒泡算法的优化代码

```python
def bubbleSort(alist):
    for i in range(0, len(alist)-1):
        for j in range(0,len(alist)-i-1):
            if alist[j]>alist[j+1]:
                alist[j],alist[j+1]=alist[j+1],alist[j]
```

通过对冒泡算法的研究发现，冒泡算法的优势在于每进行一轮排序，就会少比较一次，在一定程度上减少了比较的次数。那么，关于冒泡算法的时间复杂度，在最好的情况下，列表已经是有序的，不需要执行交换操作；在最坏情况下，每一次比较都将发生一次交换。不论是最好的，还是最坏的，代码都是由双重循环决定的，$n-1$ 次循环里仍然会发生与 n 有关系的比较量级，这样就会有 n 的数量积，所以冒泡算法的时间复杂度是 $O(n^2)$。

冒泡排序通常被认为是效率最低的排序算法，因为在确定最终的位置前必须交换元素。"多余"的交换操作代价最大。不过，由于冒泡排序要遍历列表中未排序的部分，因此也具有其他排序算法没有的用途。特别是，如果在一轮遍历中没有发生元素交换，就可以确定列表已经有序。

12.2.3 冒泡排序分析实战：排队问题

下面以学生身高数据列表 talls 为例，排列顺序为 [1.79,1.54,1.63,1.58,1.80,1.73,1.65,1.59,1.82]，假如第 3 个位置的身高数据 1.63 是小明的，那么小明需要几次交换才能找到自己的正确位置呢？

代码实现的思路是每次数据交换的同时记录交换的次数，这样，在原有的冒泡排序算法基础上用一个变量记录与本元素交换的交换次数，同时还需要用一个变量去记录需要查询的元素的初始索引位置，初始索引位置的元素如果发生了交换，那么交换后的当前元素的索引位置也需要记录到这个变量中，这样反复交换过后，这个变量可以追踪这个元素的交换过程，再考虑记录交换次数。冒泡算法结束退出循环时，输出交换次数即可。代码如下。

程序清单 12.5　冒泡算法求元素交换的次数功能

```
def bubbleSort(alist,search):
    swap=search  #search 传入的初始索引值，swap 记录索引值数据在冒泡排序中的变化
    cnt=0          #记录交换次数，初始值为 0
    for i in range(0, len(alist)-1):
        for j in range(0,len(alist)-i-1):
            if alist[j]>alist[j+1]:
                if  j==swap:  # 当发生交换时，比较位置是不是数据索引变化的位置
                    cnt+=1    # 如果是数据索引变化的位置，次数做 +1 操作
                    swap=j+1  #swap 变量中存储变化后的数据索引位置
                alist[j],alist[j+1]=alist[j+1],alist[j]
    print(cnt) # 冒泡排序结束，打印查找元素的交换次数。
```

12.3 选择排序

通过冒泡算法可知每轮可能发生多少次交换，交换就会产生算法上的时间复杂度。在同样数据

量的情况下，外层循环已经定了，是否有方法减少交换次数呢？

选择排序给出了答案。

12.3.1 选择排序的理解

选择，意味着挑选，在算法中，可以在每轮的每个数中做一个选择。选择排序在冒泡排序的基础上做了改进，每次遍历列表时只做一次交换。每次遍历时寻找最小值，把它放在正确位置上。第一次遍历后，最小的元素到位；第二次遍历后，第二小的元素到位，依次类推。若给 n 个元素排序，与冒泡排序相同，也需要 $n-1$ 轮，不过减少了比较次数。

图 12.15~ 图 12.19 展示了完整的选择排序过程。

第一轮选择排序的数字变化，如图 12.15 所示。

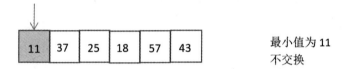

图 12.15　第一轮执行选择排序的数字变化

第二轮选择排序的数字变化（11 不参与），如图 12.16 所示。

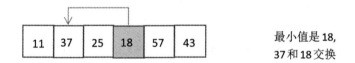

图 12.16　第二轮执行选择排序的数字变化

第三轮选择排序的数字变化（11、18 不参与），如图 12.17 所示。

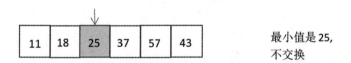

图 12.17　第三轮执行选择排序的数字变化

第四轮选择排序的数字变化（11、18、25 不参与），如图 12.18 所示。

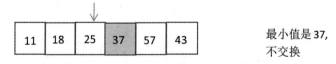

图 12.18　第四轮执行选择排序的数字变化

第五轮选择排序的数字变化（11、18、25、37 不参与），如图 12.19 所示。

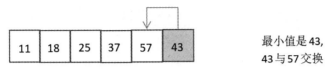

图 12.19   第五轮执行选择排序的数字变化

至此，排序结束，如图 12.20 所示。

图 12.20   选择排序结束后的数字排序变化

12.3.2   选择排序算法的实现

对选择排序的总结如下。

（1）有 6 个数字，一共排了 5 次。与冒泡算法相同，如果有 *n* 个数字，排序 *n*-1 次。

（2）每一轮排序要比较几次呢？比较次数和不参与比较的数量与冒泡算法的原理都是一样的，如图 12.21 所示。

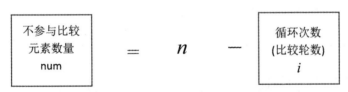

图 12.21   比较次数与不参与比较的元素数量规律总结

（3）每一轮排序要交换几次呢？1 次，只有 1 次。只是在轮询完毕后，将小元素的位置与当前轮询到的元素位置进行交换。

由上面的总结，可知选择排序也需要两层循环，与冒泡算法的循环嵌套意义相同，不同的是，需要一个记录这次轮询的最小值，记录分为以下 3 步。

（1）先把这个位置做标记，当轮询开始时，初始化没有最小值，就把当前位置的元素假想成最小值。

（2）当轮询过程中，发现了最小值，就改变这个假想的最小值的位置。

（3）当轮询结束后，把这个最小值的位置与轮询到的位置做交换。

以上是循环体中的逻辑实现，代码如下。

程序清单 12.6   选择排序算法代码

```
def selectSort(alist):
    for i in range(0,len(alist)-1):
        positionMix=i
```

```
    for j in range(i+1,len(alist)): #这里 i+1 指不遍历当前元素了
        if alist[j]<alist[positionMin]:
            positionMin=j
    alist[i],alist[positionMin]=alist[positionMin],alist[i]
```

可以看出，选择排序和冒泡排序的比较次数相同，优势在于：每轮比较只发生一次交换。时间复杂度也是 $O(n^2)$，但由于选择排序减少了交换次数，因此算法通常更快。

12.3.3 排序算法实战：减肥中心选体重最重的人

某减肥中心为了进行宣传，规定于周日当天选择报名人数中前 5 个体重最重的人进行免费减肥体验，没有效果不收任何费用。某个周日，来了 10 位顾客，体重（单位是千克）列表为 [115,135,100,150,127,154,105,120,100,145]，要在这组体重列表中找出体重最重的 5 个人。

可以采用选择排序，不同的是，这次选择的是最大值。将原来最小的值记录改为本例中的最大值记录，并把最大值放在排序列表的前面，选出 5 个人后，就不再继续选择排序了。每次循环选出一个体重最重的，5 次循环就可以找到免费服务的 5 个人了。代码如下。

程序清单 12.7 减肥中心选体重最重的人选择排序算法代码

```
def selectSort(alist):
    for i in range(0,5):
        positionMin=i
        for j in range(i+1,len(alist)): #这里 i+1 指不遍历当前元素了
            if alist[j]>aloist[positionMax]:
                positionMax=j
        alist[i],alist[positionMax]=alist[positionMax],alist[i]
    print(alist[-5:])
```

12.4 插入排序

通过两个排序算法的学习，发现排序算法可以由两部分构成：比较和交换。选择排序可以只交换一次，提升了算法速度。但是比较还很复杂，能不能把比较进行优化呢？算法研究的思路就是找出问题关键点，一步一步地优化和处理。

12.4.1 插入排序的思路

插入排序提供了优化比较的思维。它在列表较低的一端维护一个有序的列表，并逐个将每个新元素插入这个子列表中。插入时，若发现了合适的位置，就不进行比较了，直接插入当前位置处。

如果这个列表是有序的，那么插入列表的效率就提升了很多。如果从后面进行插入操作，有序的列表基本上就只需要 1 次比较即可。无序的列表在进行插入的过程中逐步变得有序。最坏的情况就是插入的列表也无序，但随着插入的进行，列表会逐步变得有序。这也就提升了算法的速度。

下面分步演示插入排序的过程。

第一次未进行插入，只是选择了一个元素，如 12.22 所示。

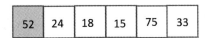

52
24
18
15
75
33
将52视作只含单个元素
的有序子列表

图 12.22　选择一个元素

第二次插入了 24 后的插入排序数据变化，如图 12.23 所示。

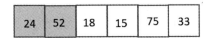

24
52
18
15
75
33
在[52]的子列表中插
入24

图 12.23　第二次插入排序的数据变化

第三次插入了 18 后的插入排序数据变化，如图 12.24 所示。

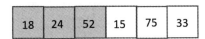

18
24
52
15
75
33
在 [24,52]子列表中插
入18

图 12.24　第三次插入排序的数据变化

第四次插入了 15 后的插入排序数据变化，如图 12.25 所示。

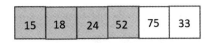

15
18
24
52
75
33
在 [18,24,52] 子列表
中插入15

图 12.25　第四次插入排序的数据变化

第五次插入了 75 后的插入排序数据变化，如图 12.26 所示。

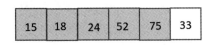

15
18
24
52
75
33
在 [15,18,24,52] 列表
里插入75

图 12.26　第五次插入排序的数据变化

第六次插入了 33 后的插入排序数据变化，如图 12.27 所示。

15
18
24
33
52
75
在[15,18,24,52,75]列
表里插入33

图 12.27　第六次插入排序的数据变化

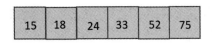

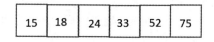

至此，排序结束，如图 12.28 所示。

图 12.28　插入排序结束后的数据变化

整体的排序思路是，首先假设位置 0 处的元素是只含单个元素的有序子列表。从元素 1 到元素 n-1，每一轮都将当前元素与有序子列表中的元素进行比较。关键之处在于比较之后的插入操作，以其中一个步骤为例，假如有序子列表中包含 5 个元素：15，18，24，52 和 75。现在想插入 33。第一次与 75 比较，结果将 75 右移；同理 52 也右移，遇到 24 就不移了，并且 33 找到了正确的位置。现在，有序子列表有 6 个元素，如图 12.29 所示。

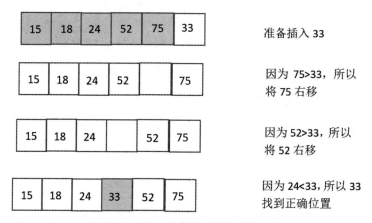

图 12.29　插入排序插入数据的演示过程

由图 12.29 中可知，在插入排序已经形成的有序子列表中，把比插入值大的元素右移；当遇到一个比插入值小的元素或抵达子列表终点时，就可以插入这个元素。

12.4.2　插入排序的代码实现

同样，对插入排序总结如下。

（1）在给 n 个元素排序时，插入排序算法需要遍历 n-1 轮。

（2）每一轮排序要比较几次呢？比较次数取决于有序子列表中的数据趋势，比较发生时，如果插入的数据本身数值小了，就把有序子列表中大的数据右移，如果插入的数据本身数值大了，就把当前插入的数据放在当前的位置上。

（3）每一轮排序要交换几次呢？没有交换，交换操作换成了把大的数据右移，把空档留给需要插入比较的元素。

由此分析，插入排序也需要两层循环的嵌套，外层循环与选择或冒泡一样，内层循环从位置 i

开始，直到位置 *n*-1 结束。对应要完成的循环体逻辑是，这些元素都需要被插入有序子列表中。数据的移动操作遵循，条件不符合的位置（即当前值小于被比较的有序列表值）将列表中的一个值挪一个位置，为待插入元素腾出空间。这样的逻辑结合起来，就把循环和循环体里的实现方法分析出来了。代码如下。

程序清单 12.8　插入排序算法代码

```python
def insertSort(alist):
    for i in range(1,len(alist)):
        currentValue=alist[i]
        position=i
        while position>0 and alist[position-1]>currentValue:
            alist[position]=alist[position-1]
            position=position-1
        alist[position]=currentValue
```

由此可见，插入排序的优势在于，对比较的进程进行了优化，适当地减少了比较的次数，交换操作已经不存在了。但仍然存在双层循环嵌套，这样对应的时间复杂度还是 $O(n_2)$。在最好的情况下（列表已经有序的），每一轮只需比较一次。

移动操作和交换操作有一个重要的不同点，交换操作的处理时间大约是移动操作的 3 倍，因为后者只需进行一次赋值。所以，插入排序算法性能还是不错的。

12.4.3　插入排序实战：扑克牌排序

有 3 个人要玩斗地主，牌已经洗好了，每个人开始抓牌，假定这副牌是没有抓完的，抓了的 8 张牌的顺序是第一张抓了一个 3，第二张抓了一个 9，第三张抓了一个 10，第四张抓了一个 2，第五张抓了一个 8，第六张抓了一个 4，第七抓了一个 7，第八张抓了一个 5。现在把这 8 张牌按从小到大整理，为了能够看得清楚和明白，现在不考虑花色，牌的数字也没有重复，如何用代码来实现抓牌后的牌面整理呢？

随着抓牌的不断增加，手里的牌形成的子列表元素越来越多，而每一次都把牌放在相应的位置才符合整理牌的习惯，注意牌没有重复的数字。这就是典型的插入排序。

代码如下。

程序清单 12.9　扑克牌排序功能实现

```python
def insertSort(alist):
    for i in range(1,len(alist)):
        currentValue=alist[i]
        position=i
        while position>0 and alist[position-1]>currentValue:
            alist[position]=alist[position-1]
            position=position-1
        alist[position]=currentValue
```

12.5 归并排序

之前算法都是把列表中的元素一次性进行集中处理，但如果列表中数据量很大，$O(n_2)$ 的算法复杂度级别就会很高。若使用分治策略改进排序算法，把一个列表分成若干个子列表来处理，这样就缩小了列表中数据的数量，在大量的数据处理中，也是优化的好方法。

12.5.1 归并排序的思路

首先介绍归并排序，它是递归算法的一种。每次将一个列表一分为二，如果列表为空或只有一个元素，那么从定义上来说，它就是有序的（基本情况）。如果列表不止一个元素，就将列表一分为二，并对两部分都递归调用并排序。当两部分都有序后，就进行归并操作。归并是将两个较小的有序列表归并为一个有序列表的过程。

归并采用分治策略，由两个操作部分组成：第一种操作是把长列表分解，第二种操作就是把分解的长列表归并。这样就解决了列表中数据量大的问题。

下面用图形展示一下归并中分解的过程，如图 12.30 所示。

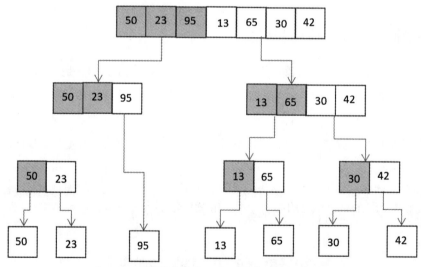

图 12.30　未排序数字列表归并算法的分解过程

由分解过程可以发现，如果列表的长度小于或等于 1，则说明它已经是有序列表，因此不需要做额外的处理。如果长度小于 1，则通过 Python 的切片操作得到左半部分和右半部分。需要注意的是，列表所含的元素的个数可能不是偶数。这并没有关系，因为左右子列表的长度最多相差 1。

归并过程如图 12.31 所示。

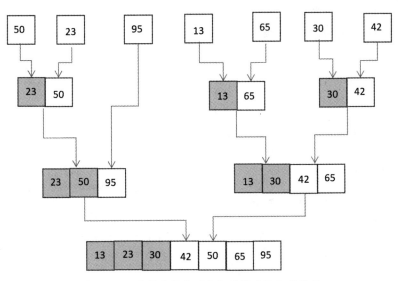

图 12.31　未排序数字列表归并算法的归并过程

至此，排序结束，如图 12.32 所示。

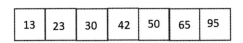

图 12.32　归并算法排序后的数据排序结果

归并过程实际上就是分解过程的逆过程，只是在进行归并时，每一步都是已经排序成功的有序列表。注意，排序成功的有序列表如何形成一个有序列表？

下面通过将 23，50，95 和 13，30，42，65 两个列表进行排序，来说明上述问题。

（1）首先选出每个数列中的第一个（最小的数）进行比较，把较小的数放入结果列表中。结果列表中第一位 13 就被加入了列表中，那两个需要归并的列表就变成了 23，50，95 和 30，42，65。

（2）然后每个列表继续提取第一个数据，23 和 30 分别被提取了出来，比较后，结果列表中第二位 23 就被加入了列表中，那两个需要归并的列表就变成了 50，95 和 30，42，65。

（3）依次继续取出每个列表的第一个值，继续比较下去。继续将比较结果中最小的元素追加到结果列表中。

（4）如果一个列表为空了，说明另一个列表一定比排好序的列表最后一个数据大，把其他数据追加到结尾即可。

通过上述的步骤，这两个有序的列表就可以归并成一个有序列表。

12.5.2　归并排序代码实现

归并排序要分成两个步骤：分解和归并。分解的思路就是只要列表的长度大于 1，就取列表的中间位置分割成两个列表，直到分解的每个列表的长度等于 1 为止。归并的思路是，首先有一个结果列表，然后把归并的两个列表元素中第一个元素进行对比，小的数据就被添加到结果列表中，同时小的数据的源列表也会将这个数据删除，当两个列表的长度都为 0 时，就完成了两个归并列表的比较归并。

mergeSort 函数是归并算法的具体实现，代码如下。

程序清单 12.10　归并排序函数实现

```python
def merge(left,right):
    #从两个有顺序的列表里边依次取数据比较后放入 result
    result = []
    #每次分别拿出两个列表中的第一条数据进行比较，把较小的放入 result
    while len(left)>0 and len(right)>0:
        #当遇到相等时优先把左侧的数放进结果列表
        if left[0] <= right[0]:
            result.append(left.pop(0))
        else:
            result.append( right.pop(0))
    #while 循环出来之后，如果两个列表不等长,
    # 未加入结果列表的列表一定是排序完成的
    # 空列表一定是已经放入结果列表了
    # 所以将左、右子列表加入结果列表中
    result+=left
    result+=right
    print(" 归并成 :"+str(result))
    return result
def merge_sort(li):
    # 不断递归调用自己分解列表，一直到拆分成单个元素时就返回这个元素，不再拆分了
    if len(li) == 1:
        return li
    #将列表分解成左右两部分的中间位置
    mid = len(li)//2
    # 分解列表以后得到的左子列表和右子列表
    left =li[:mid]
    right =li[mid:]
    # 对分解过后的左右子列表继续拆分，一直到只有一个元素为止
    ll = merge_sort(left)
    rl =merge_sort(right)
    print(" 分解成 :"+str(ll))
    print(" 分解成 :"+str(rl))
    #反复调用到 ll 和 rl 只有一个元素了，对返回的两个单元素列表调用排序后归并方法返回排序好的子列表
    return merge(ll , rl)
if __name__=="__main__":
    li=[30,35,23,10,7,78]
    li2=merge_sort(li)
    print(li2)
```

以上代码中主线程通过传入一个无序列表，查看程序如何执行归并。运行结果如图 12.33 所示。

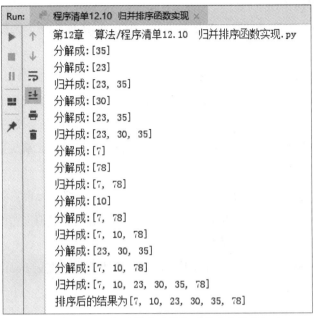

图 12.33　归并排序函数实现的运行结果

　　分析 mergeSort 函数时，要考虑其两个独立的构成部分。由此看出，归并排序算法的优势在于使用分治法来解决大列表的排序问题。首先列表被一分为二，那么列表中几个数字不断切分成 2 份，即 $\log 2^n$ 次。第二个处理过程是归并。列表中的每个元素最终都得到处理，并被放到有序列表中。所以，得到长度为 n 的列表需要进行 n 次操作。由此可知，需要进行 $\log n$ 次拆分，每一次需要进行 n 次操作，所以一共是 $n\log n$ 次操作。归并排序的算法时间复杂度 $O(n\log n)$。

　　归并排序算法精妙，但需要额外的空间来存储切片操作的两半操作，当列表数据量较大时，使用额外的空间可能会使排序出现问题。这也是归并排序的缺点。

12.6 快速排序

12.6.1 快速排序的思想

　　快速也是一种分治策略，与归并排序相比，优势为不使用额外的存储空间。

　　快速排序算法首先要选出一个基准值，作为一个分界值。列表中有很多元素，即可以分成很多个分界值，但为简单起见，可以选取列表中的第一个元素或最后一个，本节案例以最后一个值为基准值。基准值的作用是帮助切分列表。在最终的有序列表中，基准值的位置通常被称为分割点，利用分割点对列表进行分区操作。

（1）首先找到基准值，以最后一个元素为准，用 front 和 back 两个坐标来记录其他元素的首尾坐标。

（2）从 front 首坐标到 back 尾坐标之间的元素逐个与基准值进行比较，如果比基准值小或等于基准值，就需要小的元素放在数据列表的前面，这时可以把当前元素与前面已经排列好的元素之后的元素交换位置。注意，最开始时，没有排列好的元素，可以设置交换的位置为 front-1，即不发生交换；满足条件时，再加 1，即可找到合理的交换位置。以后的元素交换都是在排列好的元素之后发生。

（3）当每个元素与基准值比较结束，交换结束位置后排列好的元素需要后移一位索引，目的是留出一个空位，插入基准值。基准值把列表分成前后两部分，基准值左边的列表都是小于基准值的，基准值右边的列表都是大于基准值的。

（4）对基准值分割的左右两个子列表再分别进行快速排序，直到 front 的值大于 back 的值就结束快速排序。

下面用图示的方法描述快速排序算法的每个步骤。

第一步，以最后一个元素 31 为基准值，如图 12.34 所示。

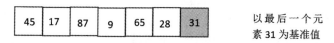

图 12.34　快速排序第一步：基准值的确定

第二步，交换位置，front 和 back 前后位置索引坐标的确定，如图 12.35 所示。

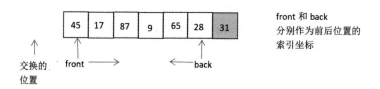

图 12.35　快速排序第二步：front 和 back 前后位置的确认

第三步，front 指示的数值与基准值做比较，如果大于基准值，不发生交换，如图 12.36 所示。

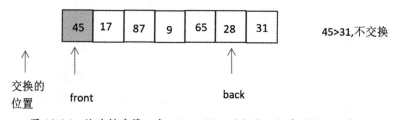

图 12.36　快速排序第三步：front 指示的数值比与基准值大的情况

第四步，front 指示的数值与基准值做比较，如果小于基准值，发生交换，如图 12.37 所示。

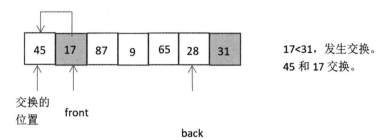

17<31，发生交换。
45 和 17 交换。

图 12.37　快速排序第四步：front 指示的数值比基准值小的情况

第五步，继续 front 指示的数值与基准值比较，又发生大于的情况，不交换位置，如图 12.38 所示。

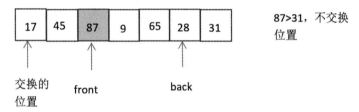

87>31，不交换
位置

图 12.38　快速排序第五步：继续 front 指示的数值比基准值大的情况

第六步，继续 front 指示的数值与基准值比较，又发生小于的情况，交换位置，如图 12.39 所示。

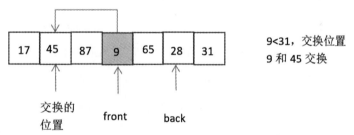

9<31，交换位置
9 和 45 交换

图 12.39　快速排序第六步：继续 front 指示的数值比基准值小的情况

第七步，继续 front 指示的数值与基准值比较，又发生大于的情况，不交换位置，如图 12.40 所示。

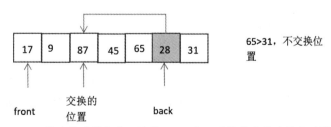

65>31，不交换位
置

图 12.40　快速排序第七步：继续 front 指示的数值比基准值大的情况

第八步，继续 front 指示的数值与基准值比较，又发生小于的情况，交换位置，如图 12.41 所示。

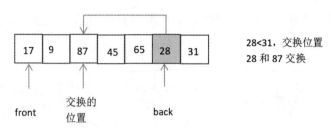

图 12.41　快速排序第八步：继续 front 指示的数值比基准值小的情况

第九步，继续 front 指示，发现索引大于 back 指示的索引，第一轮快排结束，把交换位置的索引加 1，到 45 这个数值的地方，然后将基准值与 45 交换位置，如图 12.42 所示。

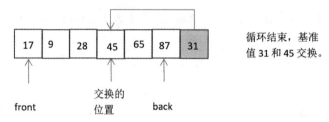

图 12.42　快速排序第九步：第一轮快排结束后的基准值位置调整

这样形成以 31 这个数值为分界点的左右两个子列表，如图 12.43 所示。

图 12.43　第一轮快排结束生成的左右两个子列表

由图 12.43 可知，分界点左边的所有元素都小于基准值，右边的所有元素都大于基准值。前后两个子列表将各自拥有自己的 front 和 back 标记。因此，可以在分割点将列表一分为二，并针对左右两部分递归调用快速排序函数。

12.6.2　快速排序的代码实现

快速排序的大概流程可以概括如下。

（1）首先需要一个基准值，就是列表最后一个元素。

（2）其次需要 front、back 两个变量，还需要一个记录交换位置的变量 i，初值为 front−1，在遍历的过程中，小于等于最后一个基准值，交换位置的变量会不断地向后移动做加 1 操作，继而完成当前比较元素与前面元素的交换。

（3）当除基准值外的其他元素遍历结束后，将基准值的位置与前面完成交换位置的后一个元素进行交换，这样基准值就将前后的列表形成大于基准值和小于基准值两部分。

（4）返回切分点的位置，对前后的子列表继续使用快速排序，直到 front>back。

依此逻辑，代码如下。

程序清单 12.11　快速排序算法

```
def quickSort(alist,front,back):
    if front<back:
        splitp=divied(alist,front,back)
        quickSort(alist,front,splitp-1)
        quickSort(alist,splitp+1,back)
def divied(alist,front,back):
    i=(front-1)    #最小元素索引
    pivot=alist[back]
    for j in range(front,back):
        #当前元素小于或等于 pivot
        if alist[j]<=pivot:
            i=i+1
            alist[i],alist[j]=alist[j],alist[i]
    alist[i+1],alist[back]=alist[back],alist[i+1]
    return i+1
```

由此看出，快速排序算法的优势在于采用了分治策略处理排序问题，还不需要占用额外的存储空间。对于长度为 n 的列表，如果分区操作总是发生在列表的中部，就会切分 $\log n$ 次。所以，时间复杂度是 $O(n\log n)$。若分割点不在列表的中部，而是偏向另一端，就会导致切分不均匀，时间复杂度变为 $O(n^2)$，因为还有递归的开销。针对这种情况，可以尝试使用三数取中法避免切分不均匀，即在选择基准值时考虑列表的头元素、中间元素与尾元素。三元素的中间值将更靠近中部。当原始列表的起始部分已经有序时，取中法比较有用。

12.7 能力测试

1. 用递归完成汉诺塔问题。

汉诺塔问题由法国数学家爱德华·卢卡斯于 1883 年提出。他的灵感是一个与印度寺庙有关的传说。相传这座寺庙里的年轻修行者试图解决下面这个难题。

有 A、B、C 3 根杆子。A 杆上有 N 个（N>1）穿孔圆盘，盘的尺寸由下到上依次变小。要求按下列规则将所有圆盘移至 C 杆：

（1）每次只能移动一个圆盘；

（2）大盘不能叠在小盘上面。

2. 用下面论述的排序方法排序下面的列表。

```
[10,30,24,89,76,3,102,64,27]
```

将上述列表待排序元素，以 3 作为间隔将列表分为 3 个子列表，所有子列表中索引值相同的元素放在同一个新的子列表中，且在新产生的子列表中分别实行直接插入排序，这种排序方法也叫希尔排序。试实现其代码？

3. 用下面论述的排序方法排序下面的列表。

```
[42,58,90,18,62,8,36,84]
```

快速排序的特点是一次先选择出一个最大的元素，若改进一下排序的思想，一次性选择出一个最大的元素和最小的元素，然后放在列表的首尾位置上，再继续对剩余的元素进行最大和最小的元素选择，放在除首尾元素的子列表的第一个和第二个位置上，完成排序任务，这种排序方法称为双向选择排序。

12.8 面试真题

1. 用递归的方法实现 n 的阶乘。

解析：按照递归的原则分析如下。

（1）必须有基本情况，对于阶乘来说，每个数的阶乘都要不断做乘法，到最后一个数为 1，基本情况是 1!=1 和 0!=1 这两种情况是原始的情况。

（2）必须能够改变其状态并逐步向基本情况靠近，阶乘改变状态都是当前数不断去乘前一个数，直到 1 结束，这就是在向基本情况靠近。

（3）必须递归地调用自己。根据阶乘的特点，可以将当前数的阶乘定义成前一个数的阶乘与当前数的乘积。这样就会递归地调用自己的函数，不同的是传入的参数是当前数的前一个数。代码实现如下。

程序清单 12.12　递归方法实现 n 的阶乘功能

```python
def  factorial(x):
    if x==0:
        return 1
        return  x*factorial(x-1)
if __name__=="__main__":
    n = int(input(" 请输入值 "))
    print(factorial(n))
```

2. 二分查找算法。

解析：排序的目的其实是方便查找到对应的元素，二分查找就是很便捷的方法。可以通过一个猜数的游戏来了解其逻辑，假设有一个人要猜 0~50 的一个数。那么最好的方法就是从 0~50 的中间数 25 开始猜。如果要猜的数小于 25，就猜 12（0~25 的中间数）；如果要猜的数大于 25，就猜 38（26~50

的中间数）。重复这个过程来缩小猜测的范围，直到猜出正确的数字。把猜数游戏引申到二分查找，大致流程就是开始时，先找出有序集合中间的元素，如果此元素比要查找的元素大，就接着在较小的一个半区进行查找；反之，如果此元素比要找的元素小，就在较大的一个半区进行查找。然后从另一个半区的有序集合中间的那个元素开始，直到找到要查找的元素或数据集不能划分了为止。代码如下。

程序清单 12.13　Python 实现二分查找的功能

```python
def binary_search(lis, num):
    left = 0
    right = len(lis) - 1
    while left <= right:    #循环条件
        mid = (left + right) // 2    #获取中间位置，数字的索引
        if num < lis[mid]:    #查询数字比中间数字小，就去二分的左边找
            right = mid - 1    #需要将右变的边界换为 mid-1
        elif num > lis[mid]:    #查询数字比中间数字大，就去二分的右边找
            left = mid + 1    #需要将左边的边界换为 mid+1
        else:
            return mid    #数字刚好为中间值，返回该值的索引
    return -1    #如果循环结束，左边大于右边，代表没有找到
```

12.9　本章小结

本章主要介绍编程过程中最重要的算法，如递归及递归带来的排序算法。时间复杂度是对这些排序算法好坏程序的表示，冒泡排序、选择排序、插入排序的时间复杂度都是 $O(n^2)$，分治策略的快速排序、归并排序的时间复杂度都是 $O(n\log n)$。在使用时，可以把分治策略的归并和插入排序合作使用。任何一种排序并不孤立，可以搭配使用。另外，排序方法要活学活用，如可将冒泡算法延伸为双向冒泡，优化后的选择叫作双向选择……读者要能举一反三，多角度、多手段去处理算法，更好地应用到编程中。

第 13 章

装饰器

本章主要介绍装饰器。在游戏中去扮演一个角色，伪装一种身份，装饰自己的言行，从某种意义上讲就是装饰器，装饰器就是一个用于封装一定功能的工具。在程序中也一样，在操作功能前确认授权或在函数运行后确保无用信息的清理等，装饰器起到了十分重要的作用。

本章主要介绍什么是装饰器，以及装饰器如何与 Python 的函数和类进行交互。只有更好地了解装饰器的妙用，才能在程序中编写代码逻辑的高级功能。

13.1 理解装饰器

13.1.1 闭包理解案例：狼人杀

装饰器是一个函数或调用。为了更好地理解装饰器，以狼人杀的方法尝试用伪代码的方式，体会一下装饰器的特点。现在就狼人睁眼来分析一下。

首先狼人睁眼的目的是杀人，所以睁眼是一个动作，动作就是一个方法，就是一个 def，但睁眼不是目的，睁眼还需要确认同伴，还要杀人，杀人是主要目的，是动作，也是方法，还是一个 def，出现了 def 中套用 def，同时游戏的结果必须告知杀的是谁，又出现在方法中结果的返回值。假定有两个狼人，那么，狼人睁眼的伪代码如下。

伪代码程序清单 13.1　狼人睁眼伪代码

```
def 狼人睁眼（狼人1，狼人2）：
    def 杀人（狼人1，狼人2）：
        if 狼人1指认＝＝狼人2指认：
            return 指认人
    retutrn 杀人
```

杀人的方法可以随时调用，所以用方法更合适。返回函数的目的是在夜里杀人需要被法官知道。出现了函数里定义了一个函数，然后又返回这个函数的语法。这种语法在 Python 中叫作闭包。闭包意味着必须有以下条件。

（1）闭包函数必须有内嵌函数。

（2）内嵌函数必须要引用外层函数的变量。

（3）闭包函数返回内嵌函数的地址（函数名称）。

以上伪代码表明，闭包的第一个条件：狼人睁眼方法中有杀人的方法；闭包的第二个条件：杀人引用了狼人睁眼的狼人1和狼人2；闭包的第三个条件：狼人睁眼返回了内嵌的杀人函数名称。

用 Python 实现一个简易的狼人身份闭包，代码如下。

```
def actor():
    name=" 狼人 "
    def identify():
        return(" 你的身份是 :",name)
    return identify
```

以上代码是闭包的实现代码，也可以说是狼人身份牌代码。用到的"狼人"身份变量 name 被封装到了方法中，当调用 actor() 方法时就会知道身份是狼人。其实，name 作为一个全局变量来处理也可以解决。但是，如果程序非常大，全局变量越多，程序的可读性就会越差。上面这样做的好处在于把全局变量变成局部变量，还可以随时进行调用，可读性和结构性更合理。不用再考虑 name 的作用域问题，为程序开发提供了很多好处。在代码量大时，结构化、模块化、函数化是比较好的习惯。

装饰器就是一个闭包。装饰器是一个可以接受调用也可以返回调用的调用。

13.1.2　装饰器语法实战：员工打卡申请

装饰器的应用就是通过在起装饰器作用的函数名称前放置 @ 字符，并在被装饰函数声明上添加一行来实现。使用装饰器实现公司员工打卡时间提醒的功能示例，代码如下。

程序清单 13.3　Python 实现公司员工打卡提醒

```
# 定义装饰函数
def attendance(func):
    def info(*args,**kwargs):
        print(" 考勤提醒每一位员工，请注意 :")
        func(*args,**kwargs)
        print(" 如有异常，请尽快处理异常 ")
    return info
@attendance
def checkIn(x,y):
    print(x+" 的打卡时间: "+y)
if __name__=="__main__":
    checkIn(" 张三 ","2019-12-10 10:00")
```

从以上示例中，可得出以下内容。

（1）首先发生的是创建装饰函数 attendance，装饰函数的实现代码与闭包的格式是一样的。函数中返回函数，内层函数应用外层函数的变量，在内层函数的应用中，做了简单的考勤信息推送。

（2）然后为 checkIn() 方法声明 attendance 装饰器，使用的就是 @attendance 语法格式，checkIn 方法逻辑就是打印职工信息和打卡时间。

（3）在主函数中调用 checkIn 方法，并传入职工姓名和打卡时的参数，最终会形成职业打卡记录的提醒模式。

这样，代码看起来比较容易阅读，并且函数式的模块化很明显。职工考勤提醒的代码中有两个方法，一个是 attendance，另一个是 checkIn，而 checkIn 应用 @attendance 装饰器相当于扩展了 attendance 方法的功能，加入了一条打印信息。所以，装饰器实际上是在不修改原函数及其调用方式的情况下对原函数功能进行扩展。这也是装饰器最有优势的地方。

13.1.3　装饰器应用的顺序：娶媳妇伪代码

前面使用装饰器完成了职工的考勤提醒，发现装饰器可以对原函数的功能进行扩展，那么，是否可以把很多个装饰器的功能集成在一起。例如，生活中娶媳妇的一般过程为第一步要获得姑娘的喜欢和认可，第二步需要得到姑娘家长的认可，第三步还需要一定的彩礼……当然不是所有人都会经过这几个步骤。不过，这些步骤是比较常见的，伪代码如下。

伪代码程序清单 13.4　装饰器完成娶媳妇的伪代码

```
def  姑娘认可 ( 男的 ):
    def 答应嫁了 ():
        print(" 男的姑娘这关通过 ")
    return 答应嫁了
def 姑娘家人认可 ( 男的 ):
    def  答应嫁了 ():
        print(" 男的姑娘家人这关通过 ")
    return  答应嫁了
def 彩礼 ( 男的 ):
    def 答应嫁了 ():
        print(" 男的彩礼已支付 ")
    return 答应嫁了

……
@彩礼
@ 姑娘家人认可
@ 姑娘认可
def  小李娶妻 ():
    print(" 娶媳妇 ")

@ 姑娘家人认可
@ 姑娘认可
def  小王娶妻 ():
    print(" 娶媳妇 ")
```

以上代码中定义了两个函数，"小李娶妻"和"小王娶妻"，这两个函数都是把多个装饰器的功能放在了一起，"姑娘认可""姑娘家人认可""彩礼"等装饰器分别共同作用在"小李娶妻"和"小王娶妻"的函数上。这两个人达到娶妻的条件必须由这些要素构成，是这些功能体的叠加。某个可调用函数从某种意义上来讲是可以使用多个装饰器的。

但是，要注意执行顺序，先运行哪一个装饰器，再运行哪一个装饰器。结合上面的例子，到底是先让姑娘认可还是先让姑娘家人认可，这个可能现实中各不相同，但程序中就要特别严谨。

下面通过简单的程序来测试具体的装饰器执行顺序，代码如下。

程序清单 13.5　Python 测试多装饰器的执行顺序

```python
def firstInfo(func):
    def info():
        print(" 这是第一条消息 ")
        func()
    return info
def secondInfo(func):
    def info():
        print(" 这是第二条消息 ")
        func()
    return info
@secondInfo
@firstInfo
def checkrun():
    print(" 测试打印顺序 ")
if __name__=="__main__":
    checkrun()
```

以上代码的运行结果如图 13.1 所示。

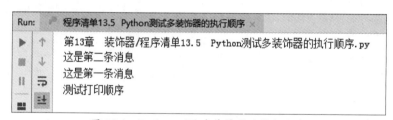

图 13.1　Python 测试多装饰器的执行顺序

由图 13.1 可知，如果通过 @ 语法使用多个装饰器，就需要按照自底向上的顺序来应用这些装饰器。

13.2　装饰器应用实战

当装饰器编写得足够好时，模块化就用得清晰明确。

装饰器模块化后可以很容易地从函数或类声明上使用和移除该装饰器，使其可以完美地避免重复性代码的出现。

下面列举一些装饰器应用的场合，更有助于提升程序编写能力。

13.2.1 应用实战之数据运算时类型检查

首先用装饰器实现数据运算类型的检查，代码如下。

程序清单 13.6　Python 装饰器实现数据运算类型的检查

```
def requireInt(func):
    def inner(*args,**kwargs):
    #取 kwargs 字典列表中所有的值
    kwargs_value=[i for i in kwargs.values()]
    #遍历列表中的值和字典列表值，判断其类型是不是整型，不是则报错
    for arg in list(args) + kwargs_value:
        if not isinstance(arg,int):
            raise TypeError(" 接收数据中 %s 不是一个整型数值 "%arg)
        return func(*args,**kwargs)
    return inner
@requireInt
def add(x,y):
    return x+y
if __name__=="__main__":
    print(add(5,6))
    print(add(5,' a' ))
```

以上代码的运行结果如图 13.2 所示。

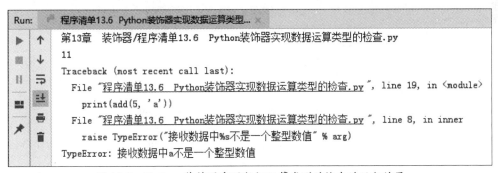

图 13.2　Python 装饰器实现数据运算类型的检查的运行结果

观察运行结果，第一行输出 11，是因为传入了正确的操作数 5 和 6。下面紧跟着报错信息，并提示："接收数据中 a 不是一个整型数值"，证明传入的数据 5 和 a 是不正确的，需要重新进行数据的传送。

在程序代码中，用装饰函数 requireInt 的 inner 的 *args 和 **kwargs 接收列表或字典数据，并遍历所有的数据，用 isinstance（arg,int）方法来判断一个对象是否是一个已知的类型，isinstance 函数的第一个参数是数据，第二个参数是数据类型，当传入的第一个参数数据是第二个参数的数据类型时，isinstance 函数的返回结果为 True，反之为 False。当判断信息结果不是要求的整型时，输出

TypeError 的错误信息，这是对参与数学运算的数据类型进行了很好的检查，是装饰器使用其中一个方面的内容。

13.2.2 应用实战之用户验证

再次用装饰器实现程序中常使用的用户验证，代码如下。

程序清单 13.7 Python 装饰器实现用户验证

```
def checkuser(func):
    def check(username,password):
        if username =="admin" and password == "123456":
            print(" 登录成功 ")
            func(username,password)
        else:
            print(" 非合法用户 ")
    return check
@checkuser
def loginsuccess(username,password):
    print(" 你可以无限制地正常浏览网站 ")
if __name__ =="__main__":
    loginsuccess("admin","123456")
    loginsuccess("admin","2222")
```

以上代码的运行结果如图 13.3 所示。

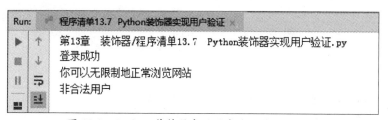

图 13.3 Python 装饰器实现用户验证的运行结果

从运行结果来看，第一行输出"登录成功"，是执行 loginsuccess（"admin","123456"），loginsuccess 函数接收的两个参数都是正确的用户名和密码。最后一行输出"非合法用户"，是执行了 loginsuccess("admin","2222")，loginsuccess 接收的两个参数不是正确的用户名和密码。

从程序代码上看，checkuser 装饰函数的内层函数 check 接收用户名和密码，比较用户名和密码是否符合给定的用户名和密码，如果是正确的就登录成功，如果错误就打印错误信息。

13.2.3 应用实战之用户访问网站的重试次数和原因定位

最后用装饰器实现用户访问网站的重试次数和原因定位，代码如下。

程序清单 13.8　Python 装饰器实现用户访问网站的重试次数和原因定位

```python
import time
def findword(func):
    def search(strs):
        if strs.startswith!="http://":
            print(strs+" 不是一个网址 ")
    return search
def retry(tmp):
    def operator(func):
        def dothing(strs):
            for i in range(tmp):
                print(" 重试 "+str(i+1)+" 次 ")
                time.sleep(1)
                func(strs)
        return dothing
    return operator
@retry(tmp=4)
@findword
def get_response(message):
    print(" 网络请求： "+message)
if __name__=="__main__":
    get_response("www.baidu.com")
```

以上代码的运行结果如图 13.4 所示。

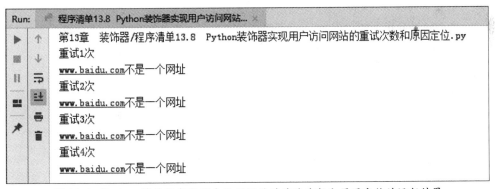

图 13.4　Python 装饰器实现用户访问网站的重试次数和原因定位的运行结果

这段程序完成的是在对网络进行请求时，如果网络故障，可以重新去尝试再次请求，共请求了 4 次，这里假想的故障是用户的网址输错了。假定用户输入的网址头部没有http://，所以出现4次请求，4 次打印了请求故障。

从运行结果来看，是重试 1 次，执行打印字符串，重试 2 次，又打印字符串等。从程序代码角度上看，这是多个装饰器一起作用的结果。

需要说明的是两个装饰器都作用于 get_response，一个装饰函数 retry 需要两个参数，一个参数是重试次数，另一个参数是访问地址。另一个装饰函数 findword 需要一个参数。被装饰的函数已经有了一个参数，如果把 findword 也传入一个参数，findword 就多了一个参数，retry 是需要两个参数的，就出现了装饰器带参数 @retry(tmp=4) 的写法。

再则如果 retry 带了参数，那么出现了三层函数的套用，第一层是装饰器所带的参数，第二层到内层就是装饰器的写法了。

然后按照 retry 给的参数请求了 4 次 baidu。发现打印了 4 次重试，但是也打印了 4 次 findword 里的输出。所以，在循环中每调用一次 func（strs）函数，就相当于把它连带的外层装饰器 findword 也调用了一遍，才出现了图 13.4 所示的运行结果。

代码中 time.sleep(1) 的延时造成了调用外层装饰器 findoword 的延时，也可以去掉 time. sleep(1)。

以上程序既是装饰器叠加效果的一次演示，又是对效果叠加之后的一次验证和原理上的一次深入。

13.3 装饰器的几种实现方式

通过几个装饰器示例，即可得知在实现装饰器时，其主要有以下几种样式。

13.3.1 使用装饰器对无参函数进行装饰

这种装饰器比较简单，伪代码如下。

伪代码程序清单 13.9 使用装饰器对无参函数进行装饰

```
def func(function):
    def function_in():
        function()
    return function_in
@func
def test():
    pass
```

13.3.2 使用装饰器对有参函数进行装饰

这种装饰器相对于无参函数来说，主要是多了参数，伪代码如下。

伪代码程序清单 13.10 使用装饰器对有参函数进行装饰

```
def func(function):
    def function_in(a):
        function(a)
    return function_in
```

```
@func
def test(a):
    pass
```

13.3.3 使用装饰器对不定参函数进行装饰

这种装饰器相对于有参函数来说，主要是把参数换成接收列表 *args 和字典 *kwargs，伪代码如下。

伪代码程序清单 13.11　使用装饰器对不定参函数进行装饰

```
def  func(function):
    def function_in(*args,**kwargs):
        function(*args,**kwargs)
    return function_in
@func
def test(*args,**kwargs):
    pass
```

13.3.4 装饰器装饰有返回值的函数

对于有返回值的函数可以是无参、有参和不定参 3 种，所以装饰器装饰有返回值的函数以变参为主，变参可以有参，也可以无参，伪代码如下。

伪代码程序清单 13.12　装饰器装饰有返回值的函数

```
def  func(function):
    def function_in(*args,**kwargs):
        ret=function(*args,**kwargs)
        return ret
    return function_in
@func
def test(*args,**kwargs):
    return "success"    #这里的 "success" 可以替换任何返回值
```

13.3.5 装饰器带参数

装饰器带参数也是多装饰器的应用，伪代码如下。

伪代码程序清单 13.13　装饰器带参数

```
def func_args(*args):
    def  func(function):
        def function_in(*args,**kwargs):
            ret=function(*args,**kwargs)
            return ret
```

```
        return function_in
@func_args
def test(*args,**kwargs):
    return "success"    #这里的"success"可以替换任何返回值
```

13.4 能力测试

1.用装饰器实现如果输入admin则打印"欢迎使用本系统"，否则打印"非法用户，退出系统"。

2.试实现两个函数共有一个装饰器，装饰器实现了登录功能，输入用户名和密码即可登录，可以不校验，如果登录了两个函数直接执行打印不同的信息，否则不允许执行两个函数。

3.试实现为函数增加两个装饰器，一个装饰器实现输入口令，口令不是"123456"不允许执行函数，另一个装饰器实现输入时间，时间小于当前时间，不允许执行函数。

13.5 面试真题

1. 函数装饰器的作用是什么？

解析：这道题是对函数装饰器理解的考核。装饰器实际上就是一个 Python 函数，可以在其他函数不需要做任何代码改动的前提下增加额外的功能。装饰器的返回值就是一个函数对象，它经常性地使用在像插入日志、性能测试、事务处理、缓存和权限校验等场景。有了函数装饰器，可以抽离出大量的与函数功能本身无关的雷同代码并发并继续使用。

2. 试编程完成一个时间戳记录方法执行性能的装饰器。

解析：这道题是对装饰器实现方法的考核。当然，也要了解时间戳。在 time 模块中，可以用 time() 方法返回一个时间戳，时间戳是从 1970 年 1 月 1 日 00：00：00开始，并按毫秒计算的偏移量。在不同的程序段中执行 time 模块中的 time() 方法，通过时间的间隔就可以得到这段代码的执行时间，也就是执行的性能。再利用装饰器的实现方法——函数中嵌套函数，并返回函数，继而在方法上套用 @ 并加上方法名来使用。

程序清单 13.14　Python 实现时间戳记录方法执行性能的装饰器

```
import time
def timeit(func):
    def wrapper():
        start=time.time()
```

```
        func()
        end=time.time()
        print(" 代码用时: "+str(end-start))
    return wrapper
@timeit
def foo():
    print(" 执行这个函数 ")
```

13.6 本章小结

　　装饰器可以扩展功能，也可以模块化开发的程序，所以装饰器在开发和使用中作用非凡。
Python 也提供了很多的内在装饰器，如类装饰器 @classmethod、@staticmethod 等，可直接调用。
读者要理解装饰器的各种写法、具体应用和相关理论，为 Python 代码编写做储备。

第14章

生成器与迭代器

本章主要介绍生成器和迭代器。生成器处理值序列时允许序列中的每一个值只在需要时才取出来，而且不要求一定要提前知道列表中所有的值。程序中数据量很大时，在恰当的地方使用生成器能节省大量内存，因为大的数据集没必要完全存入内存。生成器能够处理一些无法由列表准确表示的序列格式。本章介绍什么是生成器，以及在 Python 中使用生成器的语法及其功能、生成器表达式等，这些内容对优化程序代码、节省内存有很大帮助。

14.1 生成器的理解

生成器是一个函数，但并不执行，而且会返回一个单一值，然后按照顺序返回一个或多个值。生成器函数会一直到被通知输出一个值，输出值直到被再次通知输出值，继续执行，直到函数完成或生成器上的迭代终止。例如，电视台综艺的海选阶段，海选状态会持续直到海选的截止日期，而且有一个等待的过程，节目也是一个一个地进行。生成器也可以是为一个没有穷尽的无限序列，此时需要在恰当时从生成器上的迭代序列中跳出来（如使用 break 语句）。

14.2 生成器的语法

生成器函数的明显特征就是在函数内部有一个或多个 yield 语句。yield 语句的作用和 return 语句一样，返回一个值给调用者。与 return 不同的是， yield 语句不会终止函数的执行，后面的语句会继续执行，只是到达 yield 就先暂停程序的执行，停留在等待状态，一直到调用代码重新恢复生成器，再继续从原来 yield 等待的地方开始执行。

14.2.1 生成器语法实战：卡拉 OK 单句

生活中的卡拉 OK，其实有着生成器的痕迹，前一句唱完以后，才能调用下一句，不能所有的歌曲一起唱。

下面就用 yeild 语句实现简单的卡拉 OK 单曲，代码如下。

程序清单 14.1　Python 生成器模拟卡拉 OK 单句出现

```
import time
def  kalaok():
    yield "是不是我们都不长大，你们就不会变老"
    yield "是不是我们再撒撒娇，你们还能把我举高高"
```

```
        yield "是不是这辈子不放手，下辈子我们还能遇到 "
        yield "下辈子我一定好好听话，不让你们操劳 "
        yield "万爱千恩 "
if __name__=="__main__":
    for i in kalaok():
        print(i)
    time.sleep(2)
```

这个生成器表示卡拉 OK 的每一句唱词，用 yield 语句控制每一句歌词，按顺序被通知显示才出现歌词。在 __main__ 主程序中，通过使用简单的 for...in 循环实现对生成器的迭代。利用 time. sleep(2) 做延时等待，就可以延时一段时间显示一段歌词，放在真正的卡拉 OK 里，只要控制好每一句歌词的时间音隔，就可以实现卡拉 OK 单曲的歌词显示了。

显而易见，这种特殊的生成器能更好地表示为一个普通的 Python 列表，而且不是一次性地读出全部数据，所以节省内存。

14.2.2　next、send 函数

在不使用 for...in 循环的情况下也可以向生成器请求一个值。有时可能打算只得到一个单一的值或固定数量的值。Python 提供了内置的 next 函数，能够让生成器请求下一个值。

卡拉 OK 案例中的函数功能是一句一句地输出，可以不用 for 来迭代整个函数，而是一次请求一个值。

首先，只是通过调用卡拉 OK 案例中的函数并且保存返回值来创建自己的生成器。因为函数中包含的是 yield 语句，所以 Python 解释器只返回 generator 对象，代码如下。

程序清单 14.2　Python 生成器一次请求一句卡拉 OK 单曲的歌词的对象生成

```
import time
def kalaok():
    yield "是不是我们都不长大，你们就不会变老 "
    yield "是不是我们再撒撒娇，你们还能把我举高高 "
    yield "是不是这辈子不放手，下辈子我们还能遇到 "
    yield "下辈子我一定好好听话，不让你们操劳 "
    yield "万爱千恩 "
if __name__=="__main__":
    gen=kalaok()
    print(gen)
```

以上代码的运行结果如图 14.1 所示。

图 14.1　Python 生成器一次请求一句卡拉 OK 单曲的歌词的对象生成的运行结果

此时，值得注意的是，kalaok 函数中的代码实际上没有运行。解释器并不是函数调用，而是产生生成器对象 kalaok，这个对象会在程序创建后每运行一次代码请求一个值。

可以使用内置的 next 函数请求第一个值，代码如下。

程序清单 14.3　Python 生成器一次请求一句卡拉 OK 单曲的歌词输出第一句

```python
import time
def kalaok():
    yield "是不是我们都不长大，你们就不会变老"
    yield "是不是我们再撒撒娇，你们还能把我举高高"
    yield "是不是这辈子不放手，下辈子我们还能遇到"
    yield "下辈子我一定好好听话，不让你们操劳"
    yield "万爱千恩"
if __name__=="__main__":
    gen=kalaok()
    print(next(gen))
```

第一次调用 next() 方法，需要注意的是，遇到 yield 返回，返回后 yield 后面有值，输出卡拉 OK 歌曲歌词的第一句。代码的运行结果如图 14.2 所示。

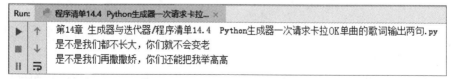

图 14.2　Python 生成器一次请求一句卡拉 OK 单曲的歌词输出第一句的运行结果

如果代码再加入 next(gen)，代码如下。

程序清单 14.4　Python 生成器一次请求卡拉 OK 单曲的歌词输出两句

```python
import time
def kalaok():
    yield "是不是我们都不长大，你们就不会变老"
    yield "是不是我们再撒撒娇，你们还能把我举高高"
    yield "是不是这辈子不放手，下辈子我们还能遇到"
    yield "下辈子我一定好好听话，不让你们操劳"
    yield "万爱千恩"
if __name__=="__main__":
    gen=kalaok()
    print(next(gen))
    print(next(gen))
```

以上代码的运行结果如图 14.3 所示。

图 14.3　Python 生成器一次请求卡拉 OK 单曲的歌词输出两句的运行结果

从代码可知，next 也是进入生成器的，但是并不是从头开始进入执行，而是从上一次的 yield 后开始执行，后面的 next 也是如此，输出了 yield 后面的每一句。

但如果 next 的语句超过了函数本身的 yield 语句，继续执行 next，代码如下。

程序清单 14.5　Python 生成器一次请求卡拉 OK 单曲的歌词的输出报错

```python
import time
def  kalaok():
    yield " 是不是我们都不长大，你们就不会变老 "
    yield " 是不是我们再撒撒娇，你们还能把我举高高 "
    yield " 是不是这辈子不放手，下辈子我们还能遇到 "
    yield " 下辈子我一定好好听话，不让你们操劳 "
    yield " 万爱千恩 "
if __name__=="__main__":
    gen=kalaok()
    print(next(gen))
    print(next(gen))
    print(next(gen))
    print(next(gen))
    print(next(gen))
    print(next(gen))
    print(next(gen))
    print(next(gen))
```

以上代码的运行结果如图 14.4 所示。

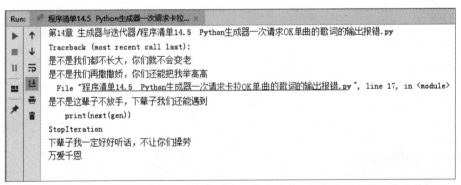

图 14.4　Python 生成器一次请求卡拉 OK 单曲的歌词的输出报错的运行结果

从运行结果来看，答案是报错，是 StopIteration 错误。

14.2.3　生成器 next 实战：校园智能问路

现在，综合使用 yield，next 编写一个模拟校园智能问路系统，需要假定这个系统目前只能回答东门、南门、北门、西门的方位。

思路是只要有人通过 input 输入询问了校园的哪一个门，校园智能系统就会主动回答一次结果，也就是 next 一次，就 yield 一次。代码如下。

程序清单 14.6　Python 生成器实现校园智能问路系统

```python
def wenlu(response):
    while True:
        yield response
        if response==" 东门 ":
            print(" 沿公园那条路向东走 500 米到图书馆右转 300 米处 ")
        elif response==" 西门 ":
            print(" 沿公园那条路向西走 1000 米一食堂对面 ")
        elif response==" 南门 ":
            print(" 沿公园那条路向南走 700 米有客来超市左转 ")
    else:
        print(" 沿公园那条路向北走到头 ")
if __name__=="__main__":
    while True:
        wen=input(" 输入你要查找的景观 ")
        if wen=="q":
            break
        lu = wenlu(wen)
        next(lu)
        next(lu)
```

代码中需要注意的是，在函数 wenlu() 中 yield response 的目的是一次 next 对应一次 response，如果一直等待用户询问，主程序需要 while True 来解决一直等待，函数 wenlu() 也需要 while True 等待用户输入内容。lu=wenlu(wen) 相当于产生生成器对象，产生对象的同时传入了参数，但只是创建对象而已，到 next(lu) 才开始执行，然后 yield 被返回，程序等待下一次 next。后面的代码没有被执行，只是接收了 response，再次 next 后才执行后面的判断代码。根据传入的参数 response 就得出了结果。

但是，可以换个写法，代码如下。

程序清单 14.7　Python 非生成器实现校园智能询问系统

```python
def wenlu(response):
    if response==" 东门 ":
        print(" 沿公园那条路向东走 500 米到图书馆右转 300 米处 ")
    elif response==" 西门 ":
        print(" 沿公园那条路向西走 1000 米一食堂对面 ")
    elif response==" 南门 ":
        print(" 沿公园那条路向南走 700 米有客来超市左转 ")
    else:
        print(" 沿公园那条路向北走到头 ")
if __name__=="__main__":
    while True:
        wen=input(" 输入你要查找的景观 ")
```

```
        if wen=="q":
            break
        wenlu(wen)
```

以上代码没有使用生成器，也可以实现生成器的功能。哪个效果更好，可多通过实践来体会。

14.2.4 生成器 send 实战：校园智能问路

程序清单 14.7 用了函数传参完成校园智能问题，如果把参数改成生成器，可以使用 send 方法，代码如下。

程序清单 14.8　Python 生成器传参实现校园智能询问系统

```
def wenlu():
    while True:
        res = yield response
        if res==" 东门 ":
            print(" 沿公园那条路向东走 500 米到图书馆右转 300 米处 ")
        elif res==" 西门 ":
            print(" 沿公园那条路向西走 1000 米一食堂对面 ")
        elif res==" 南门 ":
            print(" 沿公园那条路向南走 700 米有客来超市左转 ")
        else:
            print(" 沿公园那条路向北走到头 ")
if __name__=="__main__":
    lu=wenlu()
    response=""
    next(lu)
    while True:
        wen=input(" 输入你要查找的景观 ")
        if wen=="q":
            break
        lu.send(wen)
```

修改后的代码用了 send 函数，无参函数代替了有参函数，然后生成器的定义和 next() 的第一次 yield 返回都放到了 while True 外，程序会一直执行 yield 后面的语句。这时，只需要每次发送一个用户输入的内容就可以了。注意，send 发送的内容是 res=yield response 语句中等号左边的值，就是 res=yield response 中 res 的值。

通过 send 方法来将一个值"发送"给生成器，形如：

```
xx=yield yy
```

以上语句返回 yy 的值，这个值返回给调用者的同时，将 xx 的值也设置为 send 发送的值。send 的作用是使 xx 赋值为发送的值，然后让生成器执行下一个 yield。

通过以下程序测试 send 方法，代码如下。

程序清单 14.9　Python 实现 send 代码测试

```python
def MyLittle():
    val=yield 0
    val=yield val
if __name__=="__main__":
    little=MyLittle()
    print(next(little))
    print(little.send(1))
    print(little.send(2))
```

以上代码的运行结果如图 14.5 所示。

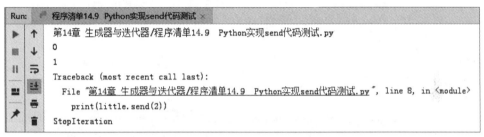

图 14.5　Python 实现 send 代码测试的运行结果

根据以上代码总结分析过程如下。

（1）首先定义 MyLittle() 生成器，当调用 little.next() 方法时，Python 首先会执行 MyLittle 生成器方法的 yield 语句，然后返回。因此，执行过程被挂起在第一个 yield 0 语句，而 next 方法返回值为 yield 0 这句代码后面的 0 值。

（2）当调用 gen.send(1) 方法时，Python 首先恢复 MyLittle 生成器的运行。将表达式 yield 0 的返回值定义为 send 方法参数的值 1。这样，value=yield 1 赋值语句会将 value 的值变为 1。继续运行会遇到 yield value 语句，MyGenerator 生成器又被挂起，但返回值为 1。

（3）当调用 send(2) 方法时又恢复 MyLittle 生成器的运行。同时，将表达式 yield value 的返回值定义为 send 方法参数的值 2。继续运行，MyGenerator 方法执行完毕，没有 yield 语句了，故而抛出 StopIteration 异常。

综上，send 方法和 next 方法唯一的区别是，执行 send 方法会首先把上一次挂起的 yield 语句的返回值通过参数设定，从而实现与生成器方法的交互。

14.3　生成器表达式

生成器省内存、向前取元素（而且只能向前），同时需要时才会把元素取出来（称为惰性机制）。

除了使用函数，next 方法和 send 方法生成生成器外，还可以使用推导式实现生成器。

列表的推导式如下：

```
[ 结果 for 变量 in 可迭代对象 ]
```

若把 [] 替换成 ()，就实现了生成器推导式。

例如，最简单的生成器推导式：

```
( i  for i in range(100) )
```

这个生成器中有 100 个元素，如果把生成器放到一个变量中，利用打印语句打印其生成器的 next 方法，就可以打印其中的值，代码如下。

程序清单 14.10　Python 生成器生成 100 个数的输出

```
a=(i for i in range(100))
print(next(a))
print(next(a))
```

以上代码的运行结果如图 14.6 所示。

图 14.6　Python 生成器生成 100 个数的输出的运行结果

用推导式生成生成器还可以结合 if 语句来进行筛选，代码如下。

程序清单 14.11　生成器生成 100 以内的奇数输出

```
a=( i for i in range(100) if i % 2 ==1)
print(next(a))
print(next(a))
```

以上代码的运行结果如图 14.7 所示。

图 14.7　Python 生成器生成 100 以内的奇数的运行结果

在以上代码中，用推导式生成的生成器附带了一个条件 if i % 2 ==1，奇数的判断条件使这个生成器中存放的都是一些奇数。next 方法后输出的内容也是生成器中生成的奇数。

推导式实现生成器只是生成器产生的一种形式，若遇到复杂的功能还需要使用函数生成器。

迭代器与迭代对象

迭代就是一件事情反复地去做，而迭代器可以记住遍历位置的对象，实现 __next__() 方法，通常其从序列的第一个元素开始访问，直到所有的元素都被访问才结束。Python 中的列表、元组、字符串、文件、映射、集合等容器中都可以在 for 循环中使用，在每次循环中，for 语句都从迭代器序列中取一个数据元素。

在 Python 中，生成器也是一种迭代器，包含 __next__ 方法的任何对象。生成器的 next 实际上就是执行了 __next__ 方法，当然除 __next__ 方法外，还有 __iter__ 方法。

迭代对象包含了迭代器，还是任何定义了 __iter__ 方法的对象。迭代对象的 __iter__ 方法负责返回一个迭代器。迭代器的两个方法是 iter() 和 next()。

range 函数也返回一种迭代对象，原因是其中定义了 __iter__ 方法，验证代码如下。

程序清单 14.12　验证 range() 函数返回迭代对象

```
r=range(0,10)
iterator=iter(r)
print(iterator)
print(next(iterator))
print(next(iterator))
```

以上代码的运行结果如图 14.8 所示。

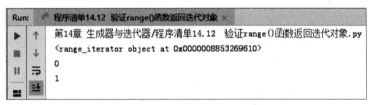

图 14.8　验证 range() 函数返回迭代对象的运行结果

从运行结果可知，range 是一个迭代对象，可用 iter() 方法变成生成器，即 next() 方法也就有数值输出。若一直执行 next() 方法也会报 StopIteration 错误。

注意，生成器可以是迭代器，但不一定是迭代对象。同时，并非所有的迭代对象都是迭代器。

 Python 库中的一些生成器

Python 的标准库中包含了一些生成器，分别如下。

14.5.1 range 的使用

range 函数返回一个可迭代的 range 对象。而 range 对象的迭代器是一个生成器。它返回序列值,这些值从 range 对象的底层值开始一直到它的顶端值。它的序列就是让每一个当前值加 1,并作为下一个值输出。但是 range 函数有一个可选的第三方参数 step,能指定不同的增量。

```
range(1,10,1)  #实现从 1 到 10 的增量序列
```

增量也可以是负值:

```
range(10,1,-1)  #实现从 10 到 1 的减量序列
```

14.5.2 dict.items 及其家族

Python 内置的字典包括 3 个允许迭代所有字典的方法,即 keys、values 和 items,这 3 个方法都是迭代器。

这些方法的作用是分别进行迭代键、值或包含一个字典中键和值的二元组(条目)。代码如下。

程序清单 14.13　Python 实现 dict.items 生成器

```
dictionary={"小强":21,"小翠":22}
iterator=iter(dictionary.items())
print(next(iterator))
print(next(iterator))
```

以上代码的运行结果如图 14.9 所示。

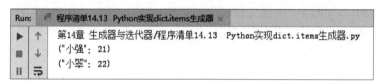

图 14.9　Python 实现 dict.items 生成器的运行结果

dict.items 并不需要将整个字典重新格式化为包含二元组的列表。被请求时,它一次仅返回一个二元组。

14.5.3 zip 的使用

Python 中还有一个名为 zip 的内置函数,该函数有多种可迭代对象并且一起迭代所有的对象,输出每个迭代对象(在元组中)的第一个元素,接着输出第二个元素,然后输出第三个元素,依次类推,直到到达最短的迭代对象的最后一个元素。代码如下。

程序清单 14.14　Python 实现 zip 的生成器

```
hero=zip(["刘","关","张","赵"],["备","羽","飞"])
print(next(hero))
```

```
print(next(hero))
print(next(hero))
print(next(hero))
```

以上代码的运行结果如图 14.10 所示。

程序清单14.14 Python实现zip的生成器 ×

第14章 生成器与迭代器/程序清单14.14 Python实现zip的生成器.py
```
("刘", "备")
Traceback (most recent call last):
("关", "羽")
("张", "飞")
  File "D:/daima/第14章 生成器与迭代器/程序清单14.14  Python实现zip的生成器.py", line 5, in <module>
    print(next(hero))
StopIteration
```

图 14.10　Python 实现 zip 的生成器的运行结果

zip 与 dict.items 相似，目的就是在不同的结构中输出其迭代对象的返回成员，一次输出一个集合。因为将所有数据都复制到内存中并不是必需的，这将缓解对内存的需求。

14.5.4　map 的使用

Python 内置函数 map 与 zip 函数有着千丝万缕的联系，也是比较重要的函数。该函数能接收 N 个参数和 N 个迭代对象参数，并且计算每个迭代对象序列成员的函数结果，当它到达最短迭代对象的最后一个元素时停止，也不提前计算所有值。当且仅当每个值被请求时，才会计算值。代码如下。

程序清单 14.15　Python 实现 map 的生成器

```
m=map(lambda x,y:max([x,y]),[7,20,13],[31,14,50])
print(next(m))
print(next(m))
print(next(m))
print(next(m))
```

以上代码的运行结果如图 14.11 所示。

程序清单14.15 Python实现map的生成器 ×

第14章 生成器与迭代器/程序清单14.15 Python实现map的生成器.py
```
31
20
50
Traceback (most recent call last):
  File "D:/daima/第14章 生成器与迭代器/程序清单14.15  Python实现map的生成器.py", line 5, in <module>
    print(next(m))
StopIteration
```

图 14.11　Python 实现 map 的生成器的运行结果

从代码上来看，map 函数中的 lambda 函数实现的就是将传入的两个迭代的值进行对比，大数被输出。处理小的迭代对象时，lambda 函数无关紧要。但是，如果是一个更大的数据结构，利用生成器可以节省大量的时间，避免内存消耗，因为不需要类型转换和计算整个结构。

使用 map 函数和 lambda 函数的结合可以解决大数据量的处理，非常实用。

14.6 能力测试

1. 试编程用生成器和 yield 生成斐波那契数列的第 20 项数据。

2. 用 Python 库的生成器 zip 实现两个列表的对应遍历功能。

```
列表 1：[" 北京 "," 上海 "," 江苏 "," 吉林 "]
列表 2：[" 京 "," 沪 "," 苏 "," 吉 "]
输出：
    北京  的简称  京
    上海  的简称  沪
    江苏  的简称  苏
    吉林  的简称  吉
```

3. 用生成器表达式产生 100~200 能被 3 整除的数。

14.7 面试真题

1. 生成器和迭代器的区别是什么?

解析：这道题是对生成器和迭代器的考核。

迭代器是一个更抽象的概念。任何对象，如果它的类 next 和 iter 方法返回自己本身，对于 string、list、tuple、dict 这些容器来说，使用 for 循环是很方便的。在后台 for 语句对容器对象调用 iter()，iter() 是 Python 的内置函数。iter() 会返回一个定义了 next() 方法的迭代器对象，它在容器中逐个访问容器内元素，next() 也是 Python 的内置函数。在没有后续元素时，next() 会抛出一个异常，即 StopIteration 异常。

生成器是创建迭代器简单而强大的工具，其返回时使用 yield 语句。每次调用 next() 时，生成器会返回最后一次执行的位置。

生成器能够做到迭代所做的所有事，而且因为自动创建 iter() 和 next() 方法，生成器显得特别简洁，也很高效。使用生成器表达式取代列表解析可以同时节省内存。

2. 如果 x=(for i in range(10)), 那么 x 是什么类型？

解析：这是对生成器表达式的考核。实际上 x 是一个 generator 数据类型的对象，因此，x 的类型就是 generator 类型。

14.8 本章小结

　　本章的主要内容是对生成器和迭代器的使用。生成器也就是一个迭代器，迭代器能够满足每个数据迭代的功能。生成器从很大程度上解决了一次性取出全部数据浪费内存的问题，需要时再取出来放在内存中，可以节省内存的使用空间，在大数据的处理方面是一个非常值得借鉴的技术。

第 15 章

类和对象

本章主要介绍类和对象，以及面向对象编程。物以类聚，一些具有共同特征的事物放在一起就是一个类，对象就是类的一个实例。例如，动物是类，那么虎就是对象；虎是类，那么东北虎就是对象。类是一些事物抽象出来的概念，对象是类的实例化。面向对象编程，就是编写表示现实世界中的事物和情景的类。很多事物都具备一些特征，并基于这些类来实例化创建对象，这就是面向对象要掌握的技术。面向对象在程序中很容易解决复杂的问题，把程序更好地模块化。

15.1 类和对象

类是一个范称，由通用行为延伸的事物就是基于类创建的对象，每个对象都自动具备这些通用行为，然后可根据需要赋予每个对象独特的个性。

下面通过对"奇怪动物"的计算机描述，帮助读者更好地理解类和对象。

有一种神奇的动物，它全身都是黑黑的毛，身高 2 米左右，跳得高，跑得快。在计算中表述这个奇怪动物，伪代码如下。

伪代码程序清单 15.1　类的描述

```
class Animal:
    毛 = " 黑的 "
    身高 ="2 米 "
    def 跑 (){print(" 能跑 ")}
    def 穿 (){print(" 能穿 ")}
```

伪代码的表示方法就是计算机中表征类的方法，有值和函数，其中值表征了类的特征，函数表征了类的行为。类就是事物属性和行为的集合，是一个抽象的概念。根据这个类来创建对象被称为实例化，就能够使用类的实例。如果禽类是一个类，鸡鸭鹅就是每一个对象。

理解了面向对象编程的类和对象，有助于程序员更好地组织代码。不仅能实现代码功能，还能给程序进行模块分工。

15.2 创建和使用类

类可以描述任何事物。下面来编写一个表示车的简单类 Car，Car 它表示的不是特定的车，而是一类车。每辆车都有型号、价格和行驶里程等特征，还有行驶、启动和停止等行为。

15.2.1 创建车类 Car

根据前面的分析，Car 类创建的每个实例都存储车的型号、价格和里程。同时赋予车行驶、启动和停止的行为能力，代码如下。

程序清单 15.2　Python 实现 Car 类的代码

```python
class Car():
    #初始化属性 style,price 和 km
    def __init__(self, style,price,km):
        self.style = style
        self.price=price
        self.km=km
    #车行驶的方法
    def run(self):
        print(self.style.title() + " 现在正在行驶。")
    #车启动的方法
    def start(self):
        print(self.style.title()+ " 现在正在启动。")
    #车停止的方法
    def stop(self):
        print(self.style.title()+" 现在正在停止。")
```

对于以上代码，说明如下。

（1）首先类是通过 class+ 类名的方式来定义的，class 是 Python 类的关键字，在以上代码中 Car 就是定义的类名。在 Python 中，一般约定首字母大写的名称指的是类。类名称后的括号暂时是空的。

（2）在类中实现的第一个函数 __init__() 称为方法。函数的知识都适用于方法，但对于类来说，类中的方法唯一重要的是调用方法的方式。__init__() 是一个特殊的方法，这个方法的特殊之处在于方法名称的开头和末尾多了两条下划线，每次代码中发生了根据类创建一个新实例时，Python 都会自动运行它。方法名称开头和末尾的两个下划线是一种约定，意义在于避免 Python 默认方法与普通方法发生名称上的冲突。

（3）__init__() 方法包含 4 个形参：self、style、price 和 km，其中形参 self 必不可少，还必须位于其他形参的前面。这是因为实参 self 是 Python 调用 __init__() 方法来创建 Car 实例时自动传入的，而且每个与类相关联的方法在调用时都自动传递实参 self，它是一个指向实例本身的引用，让实例能够访问类中的属性和方法。创建 Car 实例的同时，Python 将调用 Car 类的方法 __init__()，同时通过实参向 Car() 传递型号 style、价格 price 和里程 km；self 会自动传递，写实参时不需要传递它。根据 Car 类创建实例时，只需给最后 3 个形参（style、pricet 和 km）提供值即可。

（4）在 __init__ 方法体中定义的两个变量都有前缀 self。以 self 为前缀的变量都可供类中的所有方法使用，还可以通过类的任何实例来访问这些变量。self.style = style 获取存储在形参 style

中的值，并将其存储到类中的变量 style 中，然后该变量被关联到当前创建的实例。self.price = price
和 self.km=km 的作用与此类似。调用时通过实例访问的变量称为属性 。

（5）在 Car 中还定义了另外 3 个方法：run()、start() 和 stop()。由于这些方法不需要参数传递
额外的信息，因此它们只有一个形参 self。创建类的实例后就能够访问这些方法，即实例化后，车
就可以行驶、启动和停止。以上程序中这些方法只是打印一条消息，指出车正在行驶、启动或停止，
起到说明的作用。

将以上信息用表格 15.1 总结。

表 15.1　Python 面向对象编程类定义描述总结

功能	实现方法
定义类	class 类名 ():
初始化方法	def __init__(self, 参数名 , 参数名 ,...):
定义属性	self. 参数名 = 参数名
普通方法	def 方法名 (self):
注意	上述表格中方法 self 参数必须加

15.2.2　根据车类 Car 创建实例

之前创建了一个 Car 类，并对 Car 类做了一系列说明，下面就如何创建表示特定车的实例来展
开讲述。

```
my_car= Car(' 东风 ',109800.00,1000)
```

这句代码的功能是实例化一个 Car 类，并访问了 Car 类中定义的 3 种属性值。创建一辆品
牌为东风、价格是 109800.00 元、行车里程数为 1000km 的车实例，使用的语句是 Car(' 东风
',109800.00,1000)，其中，实参东风、109800.00 和 1000 调用 Car 类中的方法 __init__()。方法 __
init__() 创建一个表示东风特定车的实例，并使用提供的值来设置属性 style、price 和 km。方法 __
init__() 并未显示包含 return 语句，但 Python 自动返回一个表示东风车型的实例。继而通过赋值语
句将这个实例存储在变量 my_car 中。注意，命名的约定很重要，通常认为首字母大写的名称（如
Car）指的是类，而小写的名称（如 my_car）指的是根据类创建的实例。

15.2.3　实例化车类 Car 的属性访问

已经定义了一个实例 my_car，如果要访问实例的属性，可以使用句点表示法。代码如下。

程序清单 15.3　Python 实现访问 Car 类的属性

```
class Car():
    #初始化属性 style,price 和 km
    def __init__(self, style,price,km):
```

```
        self.style = style
        self.price=price
        self.km=km
    #车行驶的方法
    def run(self):
        print(self.style.title() + " 现在正在行驶。")
    #车启动的方法
    def  start(self):
        print(self.style.title()+ " 现在正在启动。")
    #车停止的方法
    def stop(self):
        print(self.style.title()+" 现在正在停止。")
if __name__=="__main__":
    my_car= Car(" 东风 ",109800.00,1000)
    print(" 我的车型是 " + my_car.style.title() + "。")
    print(" 我的车价格是 " + str(my_car.price) + " 元。")
    print(" 我的车里程数是 "+str(my_car.km)+" 公里。")
```

以上代码主线程中用句点表示法访问了 Car 类的属性。主线程代码中，Python 先找到实例 my_car，再查找与这个实例相关联的属性 style、price 和 km。因此，有了 my_car.style、my_car.price、my_car.km 等表示方法，应特别注意输出时 my_car.price 和 my_car.km 是数值型的，进行输出时需要 str 强制转换才合理。

运行结果如图 15.1 所示。

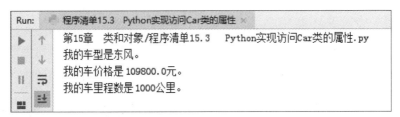

图 15.1　Python 实现访问 Car 类的属性的运行结果

15.2.4　实例化车类 Car 的方法调用

Car 类创建实例 my_car 后，前面进行了属性的访问，接下来使用句点表示法来调用 Car 类中定义的方法，让东风型车能够行驶、启动和停止。代码如下。

程序清单 15.4　Python 实现访问 Car 类的方法

```
class Car():
    #初始化属性 style,price 和 km
    def __init__(self, style,price,km):
        self.style = style
        self.price=price
        self.km=km
```

```
    # 车行驶的方法
    def run(self):
        print(self.style.title() + " 现在正在行驶。")
    # 车启动的方法
    def  start(self):
        print(self.style.title()+ " 现在正在启动。")
    # 车停止的方法
    def stop(self):
        print(self.style.title()+" 现在正在停止。")
if __name__=="__main__":
    my_car= Car(" 东风 ",109800.00,1000)
    #my_car 车行驶的调用
    my_car.run()
    #my_car 车启动的调用
    my_car.start()
    #my_car 车停止的调用
    my_car.stop()
```

从代码中可以看到，要调用 Car 类中的方法，与属性的调用一样，也是要指定实例的名称（这里是 my_car）和要调用的方法之间用句点分隔。代码 my_car.run() 中，Python 在 Car 类中查找方法 run() 并运行其代码。

Python 以同样的方式解读代码 my_car.start() 和 my_car.stop()。

以上代码的运行结果如图 15.2 所示。

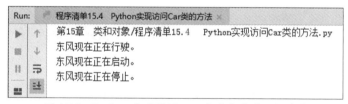

图 15.2　Python 实现访问 Car 类的方法的运行结果

句点运算符后面的属性或动作行为也要注意语义化的问题，如果给属性和方法指定了合适的描述性名称，如 name(名字)、age（年龄）、sit（坐）等，即使是从未见过的代码块，也能够通过语义化的描述了解代码段的行为目的。

15.2.5　创建多个车类 Car 的实例使用

类定义成功后，可以按照需求的不同创建任意数量的实例。下面创建多个 Car 实例，代码如下。

程序清单 15.5　Python 创建多个 Car 实例

```
class Car():
    # 初始化属性 style,price 和 km
    def __init__(self, style,price,km):
        self.style = style
```

```
        self.price=price
        self.km=km
    # 车行驶的方法
    def run(self):
        print(self.style.title() + " 现在正在行驶。")
    # 车启动的方法
    def  start(self):
        print(self.style.title()+ " 现在正在启动。")
    # 车停止的方法
    def stop(self):
        print(self.style.title()+" 现在正在停止。")
if __name__=="__main__":
    my_car=Car(" 东风 ",109800.00,1000)
    your_car=Car(" 现代 ",205600.00,18600)
    print(" 我的车型是 "+my_car.style.title()+"。")
    print(" 我的车型价格是 "+str(my_car.price)+" 元。")
    my_car.run()
    print(" 你的车型是 "+your_car.style.title()+"。")
    print(" 你的车型价格是 "+str(your_car.price)+" 元。")
    your_car.run()
```

在以上代码中，创建了两个 Car 实例，分别是东风和现代。这两种型号的车都是一个独立的实例，有自己的特有属性，但能够执行相同的操作。

以上代码的运行结果如图 15.3 所示。

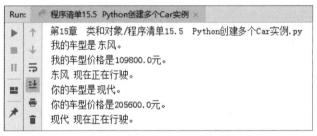

图 15.3　Python 创建多个 Car 实例的运行结果

注意，如果给第二辆车也指定同样的车型、里程和价格，Python 依然会根据 Car 类创建另一个实例。虽然属性相同，但仍是两个实例，不会成为一个实例。

15.3　使用类和实例

类可以用来模拟现实世界中的很多事物和场景。类编写好后，可以根据类创建的实例来修改实例的属性，也可以直接修改实例的属性，还可以编写方法以特定的方式进行修改。

15.3.1 类的创建实战：模拟足球比赛 FootBallGame 类

下面先编写一个表示足球比赛的类，它存储了两队的相关信息，还有两队的出场阵形，代码如下。

程序清单 15.6 Python 模拟足球比赛类

```python
class FootBallGame():
    def __init__(self,one_team,two_team,one_style,two_style):
        self.one_team=one_team
        self.two_team =two_team
        self.one_style=one_style
        self.two_style=two_style
    def get_game_style(self):
        long_info = self.one_team+ "阵型是 "+self.one_style+ ", "+ self.two_team + "阵
型是 " +self.two_style
        return long_info.title()
if __name__=="__main__":
    ballmatch= FootBallGame( "西班牙人" , "皇马", "4-3-3", "3-3-2-2")
    print(ballmatch.get_game_style())
```

在这个足球比赛类中，定义了方法 __init__()，这个方法与前面 Car 类中的一样，第一个形参为 self，除此之外，还包含了 4 个形参：one_team、two_team、one_style 和 two_style。方法 __init__() 接收这些形参的值，并将它们存储在根据这个类创建的实例的属性中。创建新的 FootBallGame 实例时，需要指定第一个比赛队队名、第二个比赛队队名、第一个比赛队参赛阵形和第二个比赛队参赛阵形。

在足球比赛类中定义了一个名为 get_game_style() 的方法，使用属性 one_team、two_team、one_style 和 two_style，完成了创建一个对足球比赛双方阵形进行描述的信息字符串，并把每个属性的值都集中起来打印。用这个方法访问属性时，使用了 self.one_team、self.two_team、self.one_style 和 self.two_style 的方法，这是 self 关键字的作用。在主程序中，根据 FootBallGame 类创建了一个实例，并将其存储到变量 ballmatch 中。接着调用方法 ballmatch.get_game_style()，输出关于两队比赛阵形的信息。运行结果如图 15.4 所示。

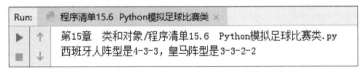

图 15.4 Python 模拟足球比赛类的运行结果

现对类中的属性进行加工，如添加一个随时变化的属性，这个属性就是两队在比赛中的分数。

15.3.2 类属性默认值实战：模拟足球比赛给属性指定默认值

一般类中的每个属性都必须有初始值，即使是 0 或空字符串。在方法 __init__() 内指定初始值是完全可行的。如果对某个属性赋予这样的初始值，就无须为它提供初始值的形参。下面就添加一

个名为 score 的属性，其初始值总是为"0:0"；再添加了一个名为 read_score() 的方法，用于读取足球比赛的比分，代码如下。

程序清单 15.7　Python 实现足球比赛增加属性

```python
class FootBallGame():
    def __init__(self,one_team,two_team,one_style,two_style):
        self.one_team=one_team
        self.two_team =two_team
        self.one_style=one_style
        self.two_style=two_style
        self.score="0:0"
    def get_game_style(self):
        long_info = self.one_team+ " 阵型是 "+self.one_style+", "+ self.two_team +
" 阵型是 " +self.two_style
        return long_info.title()
    def read_score(self):
            print(" 目前 "+self.one_team+" 和 "+self.two_team+" 的比分是 "+self.score)
if __name__=="__main__":
    ballmatch= FootBallGame( " 西班牙人 " , " 皇马 ", "4-3-3", "3-3-2-2")
    print(ballmatch.get_game_style())
    ballmatch.read_score()
```

以上代码实现了添加新的属性 score 和新的方法 read_score() 后，当 Python 调用方法 __init__() 来创建新实例时，由于 score 的初始化，传递的参数仍然是第一个比赛队队名、第二个比赛队队名、第一个比赛队参赛阵形和第二个比赛队参赛阵形。Python 自动创建一个名为 score 的属性，并将其初始值设置为"0:0"。除此之外，还在类中定义了一个名为 read_score() 的方法，能够获悉足球比赛的比分。运行结果如图 15.5 所示。

图 15.5　Python 实现足球比赛增加属性的运行结果

这个比分随着比赛的进行可能会随时更改，这就需要一个修改该比分值的途径。

15.3.3　类属性修改实战：模拟足球比赛修改属性的值

现在需要对类的属性进行修改，有 3 种不同的方法：直接修改属性的值，通过方法修改属性的值，通过方法对属性的值进行递增（增加特定的值）。下面依次介绍这些方法。

1. 直接修改属性的值

要修改属性的值，最简单的方式是通过实例直接访问它。代码如下。

程序清单 15.8　Python 实现足球比赛比分的直接修改属性

```
class FootBallGame():
    def __init__(self,one_team,two_team,one_style,two_style):
        self.one_team=one_team
        self.two_team =two_team
        self.one_style=one_style
        self.two_style=two_style
        self.score="0:0"
    def get_game_style(self):
        long_info = self.one_team+ " 阵型是 "+self.one_style+ ", "+ self.two_team + " 阵
型是 " +self.two_style
        return long_info.title()
    def read_score(self):
            print(" 目前 "+self.one_team+" 和 "+self.two_team+" 的比分是 "+self.score)
if __name__=="__main__":
    ballmatch= FootBallGame(" 西班牙人 "," 皇马 ","4-3-3", "3-3-2-2")
    ballmatch.score="0:1"
    ballmatch.read_score()
```

从主线程的三句代码上来看，使用句点表示法来直接访问并设置足球比赛的属性 score。
ballmatch.read_score() 让 Python 在实例 ballmatch 中找到属性 score，并将该属性的值设置为 "0:1"：
运行结果如图 15.6 所示。

图 15.6　Python 实现足球比赛比分的直接修改属性的运行结果

2. 通过方法修改属性的值

如果有一个更新属性的方法，直接调用可能会更方便，而无须直接访问属性，只是将值传递给
一个方法，在方法的内部进行更新，代码如下。

程序清单 15.9　Python 实现足球比赛更新比分的修改属性方法

```
class FootBallGame():
    def __init__(self,one_team,two_team,one_style,two_style):
        self.one_team=one_team
        self.two_team =two_team
        self.one_style=one_style
        self.two_style=two_style
        self.score='0:0'
    def get_game_style(self):
        long_info = self.one_team+" 阵型是 "+self.one_style+ ", "+ self.two_team + " 阵
型是 " +self.two_style
        return long_info.title()
    def read_score(self):
```

```
        print(" 目前 "+self.one_team+" 和 "+self.two_team+" 的比分是 "+self.score)
    def update_score(self,score):
        self.score=score
if __name__=="__main__":
    ballmatch= FootBallGame(" 西班牙人 " ," 皇马 ","4-3-3", "3-3-2-2")
    ballmatch.update_score("0:1")
    print(ballmatch.get_game_style())
    Ballmatch.read_score()
```

以上代码对 FootBallGame 类所做的修改就是添加了方法 update_score() ，并用这个方法接收一个比分值，将其存储到 self.score 中。在主程序中，调用 update_score() 方法的同时向其提供了实参"0:1"，这个实参对应方法定义中的形参 score。它将比分改写成为"0:1"，调用方法 read_score()打印该读数。运行结果如图 15.7 所示。

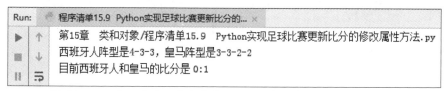

图 15.7　Python 实现足球比赛更新比分的修改属性方法的运行结果

还可以对方法 update_score() 进行扩展调整，使其在修改比分读数时做些额外的工作，例如，将比分冒号两边的值取出来，不能出现后面修改的比分比前面的小，不允许比分回调等限制性的工作，保证比分的逻辑是正常的。代码如下。

程序清单 15.10　Python 实现足球比赛比分不允许回调的修改属性方法调整

```
class FootBallGame():
    def __init__(self,one_team,two_team,one_style,two_style):
        self.one_team=one_team
        self.two_team =two_team
        self.one_style=one_style
        self.two_style=two_style
        self.score="0:0"
    def get_game_style(self):
        long_info = self.one_team+ " 阵型是 "+self.one_style+ ", "+ self.two_team +
" 阵型是 "+self.two_style
        return long_info.title()
    def read_score(self):
        print(" 目前 "+self.one_team+" 和 "+self.two_team+" 的比分是 "+self.score)
    def update_score(self,score):
        scores=score.split(":")
        oldscores=self.score.split(":")
    if scores[0]>=oldscores[0] and scores[1]>=oldscores[1]:
        self.score=score
    else:
        print(" 请仔细检查传入的分数，出现了分数回滚的争议 !")
```

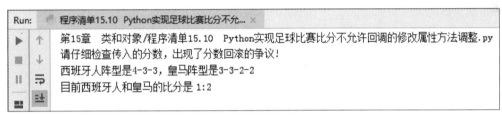

```
if __name__=="__main__":
    ballmatch= FootBallGame(" 西班牙人 "," 皇马 ","4-3-3", "3-3-2-2")
    ballmatch.update_score("0:1")
    ballmatch.update_score("0:2")
    ballmatch.update_score("1:2")
    ballmatch.update_score("0:2")
    print(ballmatch.get_game_style())
    ballmatch.read_score()
```

以上代码在新增的方法 update_score() 中做了修改，接收一个比分值，利用字符串切割函数，将传入的比分值和类中保存的比分值都以冒号切分为前后两部分，将这两部分相同下标的元素进行对比，如果出现了传入的比分小于保存的比分的情况，这就是异常，比分都是正增长的，不会出现负增长的情况。在主程序中再创建西班牙人和皇马的比赛，传入"0:1""0:2""1:2"都是没有问题的。但若又传一个"0:2"，出现了比分的回滚，这是程序不允许的，就会打印提示信息。运行结果如图 15.8 所示。

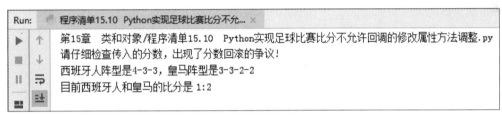

图 15.8　Python 实现足球比赛比分不允许回调的修改属性方法调整的运行结果

通过直接访问和用函数来访问属性并对其进行修改，可以看出它们的根本区别在于用函数访问会对参数和用户的行为做一些限制和安全保护，直接访问就没有这方面的限制。

3. 通过方法对属性的值进行递增

实现将属性值递增特定的量，而不是将其设置为全新的值。例如，足球比赛也可以理解为哪一队进球了，哪一队比分递增了，代码如下。

程序清单 15.11　Python 实现足球比赛比分两队递增的属性修改方法

```
class FootBallGame():
    def __init__(self,one_team,two_team,one_style,two_style):
        self.one_team=one_team
        self.two_team =two_team
        self.one_style=one_style
        self.two_style=two_style
        self.score="0:0"
    def get_game_style(self):
        long_info = self.one_team+" 阵型是 "+self.one_style+", "+ self.two_team + " 阵
型是 " +self.two_style
        return long_info.title()
    def read_score(self):
        print(" 目前 "+self.one_team+" 和 "+self.two_team+" 的比分是 "+self.score)
```

```
    def increase_one(self,value):
        ones=self.score.split(":")
        one=int(ones[0])+value
        self.score=str(one)+":"+ones[1]
    def increase_two(self,value):
        ones=self.score.split(":")
        one=int(ones[1])+value
        self.score=ones[0]+":"+str(one)
if __name__=="__main__":
    ballmatch= FootBallGame(" 西班牙人 "," 皇马 ","4-3-3", "3-3-2-2")
    ballmatch.increase_two(1)
    ballmatch.increase_two(1)
    ballmatch.increase_one(1)
    print(ballmatch.get_game_style())
    ballmatch.read_score()
```

在以上代码中，新增了 increase_one() 和 increase_two() 两个方法，都接收一个 value 的数字，两个方法的逻辑中都需要把 self.score 比分用冒号一分为二，increase_one() 把前面一队的比分转成整型加上 value 的值，increase_two() 把后面一队的比分转成整型加上 value 的值。

运行结果如图 15.9 所示。

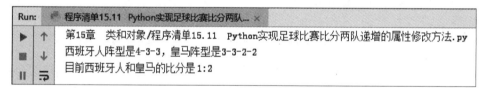

图 15.9　Python 实现足球比赛比分两队递增的属性修改方法的运行结果

15.4 面向对象的三大特性

认识了对象和类，以及类中的属性和行为的访问和设置后，就可以利用面向对象的方法来编写程序了，程序中调用方法和属性都用实例化的句点表示法来连接。关键在于如何在程序设计中设定类。这就需要了解一下面向对象的三大特性，即继承、封装和多态。

类可以描述一切事物或场景，下面以家居房屋白墙上的插座来说明面向对象编程方法。插座是一个对象，其中有两条线（一条火线，另一条零线），还有插座盒、插孔等。插座的形式也是多种多样的，二相的、三相的、四相的、五相的等，但插座永远不变的是导电性。

插座的插座盒包装、插座的导电性、插座的多种形式对应了面向对象的 3 种特性：封装、继承和多态。插座不能把火线和零线裸露，是封装。连上插座上的任何电器设备或插排都有了电，是继承。插座有电，插在插座上的电器就有电，继承了导电的特性。最后插座的多样性就是多态，同样是插座，可以满足不同的接口需要，但其中还是火线和零线，插座对象的多态性就表现出来了。

当用封装、继承、多态去理解一切对象时，会发现每个对象的身上均有这 3 种特性。例如，手机是一个对象，手机其实是一块电路板用手机外壳包裹了起来，就是封装。手机的功能主要是打电话、发短信、玩微信，但有很多种款式，内存容量也不一样，这是多态的特性。所有的手机，不管它的型号是什么，不管是哪个厂家生产的，不管是哪个运营商发行的，必须具备手机的原始功能：打电话、发短信，这就是继承。

如果给面向对象的特性做定义，封装是把客观事物抽象成类，并且把自己的属性和方法让可信的类或对象操作，对不可信的隐藏。继承可以使用现有类的所有功能，并在无须重新编写原来的类的情况下对这些功能进行扩展。多态指虽然针对不同对象，具体操作也不同，但通过一个公共的类，部分操作可以通过相同的方式予以调用。

下面从 Python 的角度介绍继承、封装和多态的实现。

15.5 继承

例如，要编写唐僧类，原来已经实现和尚类，唐僧是一个从东土大唐去西天取经的和尚，相当于和尚的另一个版本。这样，唐僧类就可以继承和尚类。一个类继承另一个类时，它将自动获得另一个类的所有属性和方法。原有的类称为父类，而新类称为子类。子类继承了父类的所有属性和方法，同时还可以定义自己的属性和方法。

15.5.1 子类继承实战：楼梯案例子类方法 __init__()

创建子类的实例时，Python 需要给父类的所有属性赋值。为此，子类的方法 __init__() 需要父类的支持。

下面编写代码来实现商场中的滚梯、直梯或安全出口的楼梯。

显然，滚梯和直梯都应该继承于安全出口的楼梯，代码如下。

程序清单 15.12　Python 实现继承的楼梯案例

```
class Ladder():
    def __init__(self, layer, poles):
        print(" 这里是父类 ")
        self.layer = layer
        self.poles = poles
    def intro(self):
```

```
            print(" 这里是提示信息 ")
            print(" 这个楼的楼梯有 "+str(self.layer) +" 层，每层楼梯有 "+str(self.poles) +
    " 级 ")
class Lift(Ladder):
    pass
class Straight(Ladder):
    def __init__(self, layer, poles):
        super().__init__(layer, poles)
if __name__ =="__main__":
    lift = Lift(4,12)
    lift.intro()
    straight=Straight(5,13)
    straight.intro()
```

在以上代码中，首先是父类 Ladder 类的实现。在 __init__() 初始化方法里创建了两个属性：楼梯层数 layer 和每层楼梯的级数。接着定义了一个方法去打印两个属性组合之后的信息。最关键的是创建子类时，父类代码尽量位于子类代码的前面。然后，定义了子类 Lift（电梯）。定义子类时，必须在括号内指定父类的名称（Ladder）。这就是在做继承，即 Lift 继承于 Ladder，实现了面向对象编程特性中的继承。但子类 Lift 和子类 Straight（直梯）不同之处在于，Lift 子类什么都没做，代码直接 pass 了。Straight 子类有方法 __init__() 接收创建 Ladder 实例所需的信息，并且用 super() 这个特殊函数构建了代码 super().__init__(self,layer,poles)。

运行结果如图 15.10 所示。

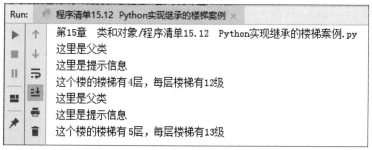

图 15.10　Python 实现继承的楼梯案例的运行结果

从运行结果推演运行过程，父类中 intro() 方法被两个子类调用，不同的是 Lift 继承后直接 pass 了，而 Straight 继承后在 __init__ 方法中使用了 super().__init__()，作用是 super().__init__ 调用父类 Car 中定义的方法 __init__() ，super() 是一个特殊函数，将父类和子类关联了起来。父类也称为超类（superclass），super 因此而得名。但不管是继承之后 pass 的，还是添加了 super() 语句的，都调用了 intro 方法，并且初始化的两个属性值也都成功输出了。都完成了对父类代码的复用，这是继承的好处，使 Lift 和 Straight 与 Ladder 的行为一致。属性也得到了传递。

15.5.2 子类继承实战：楼梯案例中子类定义属性和方法

子类继承了父类后，除拥有了父类的属性和方法外，还可以自己添加区别于父类的新属性和新方法，代码如下。

程序清单 15.13 Python 实现继承的楼梯增加属性报错案例

```python
class Ladder():
    def __init__(self, layer, poles):
        print(" 这里是父类 ")
        self.layer = layer
        self.poles = poles
    def intro(self):
        print(" 这里是提示信息 ")
        print(" 这个楼的楼梯有 "+str(self.layer) +" 层，每层楼梯有 "+str(self.poles) +
" 级 ")
class Lift(Ladder):
    def __init__(self,layer,poles):
        #增加了是否有电的属性
        self.electric=False
    def add_electric(self):
        self.electric=True
        print(" 滚梯已加电 ")
class Straight(Ladder):
    def __init__(self, layer, poles):
        super().__init__(layer, poles)
        #增加是否有人值守
        self.watch=False
    def add_watch(self):
        self.watch=True
        print(" 直梯已有人值守 ")
if __name__ =="__main__":
    lift = Lift(4,12)
    lift.intro()
    lift.add_electric()
    straight=Straight(5,13)
    straight.intro()
    straight.add_watch()
```

在以上代码中，Lift 类中添加了新属性 self.electric，但需要注意的是，在 __init__ 中直接加入了 self.electric，而 Straight 也在 __init__ 中加入了 self.watch，但不同的是先调用了 super().__init__(layer,poles)，然后才加入了新的属性 self.watch，加入的 self.watch 和 self.electric 两个值都是布尔型。接着在 Lift 中又添加了新的方法 add_electric()，在 Straight 中新加入了 add_watch()，这两个方法都是把添加的新的属性改变布尔值的状态，并输出提示信息。运行结果如图 15.11 所示。

```
程序清单15.13 Python实现继承的楼梯增加属...  ×
第15章  类和对象/程序清单15.13  Python实现继承的楼梯增加属性报错案例.py
这里是提示信息
Traceback (most recent call last):
  File "第15章  类和对象/程序清单15.13  Python实现继承的楼梯增加属性报错案例.py", line 28, in <module>
    lift.intro()
  File "第15章  类和对象/程序清单15.13  Python实现继承的楼梯增加属性报错案例.py", line 8, in intro
    print("这个楼的楼梯有:" + str(self.layer) + "层，每层楼梯有:" + str(self.poles) + "级")
AttributeError: 'Lift' object has no attribute 'layer'
```

图 15.11 Python 实现继承的楼梯增加属性报错案例的运行结果

从运行结果可以发现，Lift 类报错，提示信息说没有属性 layer。这里需要注意，在 Lift 类中，会把方法和属性继承下来，但是，当需要在 __init__ 中添加属性时，__init__ 就在子类中重新被定义了，父类的方法就没有了效果。这种技术叫重写，后面会提到。也就是子类定义的方法把父类的方法覆盖了，子类方法里现在只有 electric 属性，没有了原来的 layer 和 poles。如果把 layer 和 poles 在 __init__ 方法中重新定义时仍然要继续调用，这就需要加入 super().__init__(layer,poles) 语句来把父类的 __init__ 代码复用过来，代码如下。

程序清单 15.14 Python 实现继承的楼梯增加属性案例

```python
class Ladder():
    def __init__(self, layer, poles):
        print(" 这里是父类 ")
        self.layer = layer
        self.poles = poles
    def intro(self):
        print(" 这里是提示信息 ")
        print(" 这个楼的楼梯有 "+str(self.layer) +" 层，每层楼梯有 "+str(self.poles) +
" 级 ")
class Lift(Ladder):
    def __init__(self,layer,poles):
        super().__init__(layer,poles)
        # 添加是否有电的属性
        self.electric=False
    def add_electric(self):
        self.electric=True
        print(" 滚梯已加电 ")
class Straight(Ladder):
    def __init__(self, layer, poles):
        super().__init__(layer, poles)
        # 增加是否有人值守
        self.watch=False
    def add_watch(self):
        self.watch=True
        print(" 直梯已有人值守 ")
```

```
if __name__ =="__main__":
    lift = Lift(4,12)
    lift.intro()
    lift.add_electric()
    straight=Straight(5,13)
    straight.intro()
    straight.add_watch()
```

运行结果如图 15.12 所示。

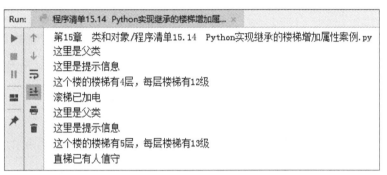

图 15.12　Python 实现继承的楼梯增加属性案例的运行结果

从运行结果来看，是没有报错的。

注意，凡是在子类继承父类后，在 __init__ 方法中要添加新的属性，就需要将父类的 __init__ 代码复用，使用语句 super().__init__(layer,poles) 来实现。再正常添加方法然后输入状态信息即可，方法后的形参一定要有 self。

正常运行后，凡是 Lift 类创建的所有实例都将多一个属性 electric，凡是 Straight 类创建的所有实例都多一个属性 watch，但所有 Ladder 实例都不包含它。这是直梯和电梯区别于楼梯的属性，一些属性是某个类特有的。在设计子类和父类时也是一样的，父类往往具有子类共有的属性和方法，子类具有自己特有的属性和方法。这样设计出来的程序解决了代码的复用，设计上也更加的模块化。

15.5.3　子类继承实战：老鼠爱大米子类重写父类的方法

子类可以将父类的方法继承过来。但对于父类的方法，只要它不符合子类模拟的实物的行为，都可对其进行重写，即可在子类中定义一个与要重写的父类方法同名的方法。这样，Python 将不会考虑父类方法，而只关注子类中定义的相应方法。

老鼠爱大米，但不是所有的鼠类都爱大米，有一种竹鼠主要吃竹子。下面就用这个例子来实现方法重写，代码如下。

程序清单 15.15　Python 实现继承后重写父类的老鼠爱大米案例

```
class Mouse:
    def __init__(self,weight):
```

```
        self.weight=weight
    def love(self):
        print(" 老鼠爱大米 ")
class BambooRat(Mouse):
    def love(self):
        print(" 我不爱大米爱竹子 ")
```

以上代码中，实例化了 BambooRat 类，对竹鼠 BambooRat 调用方法 love()，Python 将忽略 Mouse 类中的方法 love，转而运行 BambooRat 中的 love 方法。虽然竹鼠继承了老鼠类，但竹鼠不爱大米，爱竹子。

使用继承时，可让子类保留从父类那里继承来的精华，并剔除不需要的糟粕。 当然，如果父类的代码还需再用，则可以效仿 __init__ 使用 super().love()。这样，可以把父类的代码继承过来，然后在这个逻辑基础上添加功能。

15.5.4 一切皆是 object 类

面向对象以类的形式来描述事物，即封装。类继承时都有以下的格式。

class 子类 (父类)：

而在写父类时，格式如下。

class 父类 ()：

父类 () 中什么都没有写，并不是没有实现继承，而是所有类名后面的括号为空，Python 都默认继承自 object。这是一切类的起源，所有的类都可以说是继承于 object。也可以说一切都是对象，一切都是 object。

Python 的继承还有另一个特性即多继承。class A(B,C) 的意思相当于 A 继承了 B 和 C，A 同时拥有了 B 和 C 中的方法。

15.6 面向对象的应用实战：剪刀石头布

剪刀石头布的游戏由来已久，下面就用面向对象的思想完成剪刀石头布游戏。先了解一下面向对象的思路和如何用面向对象思想去分析问题、解决问题。

剪刀石头布游戏需要两个角色，其中一个角色是玩家，另一个角色是计算机，计算机出石头、剪刀、布中的某种选择，玩家也同时出石头、剪刀、布中的某种选择，两者相比较，剪刀会把布剪了，布会把石头包起来，石头会把剪刀砸碎。三种事物一物降一物。下面就来模拟一下这个游戏。

（1）看要分为几个面向对象的类，最容易想到的就是玩家类和计算机类，除这两个类外还需要一个裁判，这样就出现了三个类：玩家类、计算机类、裁判类。

（2）玩家类和计算机类是两个参赛选手类，类中的属性和方法是类似的。这里，可以定义一个名字 name 和出拳的名称（即剪刀、石头还是布），然后定义一个出拳方法。这是很容易想到的属性和方法。对于玩家类和计算机类就是出拳的方法不一样，可以重写玩家和计算机类的出拳方法。玩家类和计算机类的名字则在初始化时可以被成功赋值。

（3）定义裁判类，调用玩家和计算机的出拳，然后由裁判类的裁决方法来判断输赢，既然要对比玩家和计算机的出拳，就可以从玩家和计算机的类里取出玩家和计算机的出拳名称，然后进行输赢比较。关于剪刀、石头、布的输赢比较，判断方法。如图 15.13 所示。

图 15.13　剪刀石头布判断胜负规律

从图 15.14 中可以看到，按剪刀石头布的顺序依次展开，前一个遇到后一个，前一个都输，后一个都赢。但例外的情况是，第一个遇到最后一个，第一个赢，最后一个输。用数值来进行表示会比较方便，把剪刀记作数值 0，石头记作数值 1，布记作数值 2。用这样的数值表示，就可以得出玩家和计算机的比较条件。这里把计算机出拳记作变量 a，把玩家出拳记作变量 b，比较条件如表 15.2 所示。

表 15.2　计算机与玩家剪刀石头布输赢比较条件表

条件	输赢结果
$a - b == -1$ or $a-b==2$	计算机输，玩家赢
$b==1$ or $a-b==-2$	计算机赢，玩家输
其他	平局

根据表格的条件，就可以让裁判类去判断玩家和计算机的输赢。

（4）最后在主程序中实例化玩家类和计算机类，并对玩家类执行出拳的方法，再对计算机进行出拳的方法，由裁判类来判定结果。

程序清单 15.16　Python 面向对象案例剪刀石头布

```python
import random
class Contestant():
    def __init__(self,name):
        self.name=name
        self.choice=0
    def punches(self):
        strs=""
        if self.choice==0:
            strs=" 剪刀 "
        elif self.choice==1:
```

```
        strs=" 石头 "
        elif self.choice==2:
            strs=" 布 "
        print(self.name+" 出拳为 "+strs)
class Player(Contestant):
    def punches(self):
        print("--------------------")
        print("0------- 剪刀 --------")
        print("1------- 石头———")
        print("2------- 布 ----------")
        print("--------------------")
        hands=input(" 请输入你要出的拳的编号 ")
        self.choice=int(hands)
        super().punches()
class Computer(Contestant):
    def punches(self):
        self.choice=random.randint(0,3)
        super().punches()
class Judge():
    def result(self,player,computer):
        if computer-player==-1 or computer-player==2:
            print(" 玩家赢 ")
        elif computer-player==1 or computer-player==-2:
            print(" 计算机赢 ")
        else:
            print(" 计算机和玩家平局 ")
if __name__=="__main__":
    player=Player(" 毕姥爷 ")
    computer=Computer(" 刘姥姥 ")
    player.punches()
    computer.punches()
    judge=Judge()
    judge.result(player.choice,computer.choice)
```

以上代码定义参赛选手类 Contestant，类中有两个属性：名字 name 和出拳名称 choice。为了方便剪刀石头布算法的比较，choice 用了整型值。紧接着，又在参赛选手类 Contestant 中定义了一个出拳方法 punches，目的是把计算机类和玩家类公用的打印代码提取出来。计算机和玩家的出拳方法是不同的，相同的代码就是根据 self.choice 属性中不同的整型值，打印出计算机类或玩家类不同的出拳信息。再定义计算机类 Computer 和玩家类 Player，这两个类继承于参赛玩家类 Contestant，需要重写参赛玩家类 Contestant 的出拳方法 punches，计算机类 Computer 的出拳逻辑主要是通过前面讲过的 random 模块中的 randint 产生 0~2 的随机数，代码 random.randint(0,3) 就满足了要求。玩家类 Player 的出拳逻辑是需要用户输入编号，对这个需求可以编写一个菜单，让用户去选择一个编号，根据玩家输入的编号，即可知道玩家输入的内容。然后，编写裁判类，这个类中直接定义了一个判定结果的方法，接收玩家和计算机的出拳名称 choice 来判断输赢，输赢的逻辑直接转换成代码即可。最后由主程序实例化玩家类 Player 和实例化计算机类 Computer，由 Player 的实例去调用出拳方法 punches，Computer 的实例调用出拳方法 punches，把 Judge 裁判类实例化，执行 Judge 实例的 result 判定方法，传入 player 的 choice 值和 computer 的 choice 值，即可打印出输赢结果。

以上代码的运行结果如图 15.14 所示。

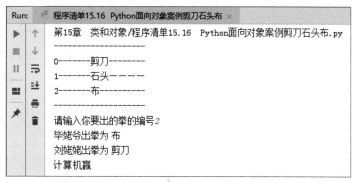

图 15.14　Python 面向对象案例剪刀石头布的运行结果

15.7　导入类

通过剪刀石头布的实例，可知把类都添加到了一个 Python 文件里。随着不断地给类添加功能，文件可能变得越来越大。即便妥善地使用了继承也会如此。为遵循 Python 的总体理念，应让文件尽可能整洁。Python 使用了将类存储在模块中，然后在主程序中导入所需的模块。

下面创建一个只包含 Cat 类的模块。然后，把这个模块放在一个文件名为 cat.py 的文件里。接着，再定义一个 BlindCat 类，BlindCat 类继承 Cat 类，但 Cat 与 BlindCat 不在一个文件中，这就需要把 BlindCat 类放入 blind.py 文件中，去实现在 BlindCat 类中引用 Cat 类，这时需要引入 import 语句。

cat.py 的文件代码如下。

代码清单 15.17　Python 模块导入 Cat 父类

```python
class Cat():
    def __init__(self,name):
        self.name=name
    def look(self):
        print(" 名叫 "+self.name+" 的猫在找耗子 ")
```

在 cat.py 文件中，只定义了 Cat 类，没有实现调用。

blind.py 的文件代码如下。

程序清单 15.18　Python 模块导入 BlindCat 子类

```
from cat import Cat
class BlindCat(Cat):
    def look(self):
        super().look()
        print("它是瞎猫，它碰到了死耗子")
if __name__=="__main__":
    cat=BlindCat("咪咪")
    cat.look()
```

在 blind.py 文件中，from...import... 语句打开模块文件 cat，并导入其中的 Cat 类。这样就可以使用 Cat 类了，就像在这个文件中定义的一样。

以上代码的运行结果如图 15.15 所示。

图 15.15　Python 模块导入 BlindCat 子类的运行结果

import random、import time 等语句中的模块都属于 Python 标准库中的模块，Python 标准库是一组模块，只要安装了 Python 即可使用。在对类的工作原理有了大致了解后，就可以使用其他程序员编写好的模块，也可以使用标准库中的任何函数和类，只需在程序开头包含一条 import 语句即可。

15.8 面向对象使用的编码建议

类名应采用驼峰命名法，即将类名中的每个单词的首字母都大写，而不使用下划线。实例名和模块名都采用小写格式，并在单词之间加下划线。

对于每个类，都要使用文档字符串进行说明。这种文档字符串最好能够简要地描述类的功能，并遵循编写函数的文档字符串时采用的格式约定。每个模块也都应包含一个文档字符串，对其中的类可用于对做什么进行描述。

可使用空行来组织代码。在类中，可使用一个空行来分隔方法；而在模块中，可使用两个空行来分隔类。

需要同时导入标准库中的模块和自己编写的模块时，先编写导入标准库模块的 import 语句，再添加一个空行，然后导入自己编写的模块的 import 语句。在包含多条 import 语句的程序中，这种使用方法可以清楚程序使用的各个模块都来自何方。

15.9 能力测试

1.写一个自行车类（Bicycle），有骑行（run）方法，调用该方法显示里程 m。

再写一个电动自行车类，EletricBicycle 继承自 Bicycle，有电量属性 value，再增加两个方法。

（1）remain() 显示电量剩余，每骑行 10 小时耗电 3 度。

（2）charge() 显示充电费用，每度电 0.55 元。

实现方法注意是否需要传参。

2.写一个英雄联盟的游戏人物类，并实例化两个人物，流浪法师瑞兹和掘墓者约里克。

（1）创建 Heros 类。

（2）初始化方法中封装英雄名称、英雄血量值、英雄攻击力等属性。

（3）定义攻击方法，此方法输入两个英雄名称，输出相互攻击的信息。信息有"谁攻击了谁，攻击力是多少，对方掉了多少血量，对方还剩多少血量"等提示信息。

3.编写 54 张扑克牌随机打乱后，计算机和玩家随机抽取 1 张，比较大小，判断输赢，比较规则如下。

（1）黑桃 > 红桃 > 草花 > 方片。

（2）A>K>Q>J>10>9>8>7>6>5>4>3>2。

扑克牌可以使用的形式有草花 2、黑桃 3 等表示方法。

15.10 面试真题

1. 定义一个动物类 Animal，实现一个叫声的方法 bark()，输出动物的叫声。

解析：这道题是对 Python 实现类的定义进行考核。定义一个猫类 Cat 和一个狗类 Dog，继承自 Animal，重写 bark() 方法，猫的叫声是"喵喵"，狗的叫声是"汪汪"。

可以直接依据题意进行类的定义和方法属性的实现。定义一个动物类可以用 class Animal 实现，题意就可以直接给出代码，实现一个叫声的方法，就在这个类中写 def bark() 方法实现输出动物的叫声，打印 print("动物的叫声") 即可。下一步要求定义一个猫类（即 class Cat），定义一个狗类（即 class Dog），不同的是猫类和狗类都要继承 Animal，就在 Cat 后的 () 中加上 Animal，在 Dog 后

的 () 中也加上 Animal，重写 bark() 方法，实现直接在 Cat 类和 Dog 类中定义方法 def bark()，在方法的函数体中打印相关的叫声，Cat 类中的 bark() 方法用 print(" 喵喵 ") 实现，Dog 类的 bark() 方法用 print(" 汪汪 ") 实现。

程序清单 15.19　Python 实现定义动物类 Animal 和猫狗继承重写功能

```
class Animal():
    def bark(self):
        print(" 动物的叫声 ")
class Cat(Animal):
    def bark(self):
        print(" 喵喵 ")
class Dog(Animal):
    def bark(self):
        print(" 汪汪 ")
```

2.Python 面向对象中的继承有什么优点和缺点?

解析：这道题是对 Python 面向对象中继承的考核。Python 面向对象的继承具有减少代码重用、可以多继承的优点，缺点就是把子类与父类强耦合到一起。

3. 面向对象中 super 的作用?

解析：这道题是对面向对象中 super 关键词理解的考核。super 关键词在面向对象的开发中经常用到，它是在子类派生出新的方法中重用父类的功能。

15.11 本章小结

本章主要介绍面向对象编程的模式。理解类和对象，如何去定义一个类，哪些属性是分析这个问题时需要用到的，哪些方法是分析这个问题时必须处理的，如何更好地实现继承的关系，需不需要在使用继承的过程中使用重写技术。集中学习的是面向对象的思维模式、处理问题的特点。尤其要从剪刀石头布这个面向对象的案例中了解如何用面向对象来分析和解决问题，分成几个类，以及分类和处理的原因。

第16章

魔术方法

本章将对面向对象的封装技术进一步深化，对类的方法进行拓展。除 __init__ 初始化函数外，还将介绍哪些方法对类的设计提供了方便。最重要的是面向对象的思想对程序设计是很有帮助的，需要再深入地学习面向对象的思想。

16.1 封装

下面以快递为例，每发一个快递都需要把物品包裹起来。把物品包裹起来实际上就是封装。快递被封装起来后，就看不到里面装的到底是什么了，只是在封装的标签上提供了从哪里快递到哪里的信息。就程序而言，里面封装的相当于具体功能的实现。如果不希望用户了解里面的具体实现，就把具体的实现细节封装起来，最终提供给用户的属性或方法是有利于用户调用的属性和方法。再以取款的 ATM 为例，要实现转账功能，用户只需要按"转账"功能按钮，然后输入转账的卡号，再输入钱数，确认后就完成了转账功能。实际的内部实现就是从卡号中扣除转账钱数，然后把扣除的钱数添加到输入的卡号中。简化的操作封装具有保护内部实现的功能。

16.1.1 封装的实现实战：修路类的封装

封装隐藏了对象的属性和方法实现细节，仅对外提供公共访问方式。既然封装要隐藏内部的实现，一定会有不需要被外部进行访问的方法和属性，这种不需要外部访问的方法和属性都在内部实现，只提供给用户可以方便调用的、有用的属性和方法。面向对象的开发更重要的是设计出合理的属性和方法，隐藏一些内部不需要了解的中间环节的方法和属性。如何隐藏一些属性和方法，就是封装要了解的技术，具体的封装格式如下。

（1）隐藏属性：__ 属性名，属性名前面有两个下划线。

（2）隐藏方法：__ 方法名，方法名前面有两个下划线。

封装最终的目的是隐藏实现，保护隐私。

例如，政府要出资修一路，这条路计算从北京的香山修到北京植物园，其中暂时不关心这条路是怎么修的，一般在修路时，都会用封闭的围栏围起来，代码如下。

程序清单 16.1　Python 实现修路类的封装

```
class Road:
    __start=" 香山公园门口 "
    __end=" 植物园大门口 "
    def __build(self):
        print(" 途经香山公交站 ")
```

以上代码中定义一个 Road 类，Road 类中 __start、__end 属性及 __build() 方法的名称前面都有两个下划线。相当于这条路正在修建中，修路时开始的地点 __start、结束的地点 __end 都是在规划中，修路的起点和终点可能有变化，是不需要对外公布的，这两个属性也是访问不到的。同样 __build 修建的方法，也不需要用户知道修建时经过哪里，具体实施后才会知道。同样，方法 __build() 也是访问不到的。下面可以尝试访问一下，代码如下。

程序清单 16.2　Python 实现修路类的访问功能

```
class Road:
    __start=" 香山公园门口 "
    __end=" 植物园大门口 "
    def __build(self):
        print(" 途经香山公交站 ")
if __name__=="__main__":
    road=Road()
    print(road.__start)
    print(road.__end)
    road.__build()
```

以上代码的运行结果如图 16.1 所示。

```
程序清单16.2 Python实现修路类的访问功能 ×
第16章　魔术方法/程序清单16.2　Python实现修路类的访问功能.py
Traceback (most recent call last):
  File "D:/daima/第16章　魔术方法/程序清单16.2　Python实现修路类的访问功能.py", line 8, in <module>
    print(road.__start)
AttributeError: 'Road' object has no attribute '__start'
```

图 16.1　Python 实现修路类的访问功能的运行结果

从结果中看到的错误提示信息表明：Road 类没有属性"__start"，证明 Road 实例化后访问不到 __start，也访问不到 __end，方法 __build() 也是访问不到的。

下面说明 Road 实例化后，其中属性和方法访问不到的原因。

现在这条路正在修建中，修建好了之后就可以提供一些用户可以了解的属性和方法，代码如下。

程序清单 16.3　Python 实现修路类的公开接口功能

```
class Road:
    __start=" 香山公园门口 "
    __end=" 植物园大门口 "
    name=" 香植路 "
    def __build(self):
        print(" 途经香山公交站 ")
    def passing(self):
        print(" 从香山公园门口到植物园大门口，途经香山公交站 ")
if __name__=="__main__":
    road=Road()
    print(road.name)
    road.passing()
```

以上代码可实现路修好之后的效果，并提供了一个可以访问的 name 属性和 passing() 方法。代码中打印了其中的 name，就是路的名字"香植路"；调用了 passing() 方法，可以获取到这条路途经的地点。封装的类 Road 中 __start 和 __end 是被封装起来的属性，无法访问，被隐藏了。__build() 方法是被封装的方法，也是无法访问、被隐藏的。能够访问的就是 name 属性和 passing() 方法。就像一条路修好了之后，只知道这条路从哪个位置到哪个位置，经过了哪里，但其实并不知道筑路时路面挖了多深，注入了多少稀释液等信息。

16.1.2 私有属性实战：流星愿望私有属性

前面用一个修路的案例去理解封装，使用了 __start="香山公园门口"去定义一个不能访问的属性值 __start，该属性是私有属性。私有属性定义的格式如下：

```
__属性名 = 值
```

这种定义的私有属性是外部不能访问的，但是在内部是完全可以访问的，代码如下。

程序清单 16.4　Python 实现流星愿望私有属性的功能

```
class Wish:
    def __init__(self):
        self.__name="愿自己天天健健康康，快快乐乐！"
    def say(reply):
        if reply=="yes":
            print("我的愿望是 "+self.__name)
        else:
            print("我不告诉你")
if __name__=="__main__":
    wish=Wish()
    wish.say("no")
```

以上代码的功能是模拟流星出现时每个人许的愿望。当别人问你"许过什么愿望时"，如果回答"yes"，就把愿望打印出来；若回答"no"，就打印"我不告诉你"。主线程中是"no"，代码调用了 say() 方法，其在内部实现时调用了外部访问不到的属性，但内部是可以访问的。因为愿望是在内部实现的，属于私有属性，外部是无法直接访问到这个属性 __name 的。

16.1.3 私有方法封装：求婚私有方法

修路的案例中也定义了一个方法 __build()，这个方法名前面也有了两个下划线，也是外部不能访问的。这种方法叫作私有方法，这实际上保护了核心代码。私有方法的格式如下：

```
def __方法名 (self):
```

外部是不能调用这种私有方法的，但是在类中是可以调用这种私有方法的，代码如下。

程序清单 16.5　Python 实现求婚私有方法的功能

```python
class Propose:
    def __first(self):
        print(" 下跪 ")
    def __second(self):
        print(" 送花 ")
    def __third(self):
        print(" 说了一句: 嫁给我! ")
    def done(self,date):
        if date==" 求婚日 ":
            self.__first()
            self.__second()
            self.__third()
        else:
            print(" 筹备中, 注意关注 ")
if __name__=="__main__":
    propose=Propose()
    propose.done(" 求婚日 ")
```

以上代码模拟 "求婚" 的逻辑功能。在求婚类 Propose 中定义了 __first()、__second()、__third() 3 种私有方法, 这 3 种方法在没有到 "求婚日" 时是不允许调用的, 是流程保密的, 不希望别人知道, 更希望是一个 "惊喜"。还定义了一个外部可以调用的方法 done(), 这个方法需要传入一个 date 参数。假定 date 参数是 "求婚日", 这时候可以执行 done() 里条件正确时的语句流程, 在这个流程中 3 个方法都是类中私有的, 但 Propose 类里是可以调用的。

 多态

多态指一类事物有多种状态。

16.2.1　多态实战: Python 实现花类的多态性功能

每一种花都会有开花的时候, 但开花的时间却不一样, 蜡梅在 11 月开, 桃花在 4 月开……同样是开花, 却有不同的状态。再则水果都有成熟的时候, 可每种水果成熟的季节不尽相同, 如草莓是 3 月, 西瓜是 6 月……同样是成熟, 却有着不同的状态。代码如下。

程序清单 16.6　Python 实现花类的多态性功能

```python
class Flower():
    def bloosom(self):
        pass
```

```
class  CalycanthusFlower(Flower):
    def  bloosom(self):
      print("11 月开花 ")
class  PeachFlower(Flower):
    def  bloosom(self):
      print("4 月开花 ")
def  done(obj):
    obj.bloosom()
if __name__=="__main__":
    calycanthus=CalycanthusFlower()
    peach=PeachFlower()
    done(calycanthus)
    done(peach)
```

以上代码实现了面向对象的多态性，同样是一个 done() 方法，传入了不同的对象名称，出现了不同的开花结果。完成这样的功能，首先是定义了一个 Flower 花类，继而在 Flower 花类中定义了一个开花方法 bloosom。再次定义了两个花的子类：桃花类 PeachFlower 和蜡梅花类 CalycanthusFlower，这两个类都继承了花类 Flower，重写了开花方法 bloosom()。紧接着定义了一个功能函数 done()，这个功能函数要求传入一个对象参数。在函数体中都调用了对象的 bloosom() 开花方法。主线程中实例化了两种花的对象，调用了两次功能函数 done()，传入了两个不同的花的实例。最后会把两种花的开花信息打印出来。运行结果如图 16.2 所示。

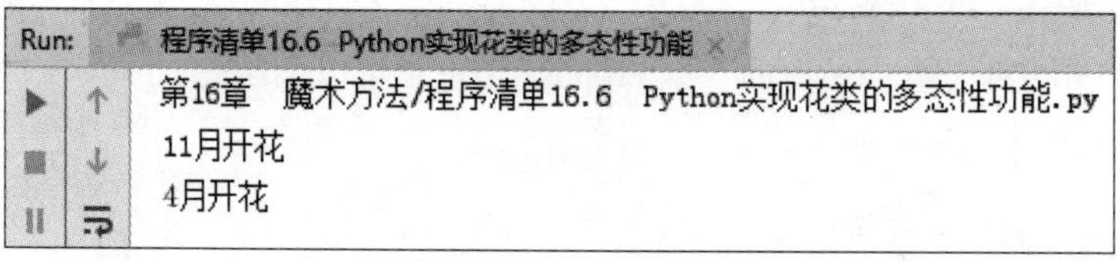

图 16.2 Python 实现花类的多态性功能的运行结果

由此可见，一个同样的 done() 功能，不同的实现效果。一个接口、多种实现就是面向对象的多态性。向不同的对象发送同一条消息，不同的对象在接收时会产生不同的行为，蜡梅和桃花就有不同的开花时间。这里的消息，就是调用函数；不同的行为就是指不同的实现，即执行不同的函数。也就是说，每个对象可以用自己的方式去响应共同的消息。

16.3 魔术方法

所谓的"魔术方法"其实就是 Python 中的一个定义，不用具体追究"魔术"二字的使用。Python 觉得"魔术"是已经准备好的意思。Python 在面向对象的使用过程中，也有一些方法是设计好的，内置的方法，如 __init__() 方法。所以，凡是以双下划线开头且结尾的方法都称之为魔术方法。

下面介绍一些 Python 中的魔术方法。

16.3.1 __init__() 魔术方法实战：电影类功能

__init__() 魔术方法在实例化对象后自动触发，一般会在 __init__() 方法中给对象添加对象的所属成员。在使用 __init__() 方法时，参数 self 是必须填入的，用于接收当前对象，其他参数可根据实例化的传参决定。实例化对象包含两步：第一步是制作一个对象，第二步是为对象初始化操作。这个魔术方法是没有返回值的，只是初始化的作用。代码如下。

程序清单 16.7　Python 实现 __init__() 魔术方法的电影类功能

```
class Movie():
    def __init__(self,name):
        self.name=name
        print(" 即将首映的电影是 "+name)
    def play(self):
        print(" 正在播放电影: "+self.name)
    def stop(self):
        print(self.name+" 电影播放完毕。")
if __name__=="__main__":
    movie=Movie(" 哪吒 ")
    movie.play()
```

以上代码描述了一个电影类的实例化及播放电影的方法。在定义的电影类中使用了魔术方法 __init__()，在 __int__() 方法中除接收当前对象外，还接收了电影的名字。这个电影名字还用作了类的属性，在类的方法中 play() 和 stop() 都调用了这个类的属性 name。

16.3.2 __new__() 魔术方法实战：电影类功能

__new__() 魔术方法是在 __init__() 魔术方法之前执行的方法，它在实例化对象时自动触发，这个魔术方法返回类的实例化对象。代码如下。

程序清单 16.8　Python 实现 __new_() 魔术方法电影类功能

```
class Movie():
    def __init__(self,name):
        print(" 即将首映的电影是 "+self.name)
    def __new__(self,name):
        self.name=name
        print(self.name+" 正在宣传中。")
        return super(Movie,self).__new__(self)
    def play(self):
```

```
        print(" 正在播放电影: "+self.name)
    def stop(self):
        print(self.name+" 电影播放完毕。")
if __name__=="__main__":
    movie=Movie(" 哪吒 ")
    movie.play()
```

以上代码的运行结果如图 16.3 所示。

图 16.3　Python 实现 __new__() 魔术方法电影类功能的运行结果

以上代码的功能是电影类的实例化及执行播放电影的方法。但在类中不但使用了 __init__() 魔术方法，还使用了 __new__() 方法，输出的结果会发现 __new__() 魔术方法的代码在 __init__() 魔术方法之前运行，另外 __new__() 方法一定要返回电影类的实例化对象，使用语句 return super(Movie,self).__new__(self) 来实现。

16.3.3　__del__() 魔术方法实战：电影类功能

__del__() 魔术方法在对象被系统回收时自动触发，其作用是回收使用过程中的信息和变量等。参数 self 也是必填的，表示接收当前对象。

程序清单 16.9　Python 实现 __del__() 魔术方法的电影类功能

```
class Movie():
    def __init__(self,name):
        print(" 即将首映的电影是 "+self.name)
    def __new__(self,name):
        self.name=name
        print(self.name+" 正在宣传中。")
        return super(Movie,self).__new__(self)
    def __del__(self):
        print(self.name+" 变量或信息被回收 ")
    def  play(self):
        print(" 正在播放电影: "+self.name)
    def stop(self):
        print(self.name+" 电影播放完毕。")
if __name__=="__main__":
    movie=Movie(" 哪吒 ")
    movie.play()
```

以上代码的运行结果如图 16.4 所示。

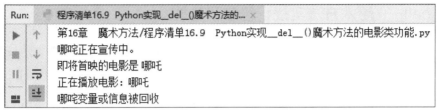

图 16.4　Python 实现 __del__() 魔术方法的电影类功能的运行结果

在以上代码中加入了 __del__() 魔术方法，代码被执行完毕后就会执行 __del__() 魔术方法，最终输出"哪吒变量或信息被回收"。

其实也可以使用 del 触发 __del__() 魔术方法。代码如下。

程序清单 16.10　Python 实现 del 触发 __del__() 魔术方法的电影类功能

```python
class Movie():
    def __init__(self,name):
        print(" 即将首映的电影是 "+self.name)
    def __new__(self,name):
        self.name=name
        print(self.name+" 正在宣传中。")
        return super(Movie,self).__new__(self)
    def __del__(self):
        print(self.name+" 变量或信息被回收 ")
    def play(self):
        print(" 正在播放电影：+self.name)
    def stop(self):
        print(self.name+" 电影播放完毕。")
if __name__=="__main__":
    movie=Movie(" 哪吒 ")
    del movie
    movie.play()
```

以上代码的运行结果如图 16.5 所示。

```
程序清单16.10 Python实现del触发_del()_魔... ×
第16章　魔术方法/程序清单16.10　Python实现del触发_del()_魔术方法的电影类功能.py
Traceback (most recent call last):
哪吒正在宣传中。
即将首映的电影是哪吒
  File "第16章　魔术方法/程序清单16.10　Python实现del触发del()魔术方法的电影类功能.py", line 17, in <module>
    movie.play()
哪吒变量或信息被回收
NameError: name 'movie' is not defined
```

图 16.5　Python 实现 del 触发 __del__() 魔术方法的电影类功能的运行结果

以上代码执行时报错，原因是主线程的 movie.play() 前面有一句 del movie，对象被手动删除了，再调用 movie.play() 就会报错。虽然运行结果中也出现了"哪吒变量或信息被回收"，这是 del 语句的作用。

16.3.4 __call__() 魔术方法实战：包饺子功能

__call__() 方法是将实例化对象当作函数调用时自动触发的。这是因为函数也是一个对象，所以可以将实例化的对象当作函数使用。它的作用是归结类或对象的操作步骤。参数 self 也是必填的，可以接收当前对象。代码如下。

程序清单 16.11　Python 实现 __call__() 魔术方法的包饺子功能

```python
class MakeDumplings():
    def huo_mian(self):
        print(" 和面 ")
    def gan_pi(self):
        print(" 擀面皮 ")
    def bao_jiaozi(self):
        print(" 包饺子 ")
    def __call__(self):
        self.huo_mian()
        self.gan_pi()
        self.bao_jiaozi()
        print(" 饺子可以下锅煮了 ")
if __name__=="__main__":
    make_dumplings=MakeDumplings()
    make_dumplings()
```

以上代码模拟包饺子的流程，运行结果如图 16.6 所示。

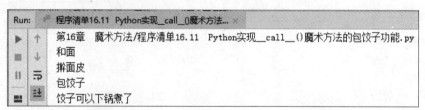

图 16.6　Python 实现 __call__() 魔术方法的包饺子功能的运行结果

以上代码中，编写了包饺子的几种方法名，huo_mian() 方法实现了"和面"，gan_pi() 方法实现了"擀面皮"，bao_jiaozi() 方法实现了"包饺子"，在 __call__() 魔术方法中调用这几个方法，并进行归纳。在主线程中实例化 MakeDumplings 类，然后把实例化的对象当成函数调用，即 make_dumplings() 完成了调用 __call__() 魔术方法。

16.3.5 __str__() 魔术方法实战：电影类功能

__str__() 魔术方法在 print 语句打印对象时触发，可以自定义打印对象时输出的内容。参数 self 也是必填的，接收当前对象。返回值必须是字符串类型。除 print() 方法外，用 str() 字符串转换方法也可以触发该魔术方法。代码如下。

程序清单 16.12　Python 实现 __str__() 魔术方法的电影类功能

```python
class Movie():
    def __init__(self,name):
        self.name=name
        print(" 即将首映的电影是 "+self.name)
    def __str__(self):
        return  " 这是一部备受欢迎的电影: %s"%self.name
    def play(self):
        print(" 正在播放电影: "+self.name)
    def stop(self):
        print(self.name+" 电影播放完毕。")
if __name__=="__main__":
    movie=Movie(" 哪吒 ")
    print(movie)
```

以上代码的功能是实例化了一个电影类并打印这个实例化的对象。打印实例化对象就会触发 __str__() 魔术方法，在 __str__() 魔术方法中返回了字符串"这是一部备受欢迎的电影"和电影名字的链接。运行结果如图 16.7 所示。

图 16.7　Python 实现 __str__() 魔术方法的电影类功能的运行结果

16.3.6　__repr__() 魔术方法实战：电影类功能

__repr__() 方法和 __str__() 方法是完全一样的，在实际中，只需要实现 __str__() 方法。如果一个对象没有 __str__() 方法，解释器会用 __repr__() 方法来代替。__repr__() 方法在使用 repr 转换对象时触发，可以设置 repr 函数操作对象的输入结果。参数 self 也是必须要有的，接收当前对象。返回值是字符串类型。代码如下。

程序清单 16.13　Python 实现 __repr__() 魔术方法的电影类功能

```python
class Movie():
    def __init__(self,name):
        self.name=name
    print(" 即将首映的电影是 "+self.name)
    def __repr__(self):
        return  " 这是一部备受欢迎的电影: %s"%self.name
    def play(self):
        print(" 正在播放电影: "+self.name)
    def stop(self):
        print(self.name+" 电影播放完毕。")
```

```
if __name__=="__main__":
    movie=Movie(" 哪吒 ")
    print(movie)
```

以上代码中没有在 Movie 类中写 __str__() 魔术方法，而是在类中写了 __repr__() 魔术方法，这个 Movie 实例化后的对象会用 __repr__() 代替 __str__() 魔术方法。打印对象时就会调用 __repr__() 魔术方法。运行结果如图 16.8 所示。

图 16.8　Python 实现 __repr__() 魔术方法的电影类功能的运行结果

16.4 类的常用函数

在使用类时，有时也会有一些常用的函数被使用。

16.4.1 issubclass() 函数

issubclass() 函数的主要作用是检查一个类是否是另一个类的子类，语法格式如下。

issubclass(被检测类 , 父类)

如果被检测类是父类的子类，就返回 True，否则返回 False，代码如下。

程序清单 16.14　Python 实现 issubclass() 判断的功能

```
class Bar():
    pass
class SubBar(Bar):
    pass
if __name__=="__main__":
    print(issubclass(SubBar,Bar))
```

以上代码的功能就是判断 SubBar 是否是 Bar 的子类。从代码上来，SubBar 是继承于 Bar 类的。运行结果如图 16.9 所示。

Run:　程序清单16.14 Python实现issubclass()判断的... ×
第16章　魔术方法/程序清单16.14　Python实现issubclass()判断的功能.py
True

图 16.9　Python 实现 issubclass() 判断的功能的运行结果

16.4.2 isinstance() 函数

isinstance() 函数的主要功能是检查一个对象是否是某个类的对象，语法格式如下。

isinstance(被检测对象 , 类)

如果被检测对象是类的实例，则返回 True，否则返回 False，代码如下。

程序清单 16.15　Python 实现 isinstance() 判断的功能

```python
class Bar():
    pass
if __name__=="__main__":
    bar=Bar()
    print(isinstance(bar,Bar))
```

以上代码的功能就是判断对象 bar 是否是 Bar 类的对象。从代码上看，bar 是实例化 Bar 类得到的变量，bar 就是 Bar 类的对象。运行结果如图 16.10 所示。

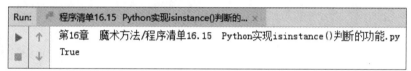

图 16.10　Python 实现 isinstance() 判断的功能的运行结果

16.5 类中的装饰器

在 Python 面向对象的编程过程中，Python 也提供了一些类的装饰器。

16.5.1 @classmethod 装饰器实战：圆明园景点人流量统计

下面介绍圆明园的景点类的实现，代码如下。

程序清单 16.16　Python 实现圆明园景点类统计人流量的功能

```python
class SummerPalace():
    __count=0
    def __init__(self,date):
        self.date=date
    def add_count(self):
        SummerPalace.__count+=1
    def show_count(self):
        return SummerPalace.__count
    if __name__=="__main__":
        summer=SummerPalace("2020-01-01")
```

```
    for i in range(1,10):
        summer.add_count()
    print(summer.show_count())
```

以上代码实现了记录圆明园每天入园人数的功能。在主线程中用 for 循环模拟了 9 个人入园，然后由 SummerPalace 颐和园类的 show_count() 方法输出入园人数。在 SummerPalace 颐和园类中，__count 是定义的成员变量，其没有在 __init__() 方法里用 self 定义，而是直接写在了类中。add_count(self) 成员方法中用类名 __count 来调用的，调用时函数体中没有使用 self 参数，不需要使用参数就不需要传递参数才合理，也就是把 self 参数去掉比较合理，直接去掉程序就会报错，@classmethod 装饰器可以起到去掉 self 参数的目的。代码如下。

程序清单 16.17　Python 实现圆明园景点 @classmethod 装饰器使用功能

```
class SummerPalace():
    __count=0
    def __init__(self,date):
        self.date=date
    @classmethod
    def add_count(cls):
        cls.__count+=1
    @classmethod
    def show_count(cls):
        return cls.__count
if __name__=="__main__":
    summer=SummerPalace("2020-01-01")
    for i in range(1,10):
        summer.add_count()
    print(summer.show_count())
```

以上代码用 @classmethod 装饰器进行改写。@classmethod 是类方法，它的第一个参数不是 self，而是 cls，也就是类的本身。用 @classmethod 装饰器装饰 def add_count() 方法时，就传参 cls，在函数体中调用的 cls 实际上就是 SummerPalace 类的名字，在类中直接定义的变量 __count，可以在 @classmethod 修改的方法里写成 cls.__count 的形式。换句话说，可以用 @classmethod 类方法装饰器实现在方法中调用与类本身相关的操作。

16.5.2　@staticmethod 装饰器实战：圆明园景点欢迎功能

@staticmethod 可以实现把类外面的函数用到类里面，不用传参 self，也不用传参 cls 类本身。相当于在类中有一个普通方法，用类名.方法名() 就可以调用了。代码如下。

程序清单 16.18　Python 实现圆明园景点 @staticmethod 装饰器使用功能

```
class SummerPalace():
    @staticmethod
    def welcome(message):
```

```
        print(" 欢迎光临颐和园！ "+message)
    if __name__=="__main__":
        SummperPalace.welcome(" 你一定不虚此行 ")
```

以上代码的功能用 @staticmethod 表示颐和园的欢迎词，也采用了传参的方式。但是，用 @staticmethod 修饰的方法虽然是放在类里，可是与普通方法没什么区别，用什么参数就传入什么参数就行了，不需要 self 参数，也不需要类本身含义的 cls 参数。

16.5.3 @property 装饰器实战：账户存取的功能

@property 装饰器是直接用 "实例名 . 属性" 来读写属性的，当某一个属性需要被私有化，不需要被外部查看时，把这个属性通过方法返回，方法就伪装成了属性，代码如下。

程序清单 16.19　Python 实现存款账户 @property 装饰器读取的功能

```
class Account:
    def __init__(self,saving):
        self.__saving=saving
    @property
    def saving(self):
        return self.__saving
if __name__=="__main__":
    person=Account(10000)
    print(person.saving)
```

以上代码简单地描述了存款账户的类，在初始化时传入了用户的初始存款，用 @property 装饰器获取账户的存款。在类装饰器 @property 修饰的 saving() 方法在主线程中可以当作 saving 的属性来访问。saving() 方法会返回私有属性 __saving，一个反映存款状况的变量。当有一个被 property 修改的方法名变成属性后，可以用装饰器 @ 属性名 .setter 对属性进行赋值，有效地封装私有属性 __saving，代码如下。

程序清单 16.20　Python 实现存款账户 @property 写入的功能

```
class Account:
    def __init__(self,saving):
        self.__saving=saving
    @property
    def saving(self):
        return self.__saving
    @saving.setter
    def saving(self,saving):
        if self.__saviing>0:
            self.__saving+=saving
if __name__=="__main__":
    person=Account(10000)
    print(person.saving)
```

以上代码定义了存款账户进行存取款的功能类。在原来描述存款账户类的基础上做了修改，加入了一个 @saving.setter 装饰器去实现用户存款额的修改，即用户在账户存钱或取钱时调用的方法。@saving.setter 就是实现设置私有属性的装饰器，一定要与 @property 读取属性的装饰器一起使用才有效果。在 @saving.setter 中，".setter"前面的 saving 就是 @property 修饰的方法名，@saving.setter 修饰的方法也与 @property 修饰的方法同名，在函数体内只要 self.__saving 用户存款额大于 0 就在原有的 self.__saving 属性上加上传入的参数 saving。如果 saving 是正数，就是存钱操作；如果 saving 是负数，就是取钱操作。

16.6 能力测试

1. 大兵瑞恩配备一支 AK47，大兵可以对着敌人开枪，打印大兵瑞恩这个对象时输出大兵的装备和状态，AK47 可以发射子弹，子弹销毁时产生弹壳，AK47 也能填满子弹，打印 AK47 对象时可以查看 AK47 的子弹数量。试用面向对象的思维和魔术方法实现上面的描述。

2. 试用 @classmethod、@staticmethod、@property 装饰器完成名叫星巴的 2 岁小狗的类，实现方法有吃骨头和拿耗子。

3. 试用封装的私有方法、私有属性，并设置公开访问接口的方式完成公司员工类，私有属性设置成职位，私有方法设置成职位的提升，公开接口实现客户约见的方法，约定只有经理级别才能进行客户约见，在约见方法中要对职位进行评定，满足经理的级别才能进行约见。

16.7 面试真题

1. 谈谈你对面向对象的理解。

解析：这道题是对面向对象内容理解的考核。面向对象是相对于面向过程而言的，面向过程是一种基于功能分析的、以算法为中心的程序设方法；而面向对象是一种基于结构分析，以数据为中心的程序设计思想。面向对象语言中有一个很重要的东西，叫作类。面向对象有三大特性：封装、继承和多态。

2. 面向对象如何实现只读的属性？

解析：这道题是对面向对象私有化封装的考核。封装的目的是把对象进行私有化，通过公用的方法提供一个读取数据的接口。实现方法是定义一个类,将需要私有化的属性前面加两个下划线(__)

即可完成对象属性的私有化，然后定义一个公共的方法，把这个私有的属性返回即可完成封装。

程序清单 16.21　Python 实现类的只读属性的封装功能

```
class Person:
def __init__(self,age):
    self.__age=age
def age(self):
    return self.__age
if __name__=="__main__":
    t=Person(22)
    print(t.age())
```

16.8 本章小结

本章主要介绍面向对象的另外两个特性：封装和多态，还介绍了面向对象中内置的魔术方法，这些方法相当于对类中的一些功能做了一些扩展接口，如 __init__ 可以完成初始化，__del__ 实现对象销毁时调用，__str__ 打印时可以格式化字符串效果等。最后介绍了 @classmethod、@staticmethod、@property 等装饰器在面向对象编程中的应用。

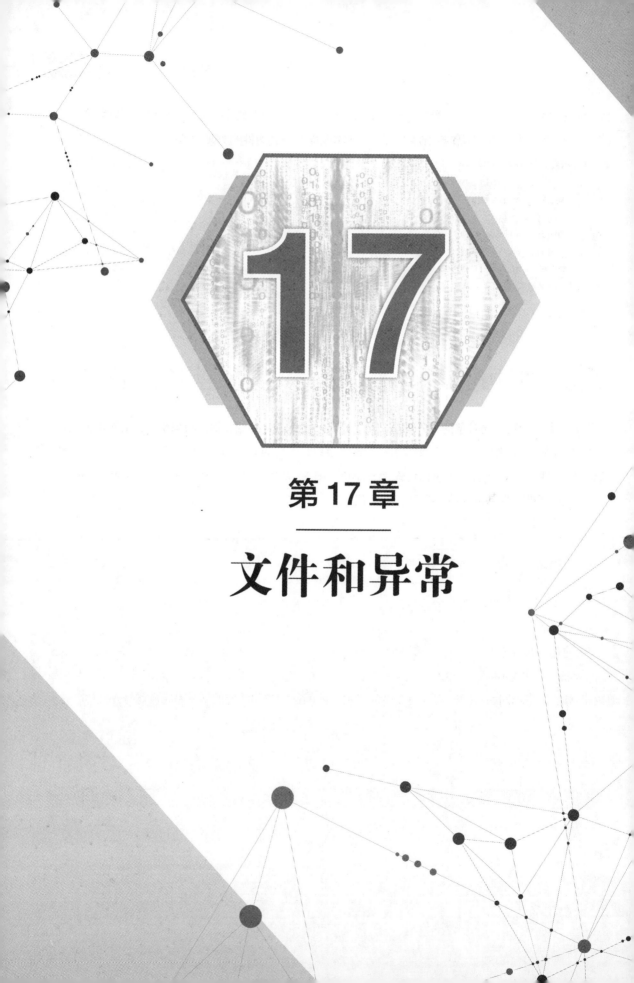

第17章

文件和异常

本章主要介绍文件的相关操作。文件操作的作用更多的是把数据进行持久化存储，程序结果也可以存储到文件中。如果程序再运行，需要这些数据时，直接打开文件就可以获取到了。这就涉及文件的读取、文件的写入等，这些操作是最基本的。还会涉及利用 os 模块进行文件的删除、查找及文件目录的创建等与文件有关系的操作。

在文件操作中，可能会遇到以下问题，例如，删除的文件不存在，写入的文件不让写，文件操作过程中的异常（输入数值时错误地输入了字母，访问列表时超出了列表的长度及读写的文件不存在等）。

文件和异常是进行持久化存储和代码运行过程中出现问题的提示信息。

17.1 从文件中读取数据

每当需要分析、修改、存储文件信息时，读取操作就显得很有用。例如，编写一个这样的程序：读取一个文本文件的内容（小说、著作等），然后把这些文本文件的内容用一定的字体、颜色等美化手段进行加工，最后让浏览器能够显示这些内容。读写文本文件的操作尤为必要。

除文本文件外，其他经常遇到的文件就是图片文件、视频文件、音频文件等，这些文件不是文字性的，都可以按二进制文件的形式来处理。

17.1.1 打开文件

文本文件的特点是文件名的后缀都是 ".txt"。要查文件名的后缀，可以直接在文件名上右击，在弹出的快捷菜单中选择 "属性" 选项，即可查看文件类型是不是 ".txt" 文件。

可使用 open() 方法打开文件，但需要指定文件名称，在指定文件名时一定要带上文件名的后缀，否则 open() 方法找不到这个文件。文件打开后，可直接关闭、修改文件或者阅读文件。计算机会根据不同目的给予不同的权限，实现对文件的保护。Python 规定用特定的字母来完成对打开文件后操作的限定。

以 "读" 方式打开文件的规定和作用如表 17.1 所示。

表 17.1 以 "读" 方式打开文件的规定和作用

规定字母	规定和作用
r	以只读方式打开文件。文件的指针将会放在文件的开头。这是默认模式
rb	以二进制格式打开一个文件用于只读。文件指针将会放在文件的开头。一般用于非文本文件，如图片等。 需要注意的是，二进制文件把内容表示为一个特殊的 bytes 字符串类型
r+	打开一个文件用于读写。文件指针将会放在文件的开头

续表

规定字母	规定和作用
rb+	以二进制格式打开一个文件用于读写。文件指针将会放在文件的开头。一般用于非文本文件，如图片等

根据表 17.1 的规定就可以写出打开文件的代码语句，形如：

```
open（"story.txt", "r"）
```

这句代码的作用是以只读的方式打开 story.txt 文件。

```
open（"story.jpg", "rb"）
```

这句代码的作用是以只读的方式打开 story.jpg 文件，注意 story.jpg 不是一个文本文件，而是一个图片文件，可将其看作一个二进制文件，用"rb"的方式来打开。

```
open（"story.txt", "r+"）
```

这句代码的作用是以读和写的方式打开 story.txt 文件。

```
open（"story.jpg", "rb+"）
```

这句代码的作用是以读和写的方式打开 story.jpg 文件。

17.1.2 关闭文件

close() 是关闭文件的方法，文件关闭后就不能再进行读写操作了。close() 方法没有任何参数。注意，close() 方法比较被动，如果程序存在 bug，导致 close() 语句没有被执行就发生了报错，给文件带来不安全因素，可能导致数据丢失或受损。

17.1.3 读取关闭文件实战：《西游记》情节文件读取

Python 代码以读的方式打开文件后使用 read() 方法来读取内容，语法格式如下。

```
content=fs.read()
```

其中，content 变量存放的是读取的文件内容，fs 是打开文件的代码，完成代码如下。

程序清单 17.1　Python 实现文件的打开读取功能

```
if __name__=="__main__":
    fs=open("story.txt","r",encoding="utf8")
    content=fs.read()
    print(content)
    fs.close()
```

以上代码的功能是以只读的方式打开"story.txt"文件，注意，打开文件 open 方法的最后一个参数是文件的编码格式：encoding="utf8"，然后用 read() 方法读取，读出来的内容放在 content 变量中，打印 content 变量后注意使用 close() 方法关闭打开的文件。

有时可按如下程序改写，代码如下。

程序清单 17.2　Python 使用 with 操作文件的打开读取功能

```
if __name__=="__main__":
    with open("story.txt",encoding="utf8") as fs:
        content=fs.read()
        print(content)
```

"with open（"story.txt",encoding="utf8"） as fs："语句中的参数 encoding="utf8" 解决了文件的编码问题。用关键字 with 组成的语句来打开文件，打开的文件能够自动关闭，不需要使用 close() 方法。之所以不使用 close() 方法，是因为底层执行了 close()。

read() 命令读取文本文件的全部内容，同时也会在末尾增加一个空行。这是表征到达文件末尾的一个空字符串，显示出来就是一个空行。如果要把这个空行删除，可以修改程序，代码如下。

程序清单 17.3　Python 实现读取内容删除末尾空行功能

```
if __name__=="__main__":
    with open("story.txt",encoding="utf8") as fs:
        content=fs.read()
        print(content.rstrip())
```

以上代码中的 print(content.rstrip()) 起到在打印语句时，把读取的内容去掉尾部空行的作用。rstrip() 方法的作用是删除字符串末尾的空白。这样处理以后，打印输出的内容就会与读取的内容完全相同。

17.1.4　文件路径

要求文本文件和代码放在同一目录下。如果根据组织文件的方式，可能要打开的文件与代码文件不在相同目录中。例如，可能将程序文件存储在了与程序文件同级的文件夹 files 中，而在文件夹 files 中，有一个名为 myfile 的文件夹，用于存储操作的文本文件。描述的文件夹结构如图 17.1 所示。

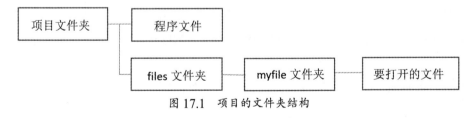

图 17.1　项目的文件夹结构

如图 17.1 所示的文件夹结构，仅向 open() 传递单纯的文件名称是不可行的，因为 Python 只能在文件夹 files 中查找，而不会在其子文件夹 myfiles 中查找。此时，Python 要打开与程序文件位于不同目录中的文件，需要提供文件路径，使 Python 到系统特定的位置去查找文件。

由于文件夹 myfiles 位于文件夹 files 中，文件夹 files 又与程序文件位于同一级目录，因此可使用相对文件路径来打开文件。相对文件路径也是让 Python 到指定的位置去查找，只不过该位置是相对于当前运行程序所在的目录而言的。相对文件路径表示如下：

```
files\myfile\story.txt
```

以上路径指定了 Python 查找文件 story.txt 需要进入与程序文件同级的文件夹 files 的文件夹 myfile 中。在 Windows 系统中，文件路径使用反斜杠（\）而不是斜杠（/）。

如果对当前结构再做一下修改，则可把程序文件放在 files 的 myfiles 文件夹中，而把要打开的文本文件放在项目文件夹下，如图 17.2 所示。当然，这种放法并不合理，旨在说明问题。

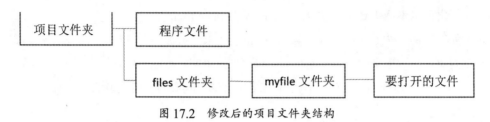

图 17.2　修改后的项目文件夹结构

在图 17.2 所示的结构中找到文本文件 story.txt，即"要打开的文件"，必须在程序文件的目录下找程序文件的父级文件夹 myfile 文件夹，再找 myfile 的父级文件夹 files，"要打开的文件"与"files 文件夹"同级，这样就可以访问"要打开的文件"了。

要回到某一级文件夹的父级文件夹用".."来表示，就是两个点。这种结构写成相对文件路径表示如下。

```
..\..\story.txt
```

与相对路径相对应的是绝对路径，绝对路径就是将文件在计算机中的准确位置告诉 Python，这样就不用关心当前运行的程序存储的位置。在相对路径行不通时，可使用绝对路径。绝对路径形如：

```
C:\windows\files\myfiles\story.txt
http://www.abc.com/files/story.txt
```

这两个都是绝对路径。绝对路径通常比相对路径更长，因此将其存储在一个变量中，再将该变量传递给 open() 会合理一些。通过使用绝对路径，可读取系统任何地方的文件。但为方便程序文件的管理，最简单的做法是，要么将数据文件存储在程序文件所在的目录中，要么将其存储在程序文件所在目录下的一个文件夹（如 files 文件夹的位置）中。

17.1.5　逐行读取实战：逐行统计文件每行中的唐僧

读取文件可以读取全部文件信息，也可以读取其中的某一行或每一行。读取的目的可能是要在文件中查找特定的信息，或者要以某种方式修改文件中的文本。例如，遍历《西游记》小说情节文件时，查看"唐僧"这个人出现了几行。这样就要以每次一行的方式检查文件，可对文件对象使用 for 循环来达成目的。代码如下。

程序清单 17.4　Python 实现逐行读取文件统计每行中的唐僧

```
with open("story.txt",encoding="utf8") as fs:
    i=1
    for line in fs:
        count = 0
        if "唐僧" in line:
            monks=line.split("唐僧")
            count=len(monks)-1
            print("第"+str(i)+"行：唐僧的词有"+str(count)+"个")
        else:
            print("第"+str(i)+"行：唐僧的词有 0 个")
        i=i+1
```

以上代码中，先调用 open() 方法将一个表示文件及其内容的对象存储到了变量 fs 中。同时也使用了关键字 with，让 Python 负责妥善地打开和关闭文件，并且还设置了打开文件的编码 encoding="utf8"。为查看文件的内容，通过对文件对象执行循环来遍历文件中的每一行，然后用条件语句判断每一行 line 变量内容中是否有"唐僧"。而问题的关键是要找出有几个。可以用"唐僧"关键词把这句话进行切分，把切分出来的列表长度减 1 就是"唐僧"的个数。还需要处理的是行数的计数器加 1 继续统计下一行，当然，每行统计"唐僧"个数前需要将"唐僧"个数的计数器置 0。这样往复循环，每行的"唐僧"一词的统计结果就正常显示了出来，程序的功能就完成了。需要注意的是，如果不进行条件语句的操作，只是读取每一行，然后打印，就有一个空白行的问题。可使用 line.rstrip() 来处理读取的文件末尾的空白行。代码如下。

程序清单 17.5　Python 实现逐行读取内容清除空白行功能

```
with open("story.txt",encoding="utf8") as fs:
    count=0
    for line in fs:
        print(line.rstrip())
```

以上代码读取了文本内容的每一行并直接打印。因为文本文件每行的末尾都有一个看不见的换行符，而 print 语句也会加上这个换行符，相当于每行末尾都有两个换行符：一个来自文件，另一个来自 print 语句。使用 rstrip 去除这两个符号，输出才会和文件内容相同。

除 for 循环外，Python 也提供了一个读取行的方法 readline()。这个方法可以直接读文本文件中的一行。代码如下。

程序清单 17.6　Python 用 readline() 读取文件中的一行的功能

```
with open("story.txt",encoding="utf8") as fs:
    print(fs.readline())
```

运行结果发现只读了文本文件中的一行。如果想读取文件的每一行，则可用 readlines() 方法来完成。

程序清单 17.7　Python 用 readlines() 读取文件中的每行的功能

```
with open("story.txt",encoding="utf8") as fs:
    print(fs.readlines())
```

下面用 readlines 改写这段程序：读取《西游记》小说情节文件，查看"唐僧"出现了几行。

程序清单 17.8　Python 用 readlines() 读取统计文件中的每行"唐僧"的功能

```
with open("story.txt",encoding="ut8") as fs:
    i=0
    for line in fs.readlines():
        if  "唐僧" in line:
            monks=line.split("唐僧")
            count=len(monks)-1
            print("第"+str(i)+"行唐僧一词的个数为"+str(count)+"个")
        else:
            print("第"+str(i)+"行唐僧一词的个数为 0")    i=i+1
```

以上代码只是用了 readlines() 而已，遍历操作还是需要的。

17.1.6　打开并显示一个图片文件

open 方法中的 rb 方式能够打开一个二进制文件，但文件显示还需要一些高级的技术手段。下面使用 os 模块中的 startfile 方法来读取图片并用照片查看器查看图片，代码如下。

程序清单 17.9　Python 实现打开并显示一个图片文件

```
import os
os.startfile("fengjing.jpg")
```

以上代码执行后就可以调用照片查看器查看图片了。

17.2　写入文件

文件除了读取，还可以向文件中写入数据。在程序结束运行后从文件中可以查看这些输出，还可编写程序来将这些文件内容再次读取到内存中并进行处理。总而言之，有了输出的保存才能让数据持久化。

17.2.1　以写方式打开文件

要将文本写入一个文件中，前提仍然是需要打开这个文件。只不过不是以读的方式打开，而是以写的方式打开，open() 方法的第二个参数需要用特定的字母去规定以"写"的方式打开，如表 17.2 所示。

表 17.2 以 "写" 的方式打开文件的规定和作用

规定字母	规定和作用
w	打开一个文件只用于写入。如果该文件已存在则打开文件,并从开头开始编辑,即原有内容会被删除。如果该文件不存在,创建新文件
wb	以二进制格式打开一个文件只用于写入。如果该文件已存在则打开文件,并从头开始编辑,即原有内容会被删除。如果该文件不存在,创建新文件。一般用于非文本文件,如图片等
w+	打开一个文件用于读写。如果该文件已存在则打开文件,并从开头开始编辑,即原有内容会被删除。如果该文件不存在,创建新文件
wb+	以二进制格式打开一个文件用于读写。如果该文件已存在则打开文件,并从头开始编辑,即原有内容会被删除。如果该文件不存在,创建新文件。一般用于非文本文件,如图片等
a	打开一个文件用于追加。如果该文件已存在,文件指针将会放在文件的结尾。也就是说,新的内容将会被写入已有内容之后。如果该文件不存在,创建新文件进行写入
ab	以二进制格式打开一个文件用于追加。如果该文件已存在,文件指针将会放在文件的结尾。也就是说,新的内容将会被写入已有内容之后。如果该文件不存在,创建新文件进行写入
a+	打开一个文件用于读写。如果该文件已存在,文件指针将会放在文件的结尾。文件打开时会是追加模式。如果该文件不存在,创建新文件用于读写
ab+	以二进制格式打开一个文件用于追加。如果该文件已存在,文件指针将会放在文件的结尾。如果该文件不存在,创建新文件用于读写

根据表 17.2 的规定以 "写" 方式打开文件的代码语句,形如:

```
open("story.txt", "w")
```

这句代码的作用是以写的方式打开 story.txt 文件,并覆盖原内容或新建文件。

还可以以 "写" 的方式打开文件的代码语句,形如:

```
open("story.jpg", "wb")
```

这句代码的作用是以写的方式打开 story.jpg 文件,以覆盖方式写入二进制的数据,或者是在新建文件中写入二进制的数据。

又可以这样完成以 "写" 方式打开的代码语句,形如:

```
open("story.txt", "w+")
```

这句代码的作用是以读写的方式打开 story.txt 文件,并覆盖原内容或新建文件,不但可以读,还可以写,如读一部分,写一部分。

还有这样的形式:

```
open("story.jpg", "wb+")
```

这句代码的作用是以读写的方式打开 story.jpg 文件,以覆盖方式写入二进制的数据,或者是在新建文件中写入二进制的数据,或者有读有写。

还有这样的形式:

```
open("story.txt", "a")
```

这句代码的作用是以追加的方式打开 story.txt 文件，不覆盖原内容，而是续写，当文件不存在，就新建文件。

还会有这样的形式：

```
open（"story.txt", "a+"）
```

这句代码的作用是以读写的方式打开 story.txt 文件，不覆盖原内容，而是续写，当文件不存在，就新建文件，内容是可读可写。

还会有这样的形式：

```
open（"story.jpg", "ab"）
```

这句代码的作用是以追加写的方式打开 story.jpg，追加将不覆盖写入二进制的数据，如果没有该文件，则新建文件写入二进制的数据。

还会有这样的形式：

```
open（"story.jpb", "ab+"）
```

这句代码的作用是以追加读写的方式打开 story.jpg，追加也不覆盖原内容，而是续写。如果文件不存在，就新建文件，不过内容是可读可写的。

17.2.2 写入文件实战：写入一行文件功能

以写的方式调用 open() 后，就相当于告诉 Python 要在打开的文件中写入数据。然后调用 write() 方法来实现写入操作，write() 方法的参数就是要写入的信息，这样可以将一条消息存储到文件中，而不是将其打印到屏幕上。代码如下。

程序清单 17.10　Python 实现写入一行文件功能

```
with open("myworld.txt","w",encoding="utf8") as fs:
    fs.write(" 我用的是 Python，我的人生不苦短，爱咋咋地 ")
```

这个代码的功能就是把"我用的是 Python，我的人生不苦短，爱咋咋地"写到了 myworld.txt 文件中。运行结束，打开这个文件就可以看到这句话了。调用 open() 时代码中提供了 3 个实参，第一个实参是要打开的文件的名称；第二个实参（"w"）说明 Python 要以"写"的模式打开这个文件；第三个实参 encoding="utf8" 说明文件写入时的编码格式。如果 open() 方法打开的文件不存在，则自动创建该文件，再使用文件对象的 write() 方法语句将中文字符串写入文件中。这个程序没有终端输出语句。

相比于计算机中的其他文件，这个文件没有什么不同。文件打开后可以输入新文本、复制内容、将内容粘贴到其中等各种操作。注意，与输出一样，有数据类型方面的严格要求。如果将数值数据存储到文本文件中，必须先使用 str() 函数将其转换为字符串格式。

17.2.3 写入多行实战：写入多行文件不换行功能

write() 方法不会像 read() 方法一样在其后增加一个空白行，也不会在写入的文本末尾添加换行符，如果写入多行的需求是需要指定换行符的。如果不指定换行符，两个 write() 语句会写入一行里。

程序清单 17.11　Python 实现写入多行文件不换行功能

```
with open("myworld.txt","w",encoding="utf8") as fs:
    fs.write(" 我用的是 Python, 我的人生不苦短, 爱咋咋地。")
    fs.write(" 欢迎大家向我学习！")
```

以上代码的运行结果在文件中显示的内容如图 17.3 所示。

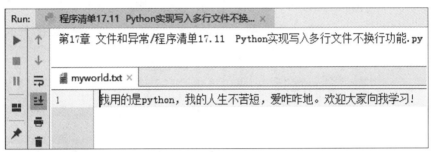

图 17.3　Python 实现写入多行文件不换行功能的运行结果

从运行结果上来看，代码中的两句话是在一行中显示的。如果每句话单独占一行，可以在每句输出结束加入 "\n"。代码如下。

程序清单 17.12　Python 实现写入多行文件换行功能

```
with open("myworld.txt","w",encoding="utf8") as fs:
    fs.write(" 我用的是 Python, 我的人生不苦短, 爱咋咋地。\n")
    fs.write(" 欢迎大家向我学习！\n")
```

以上代码写入语句中的 "\n" 起到了换行的作用。再打开 myworld.txt 文件时，这两句就会换行显示了。运行结果在文件中的显示如图 17.4 所示。

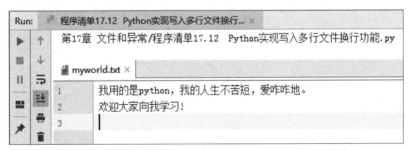

图 17.4　Python 实现写入多行文件换行功能的运行结果

除使用 "\n" 外，还可以使用空格、制表符和空行来设置输出的格式。

17.2.4　附加到文件实战：文件添加内容功能

以 "写" 的方式给文件添加内容，如果不覆盖原来的内容，就可以用附加模式打开文件。Python 也就不会在返回文件对象前清空文件，写入文件的行都将添加到文件末尾。同样，如果指定的文件不存在，Python 将创建一个空文件。

在原文件 myworld.txt 中再添加一些语句，代码如下。

程序清单 17.13　Python 实现文件添加内容功能

```
with open("myworld.txt","a",encoding="utf8") as fs:
    fs.write(" 学习编程最大的窍门就是敲敲敲，不停地敲。\n")
    fs.write(" 如果我说的不对，对付着听吧 !\n")
```

以上代码打开文件时指定了实参 "a"，其目的是将内容附加到文件末尾，而不是覆盖文件原来的内容。在文件中又写入了两行，添加到文件 myworld.txt 末尾。运行结果在打开的文件中显示如图 17.5 所示。

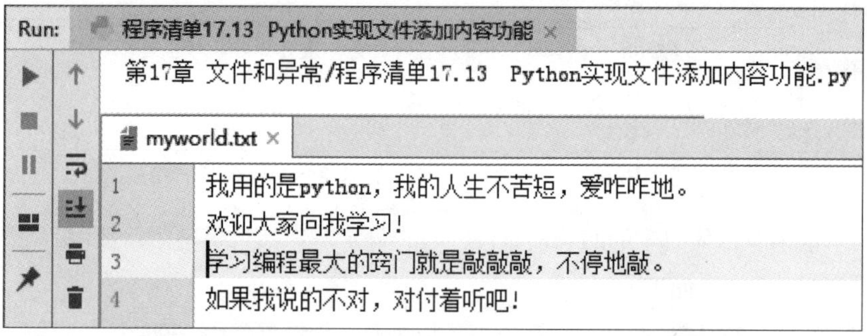

图 17.5　Python 实现文件添加内容功能的运行结果

17.3　os 模块的一些文件类操作

下面介绍 os 模块中关于文件和文件夹的操作。os 模块在使用前需要使用 import 语句导入，即 import os。

17.3.1　给文件重命名实战

在文件操作中，可能发生为某个文件重新命名的操作，这个操作可以通过 os.rename() 方法来实现，这个方法会有两个参数，前面的参数是需要更改文件名的文件，后面的参数是修改后的文件名。代码如下。

程序清单 17.14　Python 实现给文件名重命名功能

```
import os
os.rename(" 风景 .jpg"," 山水 .jpg")
```

以上代码的功能是把 "风景 .jpg" 文件通过 os.rename 重命名为 "山水 .jpg"。

17.3.2　删除指定文件实战

在文件操作中，对某个文件可以通过 os.remove() 方法来实现，这个方法会有一个参数，就是要删除的文件名称，如果有相对路径，要配合路径使用文件名称。代码如下。

程序清单 17.15　Python 实现删除指定文件功能

```
import os
os.remove("images/ 山水 .jpg")
```

以上代码的功能是通过 os.remove 删除名为"山水 .jpg"的文件。

17.3.3　获取当前文件所在的目录实战

在文件操作中，要获取当前文件所在的目录，这个操作可以通过 os.getcwd() 方法来实现，这个方法不需要参数，直接指定当前程序文件的所在目录。代码如下。

程序清单 17.16　Python 实现获取当前文件所在的目录功能

```
import os
print(os.getcwd())
```

以上代码的功能是通过 os.getcwd() 获取当前程序文件的工作目录。

17.3.4　判断是否为文件或目录实战

在文件操作中，可以通过 os.path.isfile() 判断该文件是否是文件或使用 os.path.isdir() 判断该文件是否是文件夹，这个方法的参数是文件名或目录名。代码如下。

程序清单 17.17　Python 实现判断是否为文件或目录功能

```
import os
print(os.path.isfile("files/a.txt"))
print(os.path.isdir("files"))
```

以上代码的功能是通过 os.path.isfile("files/a.txt") 来判断 files/a.txt 是否为文件，返回 True 就是文件，返回 False 就不是文件。通过 os.path.isdir("files") 来判断 files 是否为文件夹，返回 True 就是文件夹，否则就不是文件夹。

17.3.5　判断文件和文件夹是否存在实战

在文件操作中，可以通过 os.path.exists 来判断当前的文件或文件夹是否存在，如果存在，就返回 True；如果不存在，就返回 False。这个方法的参数是文件名或目录名。代码如下。

程序清单 17.18　Python 实现判断文件是否存在功能

```
import os
if os.path.exists("files/stroy.txt"):
```

```
        print(" 文件存在 ")
    else:
        print(" 文件不存在 ")
```

以上代码的功能是通过 os.path.exists("files/story.txt") 来判断 files/story.txt 是否存在，存在就意味着 if 后面的条件表达式为 True，将输出"文件存在"，否则就执行 else 语句后面的内容，将输出"文件不存在"。

17.3.6 拼接文件路径实战

在文件操作中，可以通过 os.path.join() 拼接文件路径去实现对文件的操作。这个方法的参数可以传入多个路径。代码如下。

程序清单 17.19 Python 实现拼接文件路径功能

```
import os
print(os.path.join("files","/myfiles","story.txt"))
print(os.path.join("/files","/myfiles","/story.txt"))
print(os.path.join("files","./myfiles","story.txt"))
```

以上代码的功能完成了 3 条路径的拼接。第一条路径拼接要注意原则，会根据从后往前第一个以"/"开头的参数进行拼接，之前的参数被省略，得到的拼接结果是"/myfiles\story.txt"。代码中第二条路径拼接也会按照从后往前第一个以"/"开头的参数进行拼接，之前的参数被省略，得到的拼接结果是"/story.txt"。代码第三条路径拼接也会按照一定的原则，出现了"./"开头的参数，会从"./"开头的参数的上一个参数开始拼接，得到的具体拼接结果是"files\./myfiles\story.txt"。

17.3.7 获取目录列表功能

在文件操作中，可通过 os.listdir() 获取一些文件夹的目录列表，通过返回的列表去查看某个文件是否存在或搜索某类文件是否存在。这个方法的参数就是目录名。代码如下。

程序清单 17.20 Python 实现获取目录列表功能

```
import os
def scanOfFile(path):
    filelists=os.listdir(path)
    for name in filelists:
        filepath=os.path.join(path,name)
        if os.path.isdir(filepath):
            scaneOfFile(filepath)
        print(filepath)
if __name__=="__main__":
    scanOfFile("c:/files")
```

以上代码的功能将"c:/files"里所有的文件名路径打印出来。通过 os.path.listdir() 方法获取

"c:/files"里的文件和文件夹，用 for 循环遍历这个列表中的每一项，os.path.join() 方法把传入的路径和遍历出来的文件名连接起来，再用 if 语句结合 isdir() 去判断遍历出来的文件名路径是目录还是文件，是目录就递归调用 scanOfFile() 方法寻找文件，是文件就直接打印出来。

17.3.8 遍历目录内的子目录和子文件实战

在文件操作中，还可以使用 walk() 方法返回文件夹下所有的文件和文件夹，包括子文件夹内的文件夹。walk() 方法的参数就是文件夹的名字，返回值是由目录名称、子目录名称和非目录下的文件名称等 3 个参数组成的三元组。代码如下。

程序清单 17.21　Python 实现遍历目录内的子目录和子文件

```python
import os
for path,d,filelist in os.walk("c:/files"):
    for filename in filelist:
        print(os.path.join(path,filename))
```

以上代码的功能是拼接和遍历文件夹里的文件名称路径。用 os.walk() 方法返回 3 个路径，其中，目录和子目录不需要提取出来，直接拼接三元组第三个参数文件名称即可。

17.3.9 创建目录实战

在文件操作中，可以通过 os.mkdir() 方法创建目录，同时需要传入一个目录名参数。

程序清单 17.22　Python 实现创建目录功能

```python
import os
os.mkdir("mystory")
```

以上代码的功能是通过 os.mkdir（"mystory"）在程序文件当前目录下创建 mystory 目录，注意，这个创建目录的操作只能创建单级目录，不能进行嵌套目录的创建。

17.3.10 创建多级目录实战

在文件操作中，可以通过 os.makedirs() 方法创建多级目录，这个方法需要传入一个目录名参数。

程序清单 17.23　Python 实现创建多级目录功能

```python
import os
os.makedirs("mystory/myfile/file")
```

以上代码的功能是通过 os.makedirs（"mystory/myfile/file"）在程序文件当前目录 mystory 的 myfile 下创建 file 文件夹，这种创建是递归地创建。如果创建失败或目录已存在，会抛出一个错误异常。

17.3.11 删除目录实战

在文件操作中，可以通过 os.rmdir() 方法删除目录，这个方法需要传入一个目录名参数。

程序清单 17.24　Python 实现删除目录功能

```
import os
os.rmdir("mystory")
```

以上代码的功能是通过 os.rmdir（"mystory"）删除目录 mystory，在程序文件当前目录下删除 mystory 目录，这个删除只是单级目录的删除，不能进行嵌套目录的删除。

17.3.12 删除多级目录实战

在文件操作中，可以通过 os.removedirs() 方法删除多级嵌套目录，这个方法需要传入一个目录名参数。

程序清单 17.25　Python 实现删除多级目录功能

```
import os
os.removedirs("mystory/myfile")
```

以上代码的功能是通过 os.removedirs（"mystory/myfile"）删除多级空目录 mystory 下的 myfile 目录，如果 myfile 为空，则删除，并返回到上一级 mystory 目录；如果 mystory 也为空，则删除。依次类推。如果上一层为非空，则停止删除；如果 myfile 不为空，则报错。

17.4 异常

异常可以理解成意外。例如，读者去银行 ATM 取钱，突然发生吞卡了；读者坐公交车去上班，路上公交车突然出现故障，要进行换乘了⋯⋯每当程序发生让 Python 不知所措的错误时，都会创建一个异常对象。如果没有对异常进行处理，程序将停止，并显示一个 traceback，其中包含有关异常的报告。

例如，在进行代码编写时，由于疏忽，写了这样的程序。代码如下。

程序清单 17.26　Python 实现除数为零的异常功能

```
print(10/0)
```

以上代码很简单，只一句，但疏忽了 0 不能做除数，引发了异常，程序停止执行，因此将看到一个 traceback。运行结果如图 17.6 所示。

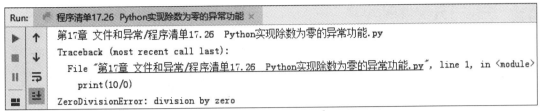

图 17.6　Python 实现除数为零的异常功能的运行结果

　　异常可以避免，如果不避免就会使程序停止执行。使用 try-except 代码块可以处理异常。try-except 代码块让 Python 执行指定的操作，同时告诉 Python 发生异常时应如何操作。

17.4.1　使用 try-except 代码块

　　预判一段代码可能发生了错误，可编写一个 try-except 代码块来处理异常。

程序清单 17.27　Python 用 try-except 实现处理除数为零的异常功能

```
try:
    print(10/0)
except Exception:
    print("除数不能为0")
```

　　以上代码是将导致错误的代码行 print(10/0) 放在了一个 try 代码块中。如果 try 代码块中的代码运行正常，将跳过 except 代码块；如果 try 代码块中的代码造成了异常，Python 将查找 except 代码块，并运行其中的代码，打印"除数不能为 0"。

17.4.2　else 代码块

　　通过将可能引发错误的代码放在 try-except 代码块中，可提高这个程序抵御错误的能力。try-except 还包含一个 else 代码块，try 代码块成功执行的代码都可以放到 else 代码块中。

程序清单 17.28　Python 用 try-except-else 实现除法异常处理功能

```
number_one=input("请输入一个被除数")
number_two=input("请输入一个除数")
try:
    result=int(number_one)/int(number_two)
except:
    print("除数或被除数输入错误")
else:
    print(result)
```

　　以上代码的功能是输入除数和被除数，用 int 转换后的被除数除以 int 转化后的除数，如果正常计算，没有异常，就在 else 代码块输出结果；如果出现异常，就在 except 代码块输出"被除数和除数输入错误"。

17.4.3 注意打开文件时异常

在前面使用文件的程序中，需要打开文件时，常见的问题就是找不到文件。这可能是由于查找的文件在其他地方、文件名不正确或这个文件根本就不存在等错误。也可使用 try-except 代码块进行处理。代码如下。

程序清单 17.29　Python 实现文件不存在的异常功能

```
files= 'story.txt'
with open(files,"r",encoding="utf8") asfs:
    contents =fs.read()
```

这一段代码如果要尝试读取一个不存在的文件，那么就会引发一个异常。运行结果如图 17.7 所示。

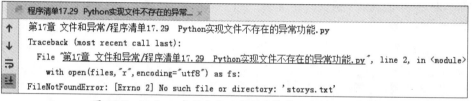

图 17.7　Python 实现文件不存在的异常功能的运行结果

Traceback 中，最后一行报告了 FileNotFoundError 异常，这是 Python 找不到要打开的文件时创建的异常。要处理这个错误，可将 try 语句放在包含 open() 的代码行前。代码如下。

程序清单 17.30　Python 用 try-except 实现文件不存在的异常功能

```
files="story.txt"
message=" 正常打开文件 "
try:
    with open(files,"r",encoding="utf8") as f_obj:
        contents = f_obj.read()
except Exception:
    message= " 对不起，文件不存在 "
else:
    print(message)
```

以上代码中，如果 try 代码块引发了 FileNotFoundError 异常，Python 找出与该错误匹配的 except 代码块，并运行其中的代码，打印 "对不起，文件不存在"。

17.5 存储数据

编写程序时，常常会把用户提供的信息存储在列表和字典等数据类型中，如果用户关闭程序后，程序数据或运行结果就会丢失。通常可把程序数据或运行结果保存在文件中。Python 使用模块 json 来存储数据，json 数据类型就是 Python 中的字典。

17.5.1　使用 json.dump() 和 json.load()

下面编写代码来实现存储一组数字，再将这些数字读取到内存中，其中可用 json.dump() 来存储这组数字，用 json.load() 来读取这组数字到内存中。

函数 json.dump() 接收两个实参：一个为要存储的数据，另一个为可用于存储数据的文件名称。代码如下。

程序清单 17.31　Python 用 json.dump() 实现文件数据存储功能

```python
import json
lists=[20,13,27,35,31,19]
files="lists.json"
with open(files,"w") as fs:
    json.dump(lists,fs)
```

以上代码先导入模块 json，接着创建了一个数字列表 lists。随后定义了一个文件名称，存储该数字列表，通常使用文件扩展名 .json 来指出文件存储的 JSON 格式。再以写入模式打开这个文件。最后使用函数 json.dump() 将数字列表存储到文件 lists.json 中。

这个程序运行后，运行结果在文件 lists.json 中的显示如图 17.8 所示。

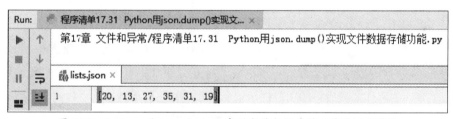

图 17.8　Python 用 json.dump() 实现文件数据存储功能的运行结果

下面使用 json.load() 将这个列表读取到内存中，代码如下。

程序清单 17.32　Python 用 json.load() 实现文件数据载入内存的功能

```python
import json
with open("lists.json","r") as fs:
    lists=json.load(fs)
print(lists)
```

现在读取程序清单 17.32 中写入列表数据的 json 文件。导入 json 模块后，以读取方式打开这个文件，然后使用函数 json.load() 载入存储在 lists.json 中的信息，并存储在变量 lists 中。最后打印数字列表。运行结果如图 17.9 所示。

图 17.9　Python 用 json.load() 实现文件数据载入内存的功能的运行结果

json.dump() 向文件中写入和 json.load() 向内存中载入可以作为程序之间共享数据的一种方式。

17.5.2　保存和读取用户生成的数据实战：注册用户文件并读取

对于用户生成的数据，如果不以某种方式进行存储，等程序停止运行时用户的信息将丢失。例如，网站的用户注册，如果不去记录相关的注册信息，用户退出程序后，数据就丢失了，下次访问网站还得注册。只有记住这些注册信息，才能保证下次用户能登录成功。代码如下。

程序清单 17.33　Python 实现注册用户文件存储功能

```python
import json
username=input(" 请输入用户名 ")
password=input(" 请输入密码 :")
repassword=input(" 请确认密码 ")
if password==repassword:
    myuser={"username":username,"password":password}
    with open("user.json","w") as fs:
        json.dump(myuser,fs)
    print(" 欢迎你注册本网站 ")
```

以上代码模拟用户注册的数据并存在文件中。首先要求用户输入用户名、密码和确认密码。然后判断密码和确认密码是否相等，如果相等就定义一个 myuser 字典，在字典中用 key-value 存储用户名和密码的对应关系，紧接着以写入的方式打开文件，并调用写入 json 数据到文件的 json.dump() 方法实现写入操作。最后打印用户提示消息"欢迎你注册本网站"。代码如下。

程序清单 17.34　Python 实现文件读取内容进行登录功能

```python
import json
with open("user.json","r",encoding="utf8" ) as fs:
    myuser=json.load(fs)
username=input(" 请输入用户名: ")
password=input(" 请输入密码: ")
if username==myuser["username"] and password==myuser["password"]:
    print(" 登录成功 ")
else:
    print(" 登录失败 ")
```

以上代码的功能是实现文件方法的用户登录。导入 json 模块后，以只读方式打开指定"user.json"文件，用 json.load() 方法读取文件中的信息到 myuser 变量中。然后让用户输入用户名和密码，判断用户输入的用户名和密码是否与文件中读取的相同，如果相同则显示"登录成功"，不相同就显示"登录失败"。

17.6 能力测试

1. 把计算机中里某个目录所有超过 2MB 的文件的文件名输出。

2. 试用 Python 代码实现图片文件的复制。

3. 创建一个文件 rand.txt，写入 100 行数据，每行数据写入 1~100 的随机数，每行数据不能重复。

17.7 面试真题

1. 试编程实现统计被打开的英文文件中大写英文字母的个数。

解析：这道题是对打开文件、读取文件、遍历文件内容和判断字母是否是大写字母的考核。打开中文文件需要指明编码格式，英文文件可以直接打开。打开后就可以使用 read() 方法进行读取，读取的内容可以用 for 循环进行遍历，通过遍历的字母用 isupper() 方法来判断是否是大写字母，如果是大写字母，就可以完成计数器的累加。

程序清单 17.35　Python 实现打开文件大写英文字母个数的统计

```
with open("mywords.txt") as fs:
    count=0
    for i in fs.read():
    if  i.isupper():
        count+=1
print(count)
```

2. with 可以打开多个文件吗？如何使用？

解析：这道题是对用 with 打开文件方法的考核。直接用 open 打开文件是需要用 close() 方法关闭的，with 可以实现文件的自动关闭。那么，with 可以打开多个文件吗？答案是肯定的。with 打开多个文件的方法用起来也比较简单，代码如下。

程序清单 17.36　Python 实现 with 打开多个文件的功能

```
with open("a.txt",encoding="utf8") as a, open("b.txt",encoding="utf8") as b ,
open("c.txt",encoding="utf8") as c:
    print(a.read())
    print(b.read())
    print(c.read())
```

17.8 本章小结

　　本章主要介绍文件的相关操作和一些异常的处理。文件都需要打开、读取、写入、修改等相关操作，为了把运行中的数据或运行后的结果持久化存储，就需要把数据写入文件中，然后通过文件模块的读取操作了解文件的内容。在文件操作中会遇到一些异常情况，使用 try 来处理异常也是对程序性能的改善。

第 18 章

进程和线程

本章主要介绍进程和线程，它们对代码程序的优化和执行速度的提升是有一定帮助的。正在运行着的程序都可以理解成进程，例如，运行中的火车，播放中的电影，直播中的晚会，正在进行的体育比赛等都算是一个进程。线程就是进程中执行的最小单位，是进程中被独立调度和分配的基本单位。例如，运行的火车是进程，服务人员和旅客是在进程中活动的最小实体。

本章要求理解进程和线程的概念并了解进程和线程的基本用法，并在程序设计中，使用线程和进程来提升代码性能。

18.1 进程的概念

每个进程都有自己运行的系统状态，例如，运行时内存是多少、已打开的文件是什么、跟踪程序执行的计数器到哪里了等信息在进程中都是被记录的。一般，进程都会有一个主的控制流，称为进程的主线程。程序通过主线程在任何一个给定的时刻都只做一件事情。程序会对正在执行的程序分配一个进程号，进程号可以通过 os 模块进行调用，然后执行的代码一般都会在同一个进程中运行。

下面编码实现程序开始时打印进程号，程序结束后也打印进程号，代码如下。

程序清单 18.1　Python 实现程序进程号的获取

```python
from os import getid
if __name__=="__main__":
    print(" 当前程序的进程号是 "+str(getpid()))
    a=10
    b=30
    c=a+b
    print(c)
    print(" 现在程序的进程号是 "+str(getpid()))
```

以上代码中，if __name__=="__main__" 是在说明这段代码是属于主进程中调用的内容。主进程中的程序段很容易理解，在打印进程号时使用了 str(getpid())，因为 getpid() 取的进程号是整型，需要将整型用 str 转化成字符串，与前面的提示信息整合成一句话输出。运行结果如图 18.1 所示。

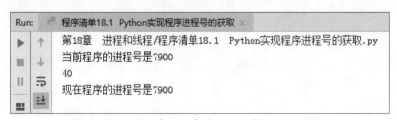

图 18.1　Python 实现程序进程号的获取的运行结果

进程状态的理解

每个程序都是多种任务组成的。例如，一个小说阅读器，阅读小说是最根本的功能，除此之外还可以配备背景音乐等，这些就是小说阅读器中的多个进程。那么，计算机就要协调管理一个程序中出现的多个进程。如何管理？这需要从进程的状态讲起。

18.2.1 进程的状态

在计算机的配置中，计算机是几核的，那么一次就能启动几个任务或几个进程，如 4 核的就可以同时启动 4 个进程，这个程序就会在 4 个进程的作用下工作。使用计算机时，可同时启动多个任务，例如，听音乐时敲代码，表面上只有听音乐和敲代码两个任务，但键盘和鼠标都要参与配合工作，计算机都要进行协调。编写代码时还有其他相关操作，如关闭运行程序，监控资源利用情况等，超出 4 个任务的可能性非常大。任务之间可从进程的 3 种状态来协调。

（1）就绪状态：这种状态发生在当进程已分配到 CPU（计算机的大脑，中央处理器，数据的处理中心）外的所有必要资料时，只要获得了 CPU 的可执行权就立即执行。这时的进程状态称为就绪状态。

（2）执行/运行状态（Running）：当进程获得了 CPU 可执行权时，程序就可以在 CPU 中执行了，此时的进程状态称为执行状态。

（3）阻塞状态（Blocked）：也叫等待状态，正在执行的进程，由于某个事件发生了中断，无法继续执行下去时，就放弃了 CPU 的可执行权，处于阻塞状态。这个事件可以有很多种：等待键盘鼠标操作，缓冲区不能满足数据的要求，等待对方回应或接收等。使用 input 语句实现键盘输入，即在进程中加入了阻塞状态；时间模块中的休眠函数 sleep()，使程序执行到这里时休眠一段时间后再继续执行，也使进程进入了阻塞状态。用 sleep() 模拟阻塞状态的实现，代码如下。

程序清单 18.2　Python 利用 time.sleep() 方法实现阻塞状态

```
import time
if  __name__=="__main__":
   print(" 计算机正在启动 ")
   time.sleep(2)
   print(" 计算机启动成功，你可以正常使用了 ")
```

以上代码就是 time.sleep() 功能使用的说明，进程中的主线程最初打印了一个"计算机正在启动"，过了 2 秒后，再打印"计算机启动成功，你可以正常使用了"。

从进程的角度来理解上面的程序，程序刚开始运行时进程进入了就绪状态，当获取了 CPU 可执行权时执行主线程中的代码 print(" 计算机正在启动 ")，打印出相关信息就表明进程进入了执行状态，这个阶段会把程序中的代码逐条执行。向下执行时，结果遇到了 time.sleep()，要求程序休眠等待，进入了进程的阻塞状态。当等待结束后，还需要回到就绪状态，等到获取了 CPU 的可执行权后，才能进入执行状态，进入执行状态后才能再次执行代码 print(" 计算机启动成功，你可以正常使用了 ")。进程在这 3 种状态间进行转换，如图 18.2 所示。

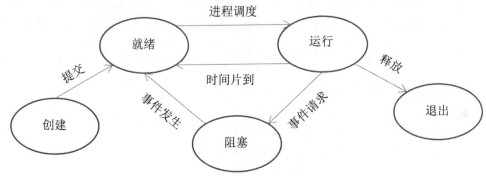

图 18.2　进程状态的转化过程

可以结合外卖小哥送餐来解释图 18.2 所示的转化过程，如图 18.3 所示。

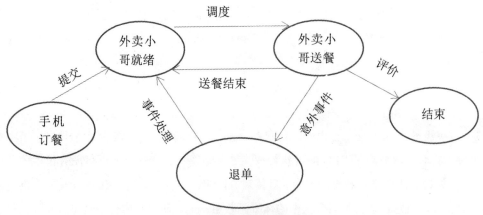

图 18.3　进程状态转换的例子

结合图 18.2 和图 18.3，将进程状态的转换过程总结如下。

（1）创建→就绪：程序创建是要等 CPU 去执行，例如，手机订餐是要外卖小哥就绪等着送餐。

（2）就绪→运行：这是由调度引起的，调度在就绪队列中选择合适的进程分配 CPU 去运行。相当于外卖小哥接到了送餐单，开始进行送餐。

（3）运行→就绪：正在运行的进程时间片用完，回到就绪状态。就相当于外卖小哥已经把前面的一餐送完了。回到就绪状态的目的是等待调度继续选择合适的进程分配给 CPU 执行。

（4）运行→阻塞：发生了 I/O 请求或等待某件事的发生，就像外卖小哥送餐途中发生意外事件，阻塞了正常的送餐路径。

（5）阻塞→就绪：进程所等待的事件结束，相当于外卖小哥送餐路上的意外事件解除，可能因为时间的关系，本次送餐被退单了，就进入就绪队列。

（6）运行→退出：执行完毕后释放内存，程序退出。相当于外卖小哥送餐完毕，评价结束，此单关闭。

在整个状态转换过程中，还有两种状态是不会进行转换的。

（1）阻塞→运行：即使给阻塞进程分配了 CPU 去执行，也无法执行，调度不会从阻塞队列中挑选任务，而且 CPU 只有空闲时才能执行任务，这个空闲只有调度来协调，调度永远从就绪的进程中选择去执行。就像顾客订餐已经出现退单了，一定是有一些不太愉快的地方，外卖小哥还继续送餐必然得不偿失，还不如考虑多接一些就绪状态的单。

（2）就绪→阻塞：因为就绪状态根本就没有执行任何内容，自然无法进入阻塞状态。如果外卖小哥根本就没有接到单，就没有退单的可能性。

18.2.2　进程的调度

通过对进程状态的了解，知道了进程主要是靠调度来分配 CPU 去执行的。调度实现分配的方法，其实就是一种算法。通过算法来决定哪一个进程需要 CPU 去处理。下面简单介绍调度的算法。

（1）FCFS 调度算法，最简单的调度算法，称为先来先服务，即谁先来就绪状态排队，谁就第一个被调度分配。如果有一个任务占用 CPU 时间过长，后面的任务就只能等待。就像银行排队办业务，如果有一个人办理的业务非常复杂，后面的人肯定会等待很长时间。

（2）短进程优先调度算法，就是把短进程的任务放在前面，相当于排队是按照身高来进行的，来晚的不是排在队尾，而是要按照身高去找位置。这对高个的人很不公平，而在进程调度算法中，时间长的任务就没有什么优势。

（3）时间片轮转（Round Robin，RR）调度算法的思路是让每个进程的等待时间与享受服务的时间成比例。在这种方法中，把 CPU 的处理时间分成固定大小的时间片。例如，几十毫秒至几百毫秒。一个进程被调度选中后用完了系统规定的时间片，又没有完成任务，只能先自行释放自己所占有的 CPU 而排到就绪队列的后面，等待下一次调度。进程调度会在当前等待的就绪队列中第一个分配 CPU 执行。这也就是图 18.2 中提到的"时间片到"。

以上进程调度的算法扩展了进程状态的知识体系，以便更好地理解程序。

18.3　多进程的操作

进程有时不是只有一个在运行，就像计算机中，打开了很多个程序，这就相当于多进程。多进程可以理解成多任务。Python 的多进程是通过 multiprocessing 模块完成的。

multiprocess 是 Python 中一个专门用来操作、管理进程的模块，可以完成创建多进程，进程之间的数据共享等相关方法。本节重点介绍创建多进程及多进程之间的数据共享。

18.3.1　创建进程实战：边敲代码边听音乐

在 multiprocess 模块中，Process 类起到了创建进程的作用。每一个 Process 类就代表了一个进程对象，这个对象可以理解为一个独立的进程，可以去做另外的任务。

下面应用 Process 类来实现敲代码的同时听音乐，代码如下。

程序清单 18.3　Python 实现进程的边敲代码边听音乐功能

```python
import time
import multiprocessing
def typing():
    for i in range(3):
        print("--------- 我在敲代码 ----------")
        time.sleep(2)
def listening():
    for i in range(3):
        print("--------- 我在听音乐 ----------")
        time.sleep(2)
if __name__=="__main__":
    process1=multiprocessing.Process(target=typing)
    process2=multiprocessing.Process(target=listening)
    process1.start()
    process2.start()
```

在以上代码中首先定义了两个函数：一个是实现敲代码的 typing()，另一个是实现听音乐的 listening()。这两个函数都在函数体中循环打印了 3 次相关信息，并且在打印时还用 time.sleep（2）让程序休眠了 2 秒，也就是敲代码 typing() 和听音乐 listening() 都有 2 秒的阻塞状态。主程序中调用了 multiprocessing 模块的 Process 类，注意调用时 Process 是有一个参数的，参数 target 指明不同的进程任务执行不同函数体中的代码。子进程 process1 可以执行任务 typing 函数体中的代码，子进程 process2 可以执行任务 listening 函数体中的代码。最后启动 process1 的子进程，也启动 process2 的子过程。这样的逻辑就形成了边敲代码边听歌曲，也就是两个进程执行了两个任务。

Process 类还有一些其他的参数，其使用格式如下。

```
Process([group [, target [, name [, args [, kwargs]]]]])
```

其中，name 是进程的名字，当然，也可以没有名字；group 是进程分组名，一般情况是不会遇到的；args 和 kwargs 的内容都是给 target 指定的函数去传递参数，args 传递的是位置参数元组，如 args=（"1"，2，"hello"），kwargs 传递的是字典，如 kwargs={"country"：" 中国 "}。

在提供给 Process 类的方法时，除 start() 启动子线程外，还有其他的方法。

（1）is_alive()：判断子线程是否还活着。

（2）join([timeout])：等待多少秒或是否等待子进程结束。

（3）Terminate()：不管任务是否完成，子进程立即终止。

下面以电话区号查询为例来说明 Process 类的功能，代码如下。

程序清单 18.4　Python 实现进程电话区号查询的功能

```python
import multiprocessing
import time
def areacode(city):
    print("电话区号正在思考和转化中.....")
    time.sleep(2)
    if city=="北京":
        print("010")
    elif city=="上海":
        print("021")
    elif city=="广州":
        print("020")
    else:
        print("不知道")
if __name__=="__main__":
    city = input("请输入城市名称")
    p1 = multiprocessing.Process(target=areacode, args=(city,))
    p1.start()
    p1.join()
    print("欢迎使用")
```

以上代码在定义 Process 类时，参数 target 指明在函数引用的功能任务中加入了需要传入的参数 city，这个参数就是用户输入的城市名称。target 任务函数 areacode 的功能是利用 if 语句根据输入的城市转化成区号，在条件语句前加入了一句模拟思考的句子和睡眠函数，目的是测试主线程中启动线程后 join() 方法的使用，这个方法必须等子线程睡眠结束把结果输出后才可以继续向下执行，相当于将主线程阻塞了，等待子线程的结果。当子线程睡眠结束后，主线程打印"欢迎使用"。

通过这个例子可以体会到 Process 类给任务函数传参的用法和 join() 方法的作用。

18.3.2　进程之间的通信实战：队列用法

两个进程间在某些时候会出现通信的问题，例如，运行着的一列火车可以理解成进程，如果一列普快列车先行了一个小时，后面又有一辆动车也发车了，并与普快列车同一个方向。如果它们之间没有通信，因为速度的问题，可能在某个地方相遇。如果相遇发生在车站，普快列车可以停车等待；如果相遇发生在中途，普快列车没有收到任何在附近站台停车等待的信号，可能会发生惨剧。而铁路局对时刻表进行了安排，哪里停车，哪里不停车，哪里需要临时停车，这样才能保证铁路运输的安全。可见，进程和进程之间也需要数据间的互通。

Python 利用 multiprocessing 模块来完成进程之间通信。利用这个模块完成进程间的通信有两种方式：队列和管道。本小节主要介绍队列。

队列可以用图形的方法来表示，如图 18.4 所示。

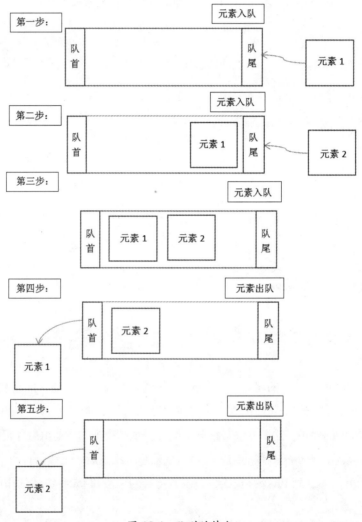

图 18.4　队列的特点

由图 18.4 可知，队列的数据元素遵循"先进先出"（First In First Out）的原则，简称 FIFO 结构。

同时需要在队尾添加元素，在队头删除元素。例如，进入地铁站过安检，新来的人都要排到队尾去，排在队首的人先通过安检。

multiprocessing 模块中有一个队列的类 Queue，可以在一个线程中把数据存到队列里，在另一个线程中把数据从队列里取出，这样就实现了进程和进程之间的队列通信。

（1）Queue 中的 put() 方法实现向队列中存储数据。如果队列已满，此方法将阻塞至有空间可用为止。

（2）Queue 中的 get() 方法返回队列中的一个项目，如果队列为空，此方法将阻塞，直到队列中有项目可用为止。

Queue 的具体使用方法，代码如下。

程序清单 18.5　Python 实现 Queue 的简单用法

```python
import multiprocessing
if __name__=="__main__":
    myqueue=multiprocessing.Queue()
    myqueue.put("第一个进入队列的")
    myqueue.put("第二个进入队列的")
    print(myqueue.get())
    print(myqueue.get())
```

以上代码定义了一个队列，put() 方法使用了两次，即把两个元素先后入队，最后打印两次出队的输出。运行结果如图 18.5 所示。

图 18.5　Python 实现 Queue 的简单用法的运行结果

结果充分验证了队列的数据元素先进先出的特点。

18.3.3　多进程实战：生产者消费者模式

结合进程和队列来介绍一个非常经典的应用——生产者和消费者模式。

生产者和消费者模式可以是多进程的问题，也可以是多线程的问题，而在线程中还会重写生产者消费者模式的代码。

单独谈生产者和消费者，还不能算是生产者消费者模式，而是需要在生产者和消费者之间插入缓冲区，如图 18.6 所示。

图 18.6　生产者消费者模式

下面以抖音为例，说明生产者消费者模式，其大致过程如下。

（1）需要有人录制视频，不管录制内容是唱歌、作诗、讲笑话或其他，这相当于生产者制造数据。

（2）录制后即可将视频发布在抖音平台上。这相当于生产者把数据放到了缓冲区。

（3）用户注册抖音号，在平台上滑动屏幕看各种视频，这相当于消费者把数据从缓冲区中取出来。

（4）若看到感兴趣的视频，可发表评论，点赞，这相当于消费者处理数据。

外卖平台的例子如图 18.7 所示。

图 18.7　外卖平台的生产者消费者模式

猪肉贩子的例子如图 18.8 所示。

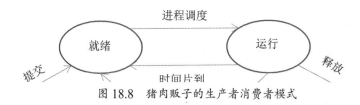

图 18.8　猪肉贩子的生产者消费者模式

以上例子均说明，生产者生产出内容后放置到缓冲区，消费者从缓冲区里取出数据做处理。当然，要达到一种和谐，生产者产出一个数据放置缓冲区，消费者就把这个数据从缓冲区取走，是最恰到好处的。生产者太多，造成缓冲区数据过多，消费者不能全部拿走数据，可能造成缓冲区不能存放过多数据。同理，消费者太多，造成缓冲区无数据可拿，生产者可能也会出现失衡。

下面用进程来实现生产者消费者模式的程序，代码如下。

程序清单 18.6　Python 实现进程的生产者消费者（消费者不退出）功能

```python
from multiprocessing import Queue,Process
import time
# 生产者
def producer(myqueue,name,car):
    for i in range(5):
        print(name+" 生产了 "+car+" 第 "+str(i)+" 台 ")
        res = car+" 第 "+str(i)+" 台 "
        myqueue.put(res)
        time.sleep(2)
# 消费者
def consumer(myqueue,name):
    while True:
        res = myqueue.get(timeout=3)
        print(name+" 使用了 "+res)
if __name__ == "__main__":
```

```
    myqueue = Queue() #为的是让生产者和消费者使用同一个队列，使用同一个队列进行通信
    process1 = Process(target=producer,args=(myqueue," 东南西北风 "," 电动汽车 "))
    process2 = Process(target=consumer,args=(myqueue," 玩独轮车的小丑 "))
    process1.start()
    process2.start()
```

以上代码的逻辑逐一分析如下。

（1）定义了一个生产者，模拟生产车间的工人生产，用 for 循环产生了 5 台东南西北风牌电动汽车，每模拟生产完一台东南西北风牌电动汽车，就将其放到队列中存储，队列就相当于缓冲区了，然后睡眠 2 秒后继续生产下一台东南西北风牌电动汽车。

（2）定义了一个消费者，因为消费者始终要从队列中取出东南西北风牌电动汽车，可以使用 while True 来一直循环着从队列中取数据，相当于消费者从缓冲区里把数据取了出来，取数据时也做了一下延时，timeout 是一个延时参数，延时 3 秒后去取队列中的下一个数据，一步一步地打印取出来的数据。

（3）在主线程中先定义队列，即设置缓冲区，然后定义两个进程 process1 和 process2，在这两个进程中传入 target 参数，进程 process1 传入生产者的函数实现，并把参数（一个是品牌，另一个是商品）传入 args 中，注意，args 传入的是元组。进程 process2 传入消费者的函数实现，并把参数（使用者）传入 args 中。接下来，把 process1 和 process2 分别启动即可。

注意，生产者消费者模式运行后，消费者一直在执行 while True 语句等待，生产者不生产了，也在执行 while True 语句等待。由此可知，程序一直不停止，时间久了很占用内存。

修改一下程序，让生产者发出一个结束信号，如发送的是 "over"，当消费者接收到 "over" 时，就退出循环，不再等待着从队列中取值，程序也就自然退出了。代码如下。

程序清单 18.7　Python 实现进程的生产者消费者功能（可退出）

```
from multiprocessing import Queue,Process
import time
#生产者
def producer(myqueue,name,car):
    for i in range(5):
        print(name+" 生产了 "+car+" 第 "+str(i)+" 台 ")
        res = car+" 第 "+str(i)+" 台 "
        myqueue.put(res)
        time.sleep(2)
    myqueue.put("ok")
#消费者
def consumer(myqueue,name):
    while True:
        res = myqueue.get(timeout=3)
        if res=="ok":
            break
        print(name+" 使用了 "+res)
```

```
if __name__ == "__main__":
    myqueue = Queue() # 为的是让生产者和消费者使用同一个队列，使用同一个队列进行通信
    process1 = Process(target=producer,args=(myqueue," 东南西北风 "," 电动汽车 "))
    process2 = Process(target=consumer,args=(myqueue," 玩独轮车的小丑 "))
    process1.start()
    process2.start()
```

以上代码在生产者类中加入了 myqueue.put("ok")，目的是在队列中存入一个结束信号，相当于在缓存区中放入结束信号，然后在消费者类中加入一句 if res=="ok" 的判断语句，如果接收的是 "ok" 就执行 break 语句。

这样进程版生产者消费者模式就不会不退出程序，一直等待了。

18.4 进程锁

当多个进程同时作用时，同一份数据资源就可能被同时调用，这时的数据就要实现在进程间共享了。

下面介绍进程之间如何共享变量，以及进程间如何去访问同一份数据资源。

18.4.1 进程共享变量

进程间要访问同一份数据资源，最简单的形式就是两个进程间同时访问一个变量。下面使用一个全局变量来实现两个进程间的调用。代码如下。

程序清单 18.8　Python 实现进程共享变量 global 的报错功能

```
import multiprocessing
def test_x():
    global x
    x+=2
    print(x)
def test2_x():
    global x
    x+=3
    print(x)
if __name__=="__main__":
    x = 1
    process1=multiprocessing.Process(target=test_x)
    process2=multiprocessing.Process(target=test2_x)
    process1.start()
    process2.start()
```

运行结果如图 18.9 所示。

```
程序清单18.8 Python实现进程共享变量global... ×
第18章  进程和线程/程序清单18.8  Python实现进程共享变量global的报错功能.py
Process Process-1:
Traceback (most recent call last):
  File "C:\Users\Administrator\AppData\Local\Programs\Python\Python37\lib\multiprocessing\process.py", line 297, in _bootstrap
    self.run()
  File "C:\Users\Administrator\AppData\Local\Programs\Python\Python37\lib\multiprocessing\process.py", line 99, in run
    self._target(*self._args, **self._kwargs)
  File "第18章  进程和线程\程序清单18.8  Python实现进程共享变量global的报错功能.py", line 4, in test_x
    x+=2
NameError: name 'x' is not defined
Process Process-2:
Traceback (most recent call last):
  File "C:\Users\Administrator\AppData\Local\Programs\Python\Python37\lib\multiprocessing\process.py", line 297, in _bootstrap
    self.run()
  File "C:\Users\Administrator\AppData\Local\Programs\Python\Python37\lib\multiprocessing\process.py", line 99, in run
    self._target(*self._args, **self._kwargs)
  File "第18章  进程和线程\程序清单18.8  Python实现进程共享变量global的报错功能.py", line 8, in test2_x
    x+=3
NameError: name 'x' is not defined
```

图 18.9 Python 实现进程共享变量 global 的报错功能的运行结果

结果显示的报错信息为“x 没有定义”。如果改用传参的方式，代码如下。

程序清单 18.9 Python 实现传参非共享变量的功能

```
import multiprocessing
import time
def test_x(x):
    time.sleep(1)
    x+=2
    print(x)
def test2_x(x):
    time.sleep(3)
    x+=3
    print(x)
if __name__=="__main__":
    x = 1
    process1=multiprocessing.Process(target=test_x,args=(x,))
    process2=multiprocessing.Process(target=test2_x,args=(x,))
    process1.start()
    process2.start()
```

从以上代码可知，两个进程用了同一个变量 x，这个变量的初值都是 1，一个进程先执行了 x 的操作，x 值就发生变化，另一个进程后执行，就应该在这个变化的 x 值的基础之上再变化。所以，虽然用了 time.sleep()，但效果并没有操作全局型的变量 x。

要操作全局型的变量 x，如果变量是整型，可以使用下面的语句去处理：

```
num=multiprocessing.Value("d",10.0)
```

其中，Value 是值的意思；参数"d"表示数值型，若用"c"则表示字符串型。一般传递的简单变量要么是数值型，要么是字符串型。num 就变成一个值对象，在这个值对象中 Value 就是它的属性。如果想输出 10.0 的值就用 num.value 即可。

程序清单 18.10　Python 实现共享变量的功能

```python
import multiprocessing
import time
def test_x(x):
    time.sleep(2)
    x.value+=2
    print(x.value)
def test_y(x):
    time.sleep(4)
    x.value+=4
    print(x.value)
if __name__=="__main__":
    x=multiprocessing.Value("d",1)
    process1=multiprocessing.Process(target=test_x,args=(x,))
    process2=multiprocessing.Process(target=test_y,args=(x,))
    process1.start()
    process2.start()
```

以上代码把 x 定义成了 mutiprocessing.Value 对象，而且传入 Process 中的 args 是 Value 对象 x。在两个进程间调用的方法 test_x 和 test_y 函数体内，使用的是 x.value+=2 和 x.value+=4。运行结果如图 18.10 所示。

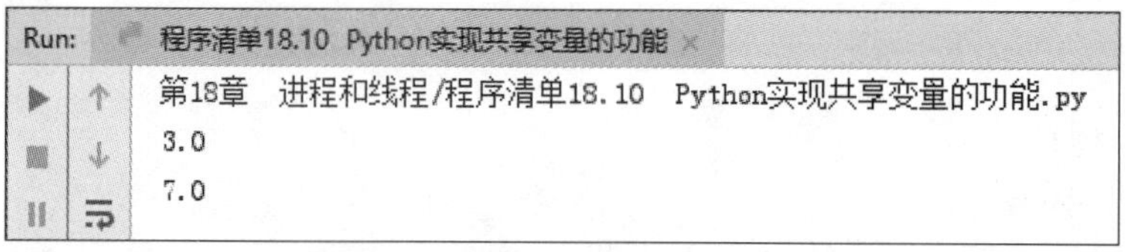

图 18.10　Python 实现共享变量的功能的运行结果

从运行结果来看，Value 对象 x 被两个进程共享使用了。

18.4.2　进程锁实战：百进程抢百票

进程间共享变量，会使进程间的共享资源出现问题，使用火车票的抢购案例进行说明。12306 网站中的火车票能够让每个用户去访问和购票，有时同一时刻可能有多张票被抢走。为保证每个用户不会买到重票，可考虑使用多进程技术或多线程技术。

现在假设有 100 个用户抢票，用 Python 模拟 100 个进程抢火车票的问题。

程序清单 18.11　Python 实现百进程抢百票的非锁机制功能

```python
import time
```

```
import multiprocessing
def buy_tickets(no,num):
    time.sleep(3)
    if num.value>0:
        print(no+" 买到了票，座号是 "+str(int(num.value)))
    if num.value>=1:
        num.value-=1
if __name__=="__main__":
    num=multiprocessing.Value("d",100)
    for i in range(100):
        process1=multiprocessing.Process(target=buy_tickets,args=(" 顾客 "+str(i),num))
        process1.start()
```

以上代码的功能实现了 100 个进程用户抢 100 张票。主线程中定义了一个共享变量 num，值为
100。然后用 for 循环执行 100 次 Process 进程类的初始化并启动。初始化 Process 类时 target 执行的
功能任务是 buy_tickets，传入的参数是顾客的名字和 num 的值。因为 num 是共享变量，值是一直
变化的，这样就会把 100 张票分配给 100 个用户。正常是一个用户分一张票。在 buy_tickets 函数中"睡
眠" 3 秒，再判断共享变量 num 里的 value 值是不是大于 0，如果大于 0 则表示有余票，打印此票。
打印完这张票，意味着这张票已经被用户抢走了，然后判断共享变量 num 里的 value 值是不是大于
等于 1，如果是，就可以继续做减 1 操作，证明票已售出，这里必须是大于等于 1，当然大于 0 也可以，
但不能等于 0，等于 0 再发生减操作就会出现负号座票，不符合实际。最后执行程序，查看 100 张
票是如何分配的。

运行结果如图 18.11 所示。

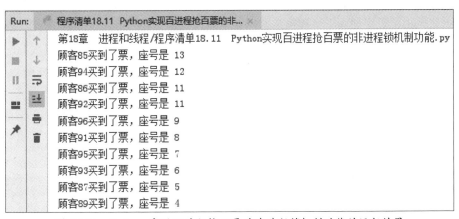

图 18.11 Python 实现百进程抢百票的非进程锁机制功能的运行结果

从运行结果中发现两个用户买到了同样的座号 11，这是因为有 3 个进程同时抢票，无法预估
进程会不会同时进行共享变量 num 的运算，如果同时进行，就出现了相同的座号，打开的进程越多，
相同座号的概率越大，这样的购票系统就出现了 bug。重号问题给出行旅客和铁路部门都带来了极
大的麻烦，亟待解决。

为解决重号问题，可使用锁机制。Python 的模块 multiprocessing 提供 Lock 锁，保证一个进程完成之后，它所用的共享变量才可以被其他进程使用。使用 Lock 锁时，先要创建一个 Lock 锁，这个任务交给了 lock = multiprocessing.Lock() 语句来实现，然后用 lock.acquire() 获取锁，当共享变量用完后，代码也执行完毕了，再用 lock.release() 释放锁，释放的锁就可以被其他进程使用了。

多进程锁 Lock 的作用：谁先抢到锁谁先执行，等到该进程执行完成后，其他进程再抢锁执行。利用多进程锁来修改 100 个人抢 100 张车票的问题，代码如下。

程序清单 18.12　Python 实现百人抢百票进程锁机制的功能

```python
import time
import multiprocessing
def buy_tickets(no,num,lock):
    lock.acquire()
    time.sleep(3)
    if num.value>0:
        print(no+" 买到了票，座号是 "+str(int(num.value)))
    if num.value>=1:
        num.value-=1
    lock.release()
if __name__=="__main__":
    num=multiprocessing.Value("d",100)
    lock=multiprocessing.Lock()
    for i in range(100):
        process1=multiprocessing.Process(target=buy_tickets,args=(" 顾客 "+
str(i),num,lock))
    process1.start()
```

在以上代码中，程序加入了进程锁。首先在主线程中定义 multiprocessing.Lock()，然后把这个变量当作进程类 Process 的参数放入 args 元组里，Process 类中的目的任务功能函数 buy_tickets 也接收了 lock 实参，接着在函数体的开头加 lock.acquire() 获取锁，在函数体的结尾处加 lock.release() 释放锁，加进程锁的逻辑就修改完毕了。这样就可以避免重号。

18.5 线程

线程是程序中一个单一的顺序控制流程，被称为轻量进程，是程序执行流的最小单元。进程内有一个相对独立的、可调度的执行单元，是系统独立调度和分派 CPU 的基本单位。例如，一辆火车是进程，线程就可以是火车上的人员。

18.5.1 线程的定义实战：英语背单词

Python 标准库 threading 模块中的 Thread 就是线程的类，相当于进程中 multiprocessing 的 Process 进程类。Thread 类也有自己的参数，target 是需要调用的功能函数，也是线程任务的函数。name 是当前的线程名字，args 是给线程任务的功能函数传入的参数列表，也是一个元组的数据类型。

Thread 线程类具有以下方法。

（1）start()：表示启动一个线程。

（2）join()：等待线程中止才能继续。

（3）run()：表示线程活动的方法。

（4）getName()：返回线程名称。

（5）setName()：设置线程名称。

（6）isAlive()：返回线程是否活动。

这些方法与 multiprocessing 的 Process 进程类的方法相同。

程序清单 18.13　Python 线程实现英语背单词功能

```
import time
import threading
def english():
    lists=["cat","hat","bee","face"]
    for word in lists:
        print(word)
        time.sleep(1)
def chinese():
    lists=[" 猫 "," 帽子 "," 蜜蜂 "," 脸 "]
    for word in lists:
        print(word)
        time.sleep(1)if __name__=="__main__":
    thread1=threading.Thread(target=english)
    thread2=threading.Thread(target=chinese)
    thread1.start()
    thread2.start()
```

以上代码用两个线程实现背单词的功能，一个进程显示的是中文，另一个进程显示的是英文，间隔 1 秒，英文和中文同时显示。定义了 english 和 chinese 两个函数，其中，english() 函数的任务是把英文列表的单词用遍历的方法打印，chinese() 函数的任务是把英文列表对应的中文列表单词用遍历的方法打印，两个方法都要在循环中休眠 1 秒。在主线程中定义两个线程 thread1 和 thread2，都调用了 Thread 类，thread1 传入参数 target 完成的是 english 的任务功能，thread2 传入参数 target 完成的是 chinese 的任务功能。最后用 start() 方法分别启动 thread1 和 thread2 线程。

18.5.2 线程类定义的写法实战：英语背单词面向对象编程

线程的定义除直接使用 threading.Thread 类外，还可以用继承类的方法来定义。代码如下。

程序清单 18.14　Python 线程实现英语背单词面向对象编程

```
import time
import threading
class Transform(threading.Thread):
    def __init__(self,lists):
        threading.Thread.__init__(self)
        self.lists=lists
    def run(self):
        for word in self.lists:
            print(word)
            time.sleep(2)
if __name__=="__main__":
thread1=Transform(["cat","hat","bee","face"])
thread2=Transform([" 猫 "," 帽子 "," 蜜蜂 "," 脸 "])
thread1.start()
thread2.start()
```

以上代码同样实现了两个线程背单词功能。一个线程显示中文，另一个线程显示英文，间隔 2 秒。与程序清单 18.13 不同的是定义了一个类 Transform，这个类继承了 threading.Thread，继承后把英文单词列表和中文翻译列表传入类初始化中，这就需要在 __init__ 初始化中接收传入的这个列表。注意，类 Transform 是继承 Thread 的，Thread 里还有一个 __init__，需要把 __init__ 也继承过来，原因是需要 Thread 初始化函数里的一些参数。代码中 threading.Thread.__int__（self）就是把 Thread 类的 __init__ 代码也重用过来，再使用 self.lists=lists 把列表参数接收过来。接着重写 Thead 的 run() 方法，在 run() 方法中遍历 self.lists 列表中的元素，并打印每一个元素，打印完一个元素，休眠 2 秒，等待用户阅读。主线程中实例化类 Transform，然后传入各自线程的列表参数。最后各自启动这两个线程。以上代码的重点总结如下。

（1）自己编写的类继承 threading.Thread 类。

（2）重写 __init__ 方法时，需要重用 threading.Thread.__init__ 方法。

（3）重写 run() 方法，在主线程中定义自己的类，启动该类就可以执行这段代码了。

18.6 线程锁

在进程中有进程锁的机制，同样，在线程中也有线程锁的机制，线程锁和进程锁的机制是一样的，锁都是发生在通信时。下面介绍两个线程间数据的通信方法。

18.6.1　线程间的通信实战：投注站线程间通信

进程间通信的重点是队列的方法实现了两个进程之间数据的通信。线程也可以使用队列。除队列外，线程还可以使用共享变量的方式。本小节重点介绍线程通过共享变量的方式来进行两个线程间的通信。

共享变量的方法实现起来比较简单，只需要在方法中的变量前加上关键词 global 修饰即可。

这里通过投注站的例子来说明用共享变量进行线程间的通信。如果某用户在某家投注站中奖了，其他投注站也会显示该用户的中奖状态，相当于联网的功能，随意去任何一家投注站查看用户状态，都会显示该用户的相关状态。代码如下。

程序清单 18.15　Python 共享变量实现投注站线程间通信

```python
import threading
import time
import random
def fetch():
    global status
    rands=random.random()
    print(rands)
    if rands>0.5:
        status=" 中奖 "
    else:
        status=" 未中奖 "
    print(" 投注站 1 显示的用户状态： "+status)
def another_fetch():
    print(" 投注站 2 显示的用户状态： "+status)
if __name__=="__main__":
    thread1=threading.Thread(target=fetch)
    thread2=threading.Thread(target=another_fetch)
    thread1.start()
    thread2.start()
```

以上代码首先定义了用户中奖状态的函数，这个函数首先实现了一个全局变量 status，global 是修饰全局变量的关键词。status 变量的意义就是显示用户的中奖状态。函数接着把具体的中奖状态通过 random.random() 随机数方法产生一个 0~1 的随机数，用这个随机数与 0.5 比较大小，即暂时赋予这个用户的中奖状态是 50%。不管中奖不中奖，预计在两个线程中通知这个用户的中奖状态。函数实现后，在主线程中定义了两个 Thread 线程类，两个 Thread 线程类传入不同的 target 参数。一个 target 的目的任务函数是判断用户是否中奖的功能函数，另一个线程的 target 目的任务函数为直接输出当前用户的中奖状态，这个状态要与另一个线程一样。运行结果如图 18.12 所示。

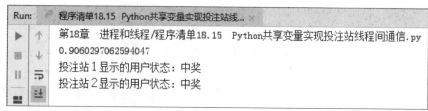

图 18.12　Python 共享变量实现投注站线程间通信的运行结果

从运行结果来看，是 global 关键字使两个线程共享了全局变量。

18.6.2　多线程实战：百线程抢百票

下面通过 100 人抢 100 张火车票案例来验证线程间共享变量的方法是否可以解决重号问题。代码如下。

程序清单 18.16　Python 实现百个线程抢百票的功能

```
import time
import threading
def buy_tickets(no):
    global num
    time.sleep(3)
    if num>0:
        print(no+" 买到了票，座号是 "+str(int(num)))
    if num>=1:
        num-=1
if __name__=="__main__":
    num=100
    for i in range(100):
        process1=threading.Thread(target=buy_tickets,args=(" 顾客 "+str(i),))
        process1.start()
```

以上代码的运行结果如图 18.13 所示。

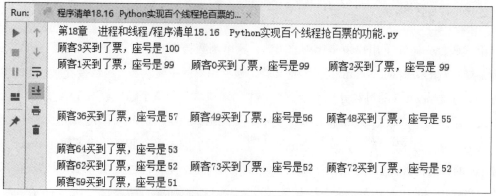

图 18.13　Python 实现百个线程抢百票的功能的运行结果

从图 18.13 所示的结果可知,座号相同的不只是一个线程,有的 3 个线程产生的座号都是相同的,线程间共享变量不能解决重号问题。

18.6.3 GIL

用 100 个线程去抢 100 张票,采用 global 关键词的全局变量的方法实现线程间的通信,结果并不理想。在进程中使用进程锁解决了重号问题。那线程也可使用线程锁,而且还与全局变量有关系,因此也叫 GIL(Global Interpreter Lock,全局解释锁)。

GIL 只允许一个线程来控制 Python 解释器,也叫互斥锁。这就意味着在任何一个时间点只有一个线程处于执行状态。执行代码前先获取锁,代码结束后释放锁。这段时间只有进入这段代码的进程才能控制着全局变量的结果,其他进程只能等待。获得锁的进程处理完毕后,锁被释放了,其他进程才能继续抢这把锁。

在进程中,用 multiprocessing 中的 Lock() 定义一把锁,然后使用 lock.acquire() 获取锁,再使用 lock.release() 释放锁。在线程中也是一样的操作,只不过使用 threading 模块中的 Lock() 来定义一把锁,然后使用 lock.acquire() 去获取锁,最后使用 lock.release() 去释放锁。

18.6.4 多线程 GIL 实战:百线程抢百票

下面用多线程加锁功能实现百线程抢百票,代码如下。

程序清单 18.17　Python 实现百线程抢百票加锁版功能

```python
import time
import threading
def buy_tickets(no,lock):
    lock.acquire()
    global num
    time.sleep(3)
    if num>0:
        print(no+" 买到了票, 座号是 "+str(int(num)))
    if num>=1:
        num-=1
        lock.release()
if __name__=="__main__":
    num=100
    lock=threading.Lock()
    for i in range(100):
        process1=threading.Thread(target=buy_tickets,args=(" 顾客 "+str(i),lock))
        process1.start()
```

以上代码在主线程中定义了一个 Lock,用的是 theading 模块中的 Lock 类,即 lock=threading. Lock() 语句;然后再将 lock 传入 Thread 类参数 args 的元组值中,这样就把 lock 传递到了 Thread

线程类目的任务函数 buy_tickets 中，在函数 buy_tickets 的函数体开头用 lock.acquire() 获取锁，在函数体结尾用 lock.release() 释放锁。经过这样的处理，100 线程抢 100 张票即可避免重号。

 多线程实现生产者消费者模式

生产者消费者模式已用多进程的方式实现了。本节用多线程的方式去实现生产者消费者模式，代码如下。

程序清单 18.18　Python 多线程实现生产者消费者模式

```python
import threading
import time
import queue
# 生产者
def producer(myqueue,name,car):
    for i in range(5):
        print(name+" 生产了 "+car+" 第 "+str(i)+" 台 ")
        res = car+" 第 "+str(i)+" 台 "
        myqueue.put(res)
        time.sleep(2)
    myqueue.put("ok")
# 消费者
def consumer(myqueue,name):
    while True:
        res = myqueue.get(timeout=3)
        if res=="ok":
            break
        print(name+" 使用了 "+res)
if __name__ == "__main__":
    myqueue = queue.Queue() #为的是让生产者和消费者使用同一个队列，使用同一个队列进行通信
    process1 = threading.Thread(target=producer,args=(myqueue," 东南西北风 "," 电动汽车 "))
    process2 = threading.Thread(target=consumer,args=(myqueue," 玩独轮车的小丑 "))
    process1.start()
    process2.start()
```

以上代码的功能是线程实现了生产者消费者模式。与进程实现生产者消费者模式的代码很相似，不同之处在于以下几点。

（1）队列采用的是 Python 标准库中的 queue 模块，这个也是队列的模块，没有使用进程模块 multiprocessing 模块中的队列类。

（2）方法还是生产者需要 put() 到队列中生产数据，即把数据存到队列缓冲区中，消费者会用

get() 方法获取缓冲区数据。

（3）在主线程中启动的是 threading 中的线程 Thead 类，而不是进程模块 multiprocessing 中的 Process 类，传参的目的任务函数是一致的，还是进程生产者消费者模式案例中的生产东南西北风牌电动汽车。

18.8 能力测试

1. 实现两个进程，一个进程输出 A~Z，另一个进程输出 1~26，输出格式要求：A01 B02 C03……Z26。

2. 实现两个线程，一个线程输出 A~Z，另一个线程输出 27~53，输出格式要求：A27 B28 C03……Z53。

3. 试用生产者消费者模式实现面包师傅做面包，用户购买面包，而且面包师傅做一个面包，就有一个用户买走这个面包。

18.9 面试真题

1. 在 Python 中如何实现多线程？

解析：这道题是对 Python 多线程定义和实现的考核。一个线程就是一个轻量级的进程，多线程能一次性地执行多个线程，Python 是多线程语言，内置有多线程的工具包 threading，可以使用 threading 工具包中的 Thread 类来定义线程。

Python 中的 GIL 确保一次性执行多个线程。一个线程保存 GIL 并在将其传递给下个线程之前执行一些操作，这会产生并行运行的错觉。但实际上只是线程在 CPU 上轮流运行，当然，所有的传递都会增加程序执行的内存压力。GIL 在使用时锁住了，使用后再使用 unlock() 方法释放 GIL 就可以传递下去了。

2. 什么是僵尸进程和孤儿进程，如何避免僵尸进程？

解析：这道题是对进程的各种状况术语的考核。在进程的运行中，子进程退出了，但父进程迟迟不回收，造成资源的浪费，这种进程状况叫作僵尸进程；父进程退出，子进程还在运行，称该子进程为孤儿进程，孤儿进程将会被其他进程收入，不会造成影响。而僵尸进程会造成资源浪费，可以使用 wait() 函数使父进程阻塞。

18.10 本章小结

　　本章主要介绍线程和进程的概念、多线程和多进程的实现及线程锁和进程锁。在程序设计中，有时不只是一个进程从程序开始运行到程序结束，遇到阻塞线程的操作就容易造成程序的阻塞，长时间没有运行结果。线程和进程的经典应用——生产者和消费者模式是相当重要的，如何使生产者消费者和谐工作，需要读者在理论和实践上都要仔细地研究。

第 19 章

Django 开发入门

本章结合 Python 基础及面向对象的开发模式进行 Web 开发的入门，选择 Django 框架来进行 Web 开发。Django 开发框架不仅高效，而且能够以最小的代价构建和维护高质量的 Web 应用。使用 Django 框架了解 Python 的后台开发技术不仅能更好地练习代码逻辑，而且能够把开发成果在前台展示出来。

19.1 Web 项目简介

Web 项目的特点是打开浏览器就可以访问，同时还具备一定的功能，例如，搜狐、百度、新浪等不仅是一个网站页面，还可以访问新浪、搜狐上的很多资讯，访问百度上的很多词条等。资讯或词条每天也都在更新，用户都能在有效时间内获取到最新的资讯动态或词条解释。资讯或词条之所以能够在互联网上不断地变换内容，是因为后台功能的支持。后台的功能主要来自对数据的管理，使数据在网页上更新。展示出来的网页部分叫前台。后台和前台一起配合就可搭建一个 Web 项目。Python 开发技术的应用主要体现在后台。本章重点介绍后台，前台技术仅做简单介绍。

Web 项目就是能够通过浏览器来访问的网络站点。用户输入一个网页（如百度），这个网页就会在浏览器地址栏产生一个地址（如 http://www.baidu.com），在远程提供 Web 服务的服务器中就会把这个地址对应的网页及数据查找出来，然后把数据放到网页中，返回到用户端浏览器，浏览器通过识别网页格式在前台向用户进行展示。

整个访问过程中首先用户必须发起一个访问，这个访问即请求，相当于用户通过浏览器去请求一个网页，浏览器就发起这个访问，也就是请求服务器，服务器找到浏览器请求的程序，经过程序处理后返回结果（即响应），相当于服务器把响应返回给浏览器，这个响应一般都是携带了数据的网页，浏览器把这个响应的网页展示给用户。简单概括为，用户发送一个请求，浏览器给用户一个响应，展示网页。深层次的理解是这个请求被浏览器使用发送给服务器，服务器给浏览器的响应被解析成页面，用户就能够浏览网页了，原理如图 19.1 所示。

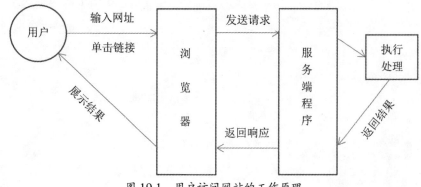

图 19.1 用户访问网站的工作原理

由图 19.1 可知，浏览器展示给用户的结果就是一个 Web 页面，浏览器发送的请求要经过服务器的逻辑处理，例如，有的网站会判断用户有没有权限去访问当前网站，是不是会员客户，是不是通过正当途径访问当前的网站等。逻辑处理中不但有逻辑，还会有数据上的更新或操作。数据一般会采用持久化存储，不会让程序运行结束后就消失了，因此，会使用数据库来存储，本章也会简单介绍 Django 框架中数据库的使用。总之，一个 Web 项目大体上分成 3 个部分：用户结果页面展示，请求的逻辑处理，数据的更新或操作；把这 3 个部分用英文表述为 Model、View、Controller，这样就是非常经典的 MVC 模式了。MVC 模式指的是 Model 数据模型、View 视图部分、Controller 控制逻辑。

19.2 MTV 框架

MVC 模式中，Model 数据模型实现了数据方面的操作，如保存和获取；View 视图是要展示给用户的界面的开发，即表现逻辑；Controller 控制主要负责整个项目的逻辑处理，即业务逻辑。把数据存取逻辑、业务逻辑和表现逻辑组合在一起的概念被称为软件架构 Model-View-Controller（MVC）模式。在这个模式中，Model 代表数据存取层，View 代表系统中选择显示什么和怎么显示两部分，Controller 代表系统中根据用户输入和需要访问模型决定使用哪个视图。

MVC 模式主要用于增强开发人员之间的合作开发，开发时，可分别由不同的程序员编写 Model 数据部分的操作、View 视图部分的界面、Controller 控制方面的业务逻辑，每个业务逻辑可以由面向对象的方法去调用，这样做提高了软件的开发效率，也降低了项目的开发周期。Django 遵循 MVC 模式，也称 MVC 框架。但是 Django 在 M、V、C 含义上有自己的创新。

（1）M：Model 数据模型，数据存取作用，由 Django 数据库底层处理。

（2）V：View 视图部分，选择哪些数据要显示及怎样显示的部分，由视图和模板共同处理。

（3）C：Controller 控制部分，用户通过浏览器发送请求后，由 Django 框架根据 URLconf 设置，对给定 URL 调用适当的 Python 函数。

其中 C 是 Django 框架自行处理的，Django 更关注提模型（Model）、模板（Template）和视图（View），因此，Django 也称为 MTV 框架。

（1）M：模型（Model），即数据存取。处理与数据有关的相关操作：存取、验证有效性、行为及数据之间的关系等。

（2）T：模板（Template），即表现层。该层处理与表现有关的操作，如在页面中进行显示等。

（3）V：视图（View），即业务逻辑。该层包含存取模型及调取恰当模板的逻辑，可以把它看作模型与模板之间的桥梁。

19.3 Django 框架介绍

在使用 Django 的 MVT 框架之前，先简单地介绍 Django。

19.3.1 Django 介绍

Django 是一个高效的 Web 开发框架，可以使 Web 开发富于创造性，不用去考虑整体的搭建，在需要的地方做需要的事，侧重逻辑性的提升。但 Django 工作烦琐，可能会在多个文件间来回切换开发，修改多个文件的配置。Django 一直致力于减少重复的代码，专注 Web 应用关键性技术来进行开发，在"如何解决问题"上提供了清晰的结构。

19.3.2 Django 的发展历史

Django 诞生于 2013 年秋天，它是由堪萨斯州（Kansas）劳伦斯城中的一个网络开发小组编写的。当时用于制作并维护当地的几个新闻站点，并在以新闻界特有的快节奏开发环境中逐渐发展。Django 主要有以下两个特点。

（1）Django 诞生于新闻网站的环境中，因此提供了很多特性，非常适合内容类的网站，能提供网站动态的、数据库驱动的信息。

（2）Django 的起源造就了它的开源社区的文化。Django 主要致力于解决 Web 开发中遇到的问题，以及 Django 开发者经常遇到的问题。

19.3.3 Django 的安装

直接使用 pip3 工具安装 Django，具体的安装格式如下。

```
pip3 install django
```

在联网的条件下，Django 框架会自动搜索现行版本进行安装，在安装进度条的提示下，可以看到 Django 安装成功的相关信息。

19.4 创建第一个 Django 项目

Django 安装成功后，就可以使用 Django 了。为了让读者更加清楚地了解 Django 开发的流程，本节通过"爱情留言板"项目来介绍 Django 进行 Web 项目开发的过程。

"爱情留言板"项目就是网友为表达自己对爱情的认知而留下的自己对爱情的口号。Django 充当了实现这个项目的手段。本节从"创建项目""创建应用"两个方面创建一个 Django 项目。

19.4.1 创建项目：爱情留言板

项目不是一个文件，而是多个文件的集合。但是如果把一堆文件都放在一个文件夹里，阅读起来也不是很方便。在项目中需要对文件进行管理，如图片应该放在哪里，代码怎样才能更好地管理等。例如，如果要开发用户模块，创建一个 user 的文件夹，把属于用户模块的文件都放在其中。Django 项目也会对代码进行很好的管理，而且是自动帮助做规划，即 Django 的"项目"（project）就是一个包含了组成单个网站所有文件的目录结构。Django 还提供 django-admin.py 命令来帮助创建这样的目录结构。

下面以 Windows 平台为例，在 Windows 的命令行提示符下建立一个 Django 项目。这里输入以下命令，Django 就会在当前目录下完成操作。

```
django-admin startproject lovemessage
```

具体执行情况如图 19.2 所示。

命令执行成功后，即在当前目录下产生一个文件夹 lovemessage，可以使用命令 cd 进入这个文件夹，如图 19.3 所示。

图 19.2　Windows 命令提示符下 django-admin 创建项目

图 19.3　Windows 命令提示符下 cd lovemessage 进入项目目录

进入文件夹后，使用 dir 命令来显示文件夹里的内容，如图 19.4 所示。

图 19.4　dir 命令显示文件夹内容

从显示内容中可以看到，django-admin 在创建项目时创建了一个目录 lovemessage，在 lovemessage 目录中有一个文件和一个文件夹，文件 manage.py 起到了对整个项目进行管理的作用，可以利用这个文件启动 Django 项目。运行 Python manage.py runserver 命令，出现如图 19.5 所示的提示信息。

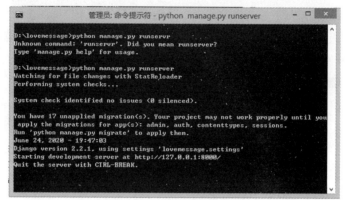

图 19.5　Django 项目命令行启动的相关信息

命令窗口出现上述信息后，就没有显示命令提示符，若信息中出现网址 "http://127.0.0.1: 8000"，就可以打开浏览器，输入该网址，程序后台就会响应到前台的一个页面，如图 19.6 所示。

图 19.6　Django 项目启动后的界面

如果出现了如图 19.6 所示的小火箭图形，就证明创建的 Django 项目已经在运行了。这是 Django 项目中的 manage.py 管理文件产生的效果。

继续查看 lovemessag 项目中的文件结构，在 lovemessage 文件夹中还有一个文件夹，名称为 lovemessage，可以用 cd 命令进入 lovemessage 文件夹，再配合 dir 命令查看其中的文件目录，如图 19.7 所示。

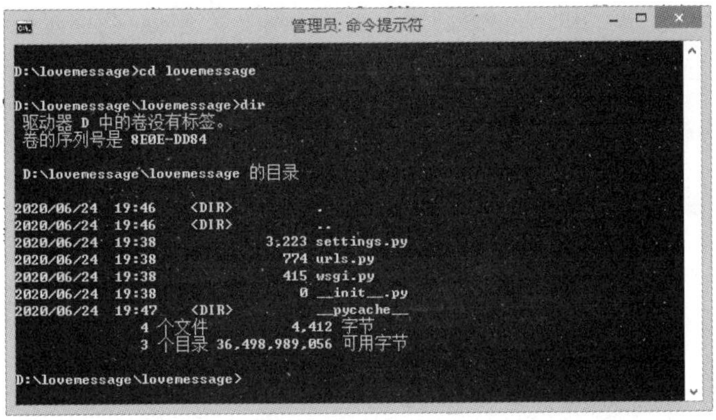

图 19.7　Django 建立项目的二级项目目录文件夹结构

从图 19.7 可知，有 __init__.py、settings.py、urls.py 和 wsgi.py 4 个文件，这 4 个文件的用途分别如下。

（1）__init__.py 文件：从名称 init 就能知道这是一个初始化文件，这个初始文件标志当前文件夹是一个模块，可以被 import 导入使用。

（2）settings.py：是一个配置文件，所有基于 Django 项目的配置信息都在这个文件里，如数据库的配置信息、图片文件的存储配置，还有 Django 依赖的其他模块等。

（3）urls.py：是一个路由分发器文件。用户请求一个网址，服务器程序能够通过这个文件找到一个方法去处理这个请求，然后程序才会知道这个请求要调用哪一个网页、需要哪些数据来对网页做服务等。这些都需要这个文件去找到一个方法来实现。Django 是 MTV 框架，请求的网址能够找到这个方法是由 Django 自动实现的，即 urls.py 配置文件中的配置。在这个配置文件里，只要标明请求的网址和方法的对应关系，Django 就会自动根据请求的网址去匹配对应的方法。urls.py 也是 Django 项目中很重要的文件。

（4）wsgi.py：是一个服务器的启动文件，后期项目上线需要用到。在开发阶段，很少使用这个文件，但这个文件不能手动删除，不然 Django 目录结构就不完整了。

对这 4 个文件的功能和作用了解后，在开发工作中就可以对症下药了，在具体进行开发时，用了哪个文件中的哪一项配置，会对这一项配置辅以重点说明。

19.4.2　创建应用：留下足迹

现在，已经创建了一个项目 lovemessage。但是，对于项目而言，会有很多个功能。例如，在 12306 网站上购买车票，把 12306 网站看成是一个项目，购票只是其中一个功能。查票、用户登录、注册、订单等功能都是 12306 里的内容。现在 Django 只产生了一个项目文件夹，如果把所有的文件都放在这个文件夹里就显得比较零乱，无法实现分门别类；如果自己创建文件夹，又把框架 Django 的优势给磨灭了。

下面利用 Django 产生应用的命令去创建一些功能模块。例如，建立了一个 12306 的项目，项目名称为 django-admin startproject 12306。项目产生后，产生一个购票模块，就创建一个购票的应用；再产生一个查票模块，就创建了一个查票的应用。在 Django 中建立一个功能模块就相当于建立了一个应用。

本节仅在"爱情留言板中"项目中设置发表留言和查看留言功能，相当于把"爱情留言板"创建一个应用，就是"查看发表留言"。应用的名字是"leave"。Django 建立应用的命令如下。

`Python manage.py startapp` 应用名称

在使用这个命令时，一定要验证清楚后再操作。使用 manage.py 管理文件，管理文件的路径在项目文件夹的第一级文件夹里。文件夹结构如图 19.8 所示。

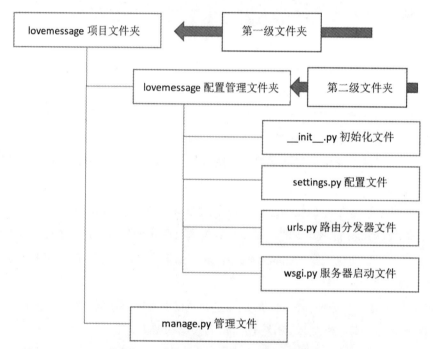

图 19.8　lovemessage 项目文件夹组织结构

从图 19.8 中可知，Django 产生 lovemessage 项目文件夹时产生了两个同名的文件夹，项目 lovemessage 文件夹里还有一个被命名为 lovemessage 的文件夹，管理文件 manage.py 在外层的命名为 lovemessage 的文件夹里，与内层的 lovemessage 文件夹在同一级目录。把外层的与项目同名的文件夹叫作第一级，内层的与项目同名的文件夹就叫作第二级，manage.py 是在第一级文件夹里的。这样，运行 Python manage.py startapp leave 时，一定要确保是在第一级文件夹里。验证这个路径没有问题的情况下就可以建立应用了。创建应用如图 19.9 所示。

运行图 19.9 所示命令后，结果是在当前的项目文件夹下又产生了一个文件夹，名字是应用名称 leave，然后使用 cd 命令进入该应用名称 leave 的文件夹，再使用 dir 命令查看这个应用文件夹中的文件，如图 19.10 所示。

图 19.9　Django 创建应用的命令提示符使用　　　　图 19.10　Django 创建应用的文件夹结构

从显示内容中可以看到，包括 __init__.py、views.py、models.py、apps.py、tests.py、admin.py 6 个文件和 migrations 文件夹，这些文件和文件夹的用途分别说明如下。

（1）__init__.py：应用的初始化文件，标志应用可以当作模块被 import 导入。

（2）admin.py：后台管理工具，产生数据库后可以利用这个文件来添加数据（在后面会用到这个文件）。

（3）apps.py：是 Django 生成 APP 名称的文件。

（4）models.py：MTV 框架的 Model 模型文件，其中存储的都是数据库表的结构映射。操作时只要定义好需要的数据和数据类型即可。

（5）tests.py：测试需求时用的测试文件。

（6）views.py：MTV 框架中的 View 视图函数文件。

（7）migrations：数据迁移包，是负责迁移的文件，作用就是生成数据库的表数据（后期要使用这个文件结合 Models 生成数据库表）。

因为文件比较多，需要哪一个文件实现什么功能，就对哪一个文件操作。

现在，应用创建成功了，可以去开发"爱情留言板"的项目了。这里会一步一步地操作与 Model、View、Template 相关的文件。

19.5　开发第一个 Django 项目

进行 MTV 模式的开发，首先要进行的就是 Models 模型的建立。

19.5.1 设计项目的 Model

本小节介绍基于 Django "爱情留言板" 应用的核心部分：数据模型的建立。

在产生应用 leave 时，其中有一个文件名为 models.py 的文件。这就是定义"爱情留言板"数据结构的地方。希望"爱情留言板"项目记录哪些信息，就可以定义特定的数据结构。本小节定义两个特征数据，一个是用户名，另一个是留言内容，可以用两个变量去分别存储这两个特征数据的内容。再用面向对象的思维模式，使用类组织代码，调用这两个特征数据时直接把类的实例和属性用语法实现即可。因此，定义"爱情留言板"数据结构时可以定义一个 Love 类，然后定义这个类的成员属性 username 和 content。

用 PyCharm 工具打开这个项目，直接在 PyCharm 菜单栏中选择"File"选项（如果是中文版就是"文件"选项），然后在下拉菜单中选择"open"选项，（中文版本就是"打开"选项），如图 19.11 所示。

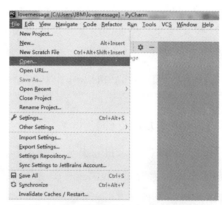

图 19.11　PyCharm 打开项目的菜单项

选择"open"选项后，打开"Open File or Project"对话框，在对话框中显示的是计算机中保存的所有的文件和文件夹，找到需要打开的项目文件夹，再单击"OK"按钮即可，如图 19.12 所示。

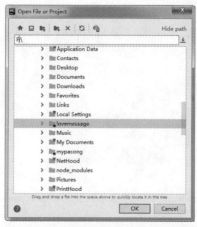

图 19.12　PyCharm 项目打开对话框

打开项目后，窗口左侧为项目的树形结构，可依次展开，找到 leave 应用下面的 models.py 文件。选中 models.py 文件，右侧窗口就显示了内容，如图 19.13 所示。

初始状态会看到以下占位文本。

```
from django.db import models
#Create your models here.
```

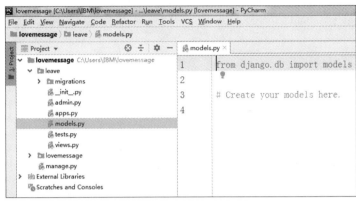

图 19.13　PyCharm 项目编辑 Models.py 文件

下面在右侧空白处编写代码，定义一个类 Love，可以写 class Love()，其中包含两个成员属性 username 和 content。注意，Django 规定数据模型中的 username 和 content 必须指定接收的数据类型，这两个类型如果接收字符串，那就必须指明接收的是字符串类型。字符串类型在 Django 的 Models 中提供了 CharField 来表示，在使用 CharField 时要说明字符串接收的长度，max_length 就作为 CharField 的长度参数。另外，Love 类一定要继承 Models.Model 类，这样 Love 类就变成了 Django 的 Model 模型类，代码如下。

程序清单 19.1　Python 实现"爱情留言板"中 Model 的 Love 类

```
class Love(Models.Model):
    username=Models.CharField(max_length=100)
    content=Models.CharField(max_length=200)
```

以上代码逻辑就是根据 Django 数据模型 Love 类的实现方法得到的。

用图形说明要点，如图 19.14 所示。

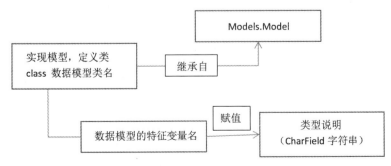

图 19.14　Models.Model 文件编辑流程

图形示意有助于理解代码的要点。在任何 Web 开发中，数据模型都是必须要经历的过程。

Model 代码写完后，要想让数据持久化，可使用 Django 将写好的类转化成数据库存储。这步操作也叫同步到数据库，就是把数据模型类与数据库同步，可实现同时改变、删除和更新。注意，数据模型类与数据库同步之前，需要打开 settings.py 设置文件做一个设置。注意 settings.py 是在与项目同名的二级文件夹中，在确认路径没有问题后，打开 settings.py 文件，如图 19.15 所示。

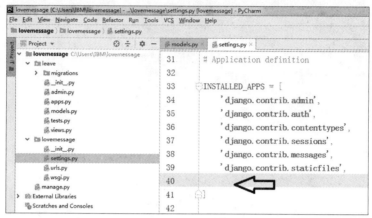

图 19.15　settings.py 文件安装应用 APP 位置

在图 19.15 中左侧被选中的就是 settings.py 文件，右侧箭头指示的位置，就是在 settings.py 的文件中，找到 INSTALLED_APPS 的位置，在后面的 [] 中加入刚刚建立过的应用“leave”，如图 19.16 所示。

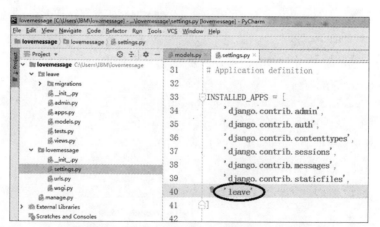

图 19.16　settings.py 文件安装应用 APP 名称

在图 19.16 中被圈住的“leave”应用保证在 settings.py 文件中后，就可以进行同步数据库命令了。

（1）执行 Python manage.py makemigratons，执行完毕，Django 会把 models.py 中的代码需求转化为创建数据库的相关操作。打开 migrations 文件夹，其中有 0001_initial.py 文件，在这个文件里会看到对数据库相关操作的命令。数据库可以理解为存储数据的仓库，容量较大，对于数据持久化存储是很有用的。注意，指令是在 manage.py 的目录下执行的，也就是同名项目文件夹的一级文件夹，如图 19.17 所示。

Terminal: Local
D:\lovemessage>python manage.py makemigrations
Migrations for 'leave':
leave\migrations\0001_initial.py
- Create model Love
D:\lovemessage>

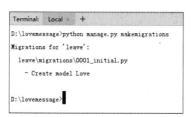

图 19.17　makemigrations 将 Models 代码需求转化成创建数据库操作

从图 19.17 中可知，在应用文件夹 leave 的 migrations 文件夹下的 0001_initial.py 文件中创建了模型 Love。

（2）执行 Python manage.py migrate，这步操作会把需要建立的各种信息写入数据库中，如图 19.17 所示。

图 19.18 中显示创建了很多内容，从这些内容中能够找到模型 leave，即信息提示中倒数第二行的“Applying leave.0001_initial... OK”，就是项目需求创建的 leave 模型。其他的信息都是 Django 需要产生的框架运行的各种数据，是不能删除的。

执行完这两步同步操作后，PyCharm 项目的左侧项目树结构中就有了 db.sqlite3 项，如图 19.19 所示。

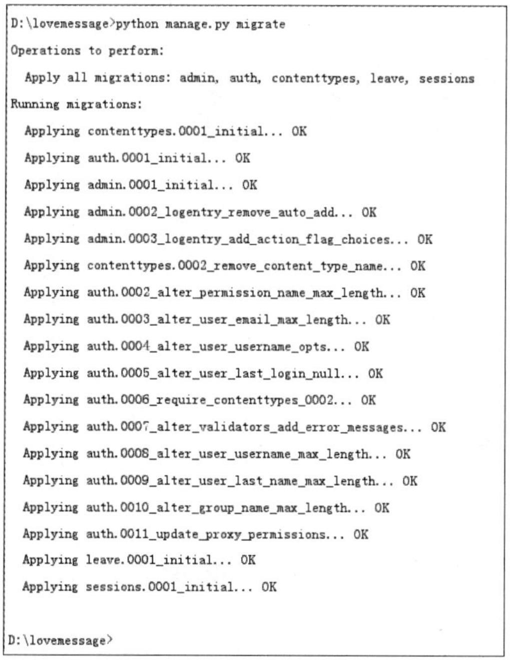

D:\lovemessage>python manage.py migrate
Operations to perform:
Apply all migrations: admin, auth, contenttypes, leave, sessions
Running migrations:
Applying contenttypes.0001_initial... OK
Applying auth.0001_initial... OK
Applying admin.0001_initial... OK
Applying admin.0002_logentry_remove_auto_add... OK
Applying admin.0003_logentry_add_action_flag_choices... OK
Applying contenttypes.0002_remove_content_type_name... OK
Applying auth.0002_alter_permission_name_max_length... OK
Applying auth.0003_alter_user_email_max_length... OK
Applying auth.0004_alter_user_username_opts... OK
Applying auth.0005_alter_user_last_login_null... OK
Applying auth.0006_require_contenttypes_0002... OK
Applying auth.0007_alter_validators_add_error_messages... OK
Applying auth.0008_alter_user_username_max_length... OK
Applying auth.0009_alter_user_last_name_max_length... OK
Applying auth.0010_alter_group_name_max_length... OK
Applying auth.0011_update_proxy_permissions... OK
Applying leave.0001_initial... OK
Applying sessions.0001_initial... OK
D:\lovemessage>

图 19.18　migrate 同步数据库显示信息

lovemessage [C:\Users\IBM\lovemessag
File Edit View Navigate Code Refac
lovemessage 〉 templates 〉 inde
Project
1: Project
lovemessage C:\Users\IBM\lov
leave
lovemessage
templates
db.sqlite3
manage.py
External Libraries
Scratches and Consoles

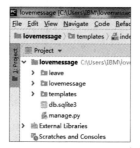

图 19.19　lovemessage 文件夹中 db.splite3 结构

数据库已经建立成功了，但还没有数据，下面介绍向其中输入数据。

19.5.2 自动化后台应用操作 Model

Django 提供了自动化的后台应用程序来完成对刚建立的数据库进行数据的输入。

自动化的后台应用并不是随意进入的，需要先创建能够登录自动化后台应用的用户名，使用的命令需要在存有 manage.py 的文件夹下，也就是与项目文件夹同名的一级文件夹，在路径正确的条件下，执行创建用户的命令：

```
Python manage.py createsuperuser
```

执行完命令后，会依次询问用户名、邮箱和密码。用户名随意填写，只要自己记住就可以，是用来登录的用户名；邮箱可以任意写，有 @ 字符，格式符合邮箱命名格式即可；密码一定要满足复杂性，字母数字符号都要有，长度不能太短，如果密码不满足复杂性，会创建用户失败。

找到应用名称 leave 文件夹下的 admin.py 文件，在这个文件里注册建立的 Model 类，使用 admin.site.register（Love）语句来实现。特别强调的是 Love 类需要导入，不然会报错，使用 import 导入，注意 Love 是从哪里导过来的，需要 from 的参与，from 后为应用名称 leave 中的 models 模块文件，因此，导入语句为 from leave.models import Love。完成注册以后，使用命令"Python manage.py runserver"启动 lovemessage 项目，项目被启动后，自动化的后台应用访问地址如下。

```
http://127.0.0.1:8000/admin
```

在浏览器中输入此地址，就会进入自动化后台应用的登录界面了，如图 19.20 所示。

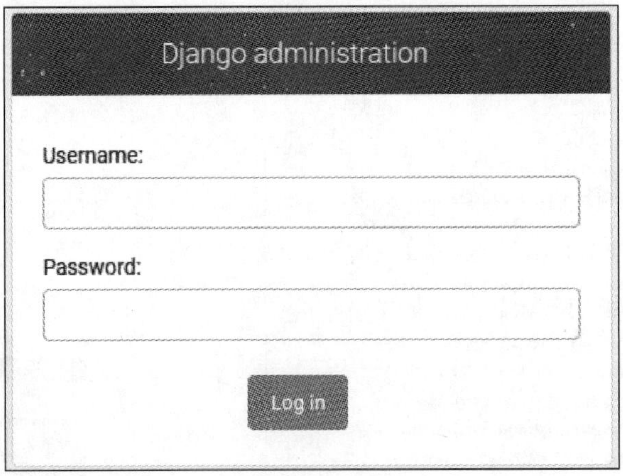

图 19.20　Django adminstration 登录界面

输入用户名和对应的密码后，单击"Login in"按钮，如果用户名和密码正确，就会登录成功，继而进入 Django administration 的后台管理界面，如图 19.21 所示。

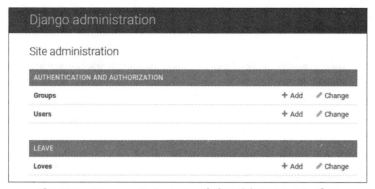

图 19.21　Django adminstrator 登录后的数据 Models 界面

在登录成功的界面中即可找到 LEAVE 应用。LEAVE 下为 Loves，即项目中定义的模型类 Love，后台在尾部自动加了一个"s"。

在 settings.py 设置文件中做一些更改（注意 settings.py 文件的路径），修改的是 settings.py 文件中的 LANGUAGE_CODE 项，如图 19.22 所示。

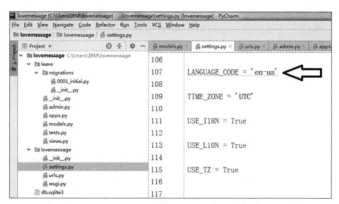

图 19.22　settings.py 中 admin 界面语言修改位置

图 19.22 中，LANGUAGE_CODE 原来是"en-us"，本小节改成"zh-hans"，"zh-hans"是中文的意思，同时也可以把时区改过来，默认的时区是"UTC"，采用的是国际标准时间，可以改成"Asia/Shanghai"，如图 19.23 所示。

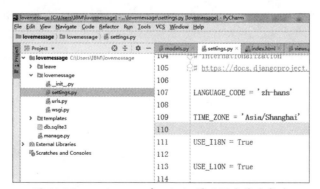

图 19.23　settings.py 中 admin 界面语言修改成功

　　修改成功以后，保存文件。然后刷新一下浏览器访问的自动化后台应用界面，就变成中文界面了，如图 19.24 所示。

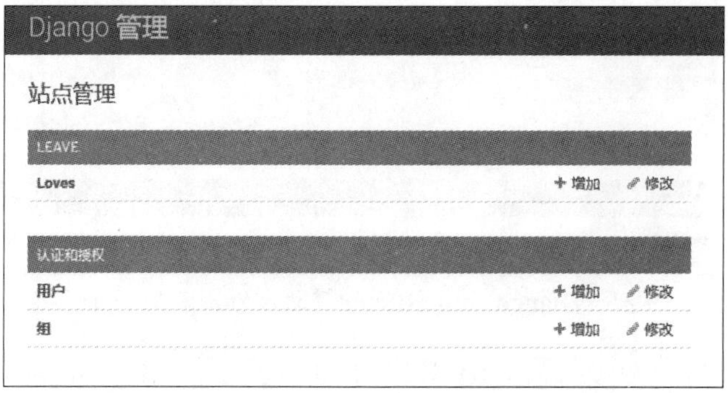

图 19.24　Django administrator 登录后的中文界面

　　可在图 19.24 所示界面中完成向数据库添加数据，可以看到标记"Loves"右侧有"增加"和"修改"按钮，单击"增加"按钮就会出现用户名和密码输入页面，如图 19.25 所示。

图 19.25　Django administrator Love 模型数据的添加

　　在如图 19.25 所示的填加数据的界面中，在 Username 后面填上发送的用户名，在 Content 后面填上需要发送的留言。然后单击"保存"按钮即可产生一个数据，如果单击"保存并增加另一个"按钮不仅保存当前数据，而且可以继续添加数据，如图 19.26 所示。

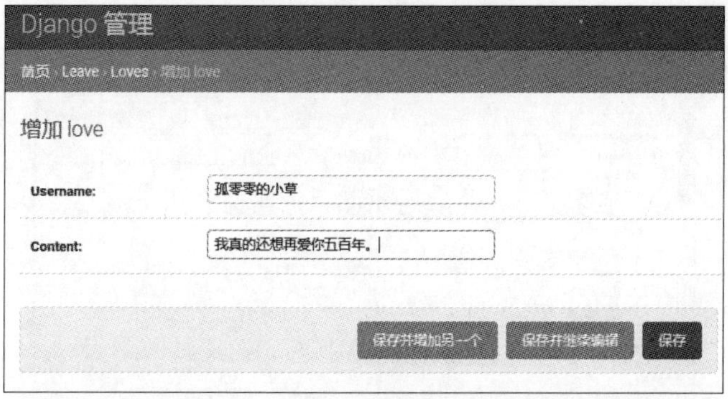

图 19.26　Django administrator Love 模型添加的数据

这样就完成了向数据库中添加数据。

这个自动化后台应用界面还提供了数据的查看功能，单击"首页"链接，进入界面即可查看到"站点管理"下"LEAVE"中的"Loves"。单击类 Loves，如图 19.27 所示。

图 19.27 Django administrator Love 模型添加成功

然后就会看到类 Loves 下的数据，如图 19.28 所示。

图 19.28 Django administrator Love 模型添加后浏览

用 Django 自动化后台系统可以很方便地完成数据库的相关操作。

19.5.3 创建一个视图函数

Model 模型创建完成，也实现了向 Mode 模型中填充数据。本小节编写一个从数据库读取所有留言的视图函数。视图函数主要介绍应用名称 leave 中的 Views.py 文件，在 Views 文件中要实现的逻辑就是把数据模型 Love 中的数据全部读取出来。Django 中 Model 模型使用 Love.objects.all() 代码就可以取出数据模型中所有添加过的数据，其中，Love 为类名，使用时一定要注意导入，是从应用的 Model 模型中导入 Love，即 from leave.Models import Love；objects 是所有对象的意思，Love.objects 就是 Love 类的所有对象，即数据模型里的所有数据，但 objects 只是一个对象，这里需要的是对象里的数据，因此，才有了代码 Love.objects.all()。获取数据模型里的全部数据后，就要把数据放到一个字典里，这是 Django 的规定。当 Django 需要从视图的响应网页中携带数据时，必须把数据以字典的形式携带，字典的键表示的是数据的变量名，字典的值就是变量的值，在应用模板时需求数据的地方直接输出变量的值，就完成携带数据的任务了，非常方便。最后返回给浏览器响应的页面，网页的页面都是 HTML 代码。return render(request,"index.html",content) 返回了响应有效的代码，其中，render 是对返回的浏览器页面进行解析，第一个参数 request 是用户请求的回传，相当于针对 request 做的请求；"index.html" 是第二个参数，标志浏览器进行响应的模板页面名称；第三个参数 content 就是网页中数据的字典参数。代码如下。

程序清单 19.2　Python 实现"爱情留言板"Django 版的 View 视图功能

```
from Django.shortcuts import render
from leave.Models import Love
#Create your Views here.
def show_messages(request):
    messages=Love.objects.all()
    content={"info":messages}
    return render(request,"index.html",content)
```

用图形显示代码逻辑的要点，如图 19.29 所示。

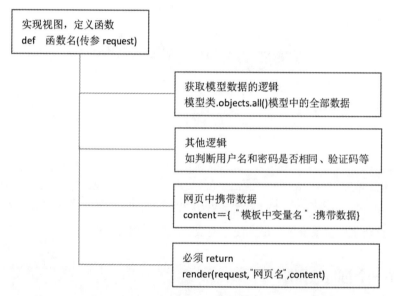

图 19.29　Views 方法的逻辑流程

图 19.29 是对视图逻辑的再解释，可以通过图形深化对视图函数的理解。

19.5.4　创建一个 URL 模式

数据和视图都已创建，还要实现用户的请求需要与视图函数进行连接。Django 自动通过 urls.py 文件的配置来实现请求地址与视图函数的对应，这就需要一个 URL 的对应设置。

当然可以直接在二级项目同名文件夹 urls.py 中创建所需的 URL 地址匹配。打开 urls.py 文件，如图 19.30 所示。

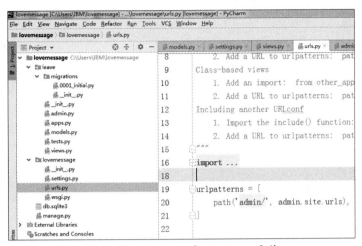

图 19.30　PyCharm 打开 urls.py 文件

从图 19.30 中可知，左侧被选中的 urls.py，对应右侧中显示内容的 path("admin",admin.site.urls)
语句，这句代码就是决定是否访问 "http://127.0.0.1:800/admin" 的原因。有一个 "admin/" 规则的参照，
就可以写一个别的规则，看最后是否会成功。

```
path("info/",Views.show_messages)
```

这句是仿写的 path 语句，就是用户再发送请求应该如 "http://127.0.0.1:8000/info" 这样，其
中，第一个参数 "info/" 就是在 "http://127.0.0.1:8000" 后面产生的路径问题；第二个参数 "Views.
show_messages" 是视图函数中写的 show_messages 函数调用，注意 Views 不能无中生有，要在代
码最开始写入 import 导入语句，这是从应用名称 leave 中导入的，因此，from leave import views 就
实现了导入语句。

现在启动服务 "Python manage.py runserver"，同样注意 manage.py 的路径，启动服务后在浏
览器地址栏中输入 "http://127.0.0.1:8000/info"，如图 19.31 所示。

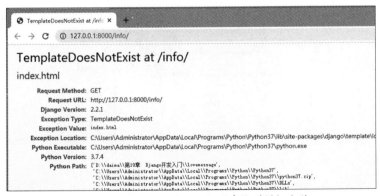

图 19.31　Django 项目运行没有找到模板文件

得到如图 19.31 所示的报错信息，信息量太大，但是信息中关键词 "TemplateDoesNotExist"
指的是模板不存在，也就是 index.html 这个页面代码还没有实现。

19.5.5 创建模板

最后一步，模板。在介绍 Django 模板之前，先简单了解一下 HTML 代码。

HTML（超链接文本语言），即 HTML 文件中的文本都可以做超链接，因此 HTML 也叫超文本标识语言。

HTML 语言是网页通用语言，所有的网页都是用这种语言进行解释的，是开源的。HTML 语言在文件中都是以成对的标签出现的，先了解与本章项目有关的标签。

> H2 标签是 " 二级标题 " 的标签
> H3 标签是 " 三级标题 " 的标签
> P 是 " 段落 " 的标签

定义一个 html 页面，用以上这 3 个标签即可。可以建立一个 ".html" 的网页文件，直接在文件中输入以下的格式即可。

> ```html
> <h2> 我的网页 </h2>
> <h3> 欢迎光临 </p>
> <p> 这是我自己制作的页面，请多关照 </p>
> ```

这段 HTML 代码存储在文件名为 "index.html" 的文件中，用浏览器打开页面，结果如图 19.32 所示。

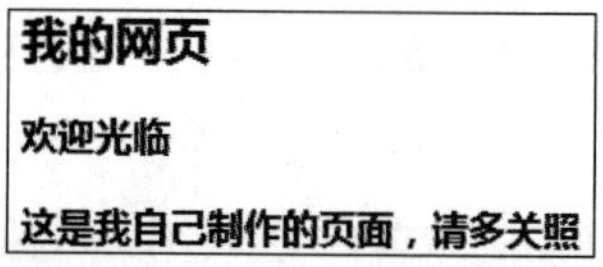

我的网页

欢迎光临

这是我自己制作的页面，请多关照

图 19.32　浏览器打开的页面

文件建立成功后，需放在 Django 中模板该放置的位置，具体放置方法可分为以下两步。

（1）在一级项目同名文件夹下新建文件夹 templates，把 index.html 复制到 templates 文件夹中，如图 19.33 所示。

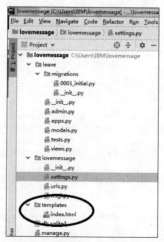

图 19.33　lovemessage 项目模板

注意 templates 文件夹创建的位置，在 templates 文件夹下有一个 index.html 文件。

（2）修改 settings.py 配置文件，寻找"模板文件"的路径即可。修改的是 settings.py 文件中的 TEMPLATES 选项，TEMPLATES 选项下的 DIRS 决定路径，即图 19.34 中箭头所指。

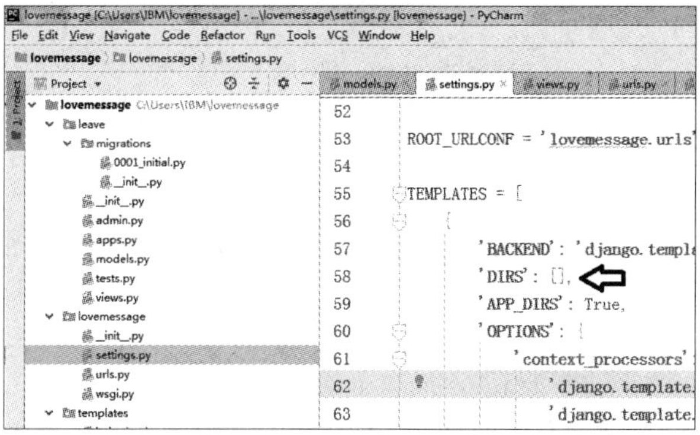

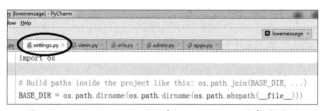

图 19.34　settings.py 项目中 TEMPLATES 的设置

图 19.34 中所示的位置就是要修改的位置，在"[]"中加上路径的连接内容：

```
os.path.join（BASE_DIR, "Templates"）
```

这句代码中，os.path.join() 方法中 BASE_DIR 在 settings.py 文件中进行了定义，即 BASE_DIR = os.path.dirname（os.path.dirname（os.path.abspath（__file__）））。

代码清楚指示的是系统的当前工作目录，如图 19.35 所示。

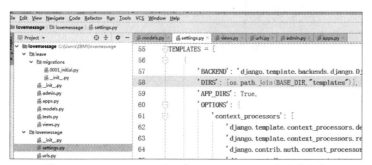

图 19.35　settings.py 项目中 BASE_DIR 的常量说明

从图 19.35 中就可以找到 settings.py 文件的内容，其中就有 BASE_DIR 选项。因此，代码 os.path.join（BASE_DIR，"Templates"）是把当前项目的工作目录和"templates"连接，相当于模板文件的路径就是当前项目工作目录下的 templates 目录，如图 19.36 所示。

图 19.36　settings.py 项目中 TEMPLATES 的设置内容

完成了这两步操作，再输入访问地址，从浏览器中查看结果，如图 19.37 所示。

图 19.37　127.0.0.1:8000/info 网址页面浏览内容

从图 19.37 中可知，网站能够正常访问了，但是没有输出数据库的内容。由此可知，视图函数返回响应时，除页面名称 "index.html" 外，还有模板的变量名 info，其中 info 是视图函数传参字典的键，值是 messages，而 messages 就是 Love.objects.all() 输出的数据。all() 数据可能不只一条，会有很多条，要用 for 循环去遍历这组数据，Django 模板中使用 for 语句需要用 {%　%} 把数据括起来，同时还要写上 {% endfor %} 标明 for 语句的结束。

把 index.html 网页代码写成如下格式。

```
{% for infos in info %}
    <h2>{{ infos.username }}</h2>
    <h3>{{ infos.content }}</h3>
{% endfor %}
```

以上代码使用了 Django 的模板语言，"{{ 变量名 }}" 格式在网页中输出了变量的值，"{{}}" 嵌套就相当于输出。代码中的变量 info 可能有很多值，所以才在标签的上面套了一层 {% for infos in info %}。注意，修改完 index.html 中的模板后，再从浏览器中请求一下地址，如图 19.38 所示。

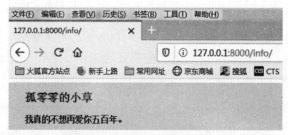

图 19.38　127.0.0.1:8000/info 网址页面动态内容展示

因为数据库中只有一条数据，就显示出一条，如果有多条数据，就会显示多条。

至此，项目就基本完成了。

19.6 项目的修改

19.6.1 数据过滤

在实际工作中，很少会一次性从数据库中取出所有的数据，通常都只针对一部分数据进行操作。在 Django API 中，可以使用 filter() 方法对数据进行过滤。

程序清单 19.3　Python 实现"爱情留言板"的 Django 版本 View 过滤器功能

```
from Django.shortcuts import render
from leave.Models import Love
#Create your Views here.
def show_messages(request):
    messages=Love.objects.filter(username=" 孤零零的小草 ")
    content={"info":messages}
    return render(request,"index.html",content)
```

以上代码是在 View 中实现的代码，原来的 Love.objects.all() 是将所有的数据从数据模型中取出来，现在 Love.objects.filter(username=" 孤零零的小草 ") 是对数据模型的所有数据做过滤，把 username=" 孤零零的小草 " 的用户名选择出来，返回到 messages 变量中，后面的代码还是作为字典参数，传送到网页文件中。filer 过滤函数的格式是 filter(类中的属性名 = 值)。如果数据模型中没有符合 filter 过滤条件的数据，filter 将返回空。

19.6.2 获得单个对象

filter() 函数返回一个记录集，这个记录集是一个列表。相对列表来说，有时候更需要获取单个的对象，使用 get() 方法即可。

程序清单 19.4　Python 实现"爱情留言板"Django 版本 View 的 get 获取功能

```
from Django.shortcuts import render
from leave.Models import Love
#Create your Views here.
def show_messages(request):
    messages=Love.objects.get(username=" 孤零零的小草 ")
    content={'info':messages}
    return render(request,"index.html",content)
```

以上代码是在 View 中实现的代码，Love.objects.get(username=" 孤零零的小草 ") 是把数据模型的数据满足 username=" 孤零零的小草 " 的用户名直接取出来，返回单个对象，而不是列表。但是，没有这个对象，就会报错，然后退出程序。

如果在 Views.py 中使用 Love.objects.get(username=" 孤零零的小草 ") 来获取对象，对应的

Templates 里的模板代码也会发生改变，直接输出对象即可。

```
<h2>{{ info.username }}</h2>
<h3>{{ info.content }}</h3>
```

19.7 Django 原理

通过实现"爱情留言板"项目，可以得到整个 Django 的执行原理。可结合图 19.39 所示的原理图分析 Django 原理。

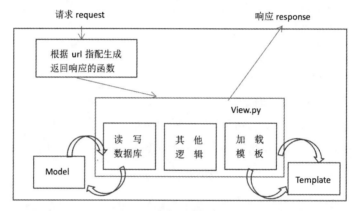

图 19.39　Django 原理图

由图 19.39 可知，Django 的原理：用户通过浏览器发送请求 request 给远程服务器，服务器拿到用户的请求地址 url 会通过服务器的文件 urls.py 匹配 View 视图的方法，调用 View 视图中的函数，View 中的视图方法可以通过 Models 访问数据库，Models 返回的数据可在 View 调用函数中实现，再执行其他逻辑。如果需要 View 携带参数可以使用字典变量 context，context 被传递给 Template 模板来生成 html 页面，返回响应对象传送到浏览器，为用户呈现最终界面效果。

19.8 能力测试

利用 Django 框架开发 Web 网站学员显示系统，要求学员的数据模型包括：

学员学号
学员姓名

学员住址
学员班级

学员页面模板的 HTML 代码如下。

```
<h1> 学员姓名：刘天 </h1>
<h3> 学员班级：3 年级 1 班 </h3>
<p> 学员住址：北京天通苑 </p>
```

其他数据，读者可自行测试加入，模板中的其他数据可循环产生。

19.9 面试真题

1. 什么是 MTV 模式？

解析：这道题是对 Django 的 MTV 模式的考核。MTV 指的是 Django 开发中的三部分：Model、Template、View，分别指的是 Model（模型），负责业务对象和数据库的对象；Template（模板），负责把页面展示给用户；View（视图），负责业务逻辑，在适当时调用 Model 和 Template。

2. 列举 3 个常用的 Django ORM 中的方法。

解析：这道题是对 Django 中 ORM 模型方法的考核。在本章涉及的 Django ORM 操作中，经常使用的方法有 all() 查询所有的结果；filter() 包含与所给筛选条件相匹配的对象；get 返回与所给筛选条件相匹配的对象，返回结果有且只有一个，获取不到会报错。

19.10 本章小结

本章主要介绍如何使用 Django 框架进行 Web 应用的开发，关键在于 Model、View、Template 的编码功能。对于 Template 模板中的前端页面可以通过网络下载相关模板来完成，Model 是整个开发过程中的关键，因为 Django 提供的 ORM 对象关系模型操作了数据库部分，常用的数据基本类型多为 CharField，使编程更加注重逻辑能力。Views 中更多的实现就是子功能的函数。

从根本上理解 Django 的原理，在不同的项目文件夹中操作不同文件实现一个稍显复杂项目的开发，对提升编程能力助力极大。初学 Django 的人，可以通过多加练习来掌握其中的流程和内容。

第 20 章

数据分析初步

本章主要介绍数据分析的知识。在一些 Web 网站中，常常需要记录一些用户的行为，如用户在页面上浏览了哪些内容，用户在某个商品页面上停留了多少时间，用户是不是频繁登录某商城、有没有一定的规律等，这些都是可能要记录的相关信息。记录下这些信息后，就可以通过数据分析来了解用户喜好了，有针对性地发展客户群，增大项目网站上商品的销量。这是数据分析的潜在意义。当然，也有最直接的意义，通过数据分析推测未来几天的天气情况，通过数据分析更好地进行春运铁路和公路的车辆调配等。数据分析是对项目和一些问题从数据的角度上去认识，找寻规律，制订相应策略。了解数据分析的相关知识，也对处理项目细节起到了至关重要的作用。

20.1 数据分析概述

数据分析可以了解用户的一些内在需求。数据分析是指用适当的统计分析方法对收集来的大量数据进行分析，提取出有用的信息和形成结论的总结过程。数据分析就是将一些看似杂乱无章的数据（但其背后可能有一些内在的规律）背后的内在规律提炼出来的过程。在实际工作中，数据分析能够帮助一个产品定位具体的方向，也是管理者判断和决策的依据。根据数据分析的结果，管理者可采取适当的策略与行动。

数据分析的前提条件是一定要有数据。数据可能是通过各种渠道收集来的，而且数据量可能很大，数据也很繁杂，很难通过观察就能够发现这些数据的规律。在进行数据分析前，需要对这些比较杂乱的数据进行加工整理，保证数据的有效性，使计算机能够进行数据分析。例如，收集了一堆汽车零配件的数据，要对汽车零配件的市场销售及价格趋势做分析，就得保证价格不能出现"面议"的字样，因为"面议"和价格"500.00" 是两个不同的数据类型，一个是字符串型，另一个是数值型，两个类型放在一起去分析，势必造成不合理的对比情况，就像"500.00"和"面议"比较大小是没有任何实在意义的。数据中往往包括这些不太正常的数据值，称为异常值，也有空值和有可能去掉的重复的记录等。

数据分析的具体过程用图 20.1 表示。

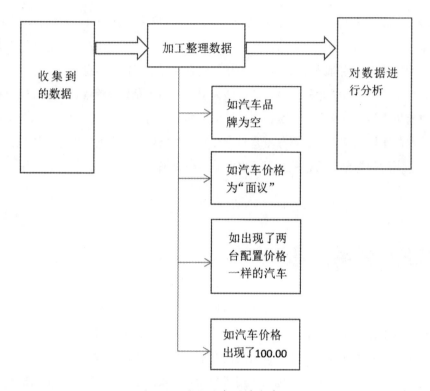

图 20.1　数据分析的基本步骤

本章重点研究数据的加工整理和一些常用的分析方法。

20.2 数据分析模块 Pandas 概述

　　Pandas 是 Python 的一个数据分析包，由专注于 Python 数据包开发的 PyData 开发团队开发和维护。Pandas 的名称来自面板数据（Panel Data）和 Python 数据分析（Data Aanlysis）。Panel Data 是经济学中关于多维数据集的一个术语。Pandas 是研究多种维度数据集的数据包，多种维度的理解可以从低维开始，例如，*x*、*y* 是两种维度，一个是横轴，另一个是纵轴，如果再有 *z* 轴，那就是第 3 个维度，多维还可能在 *z* 轴上再添加维度。数据分析的初步只在 *x*、*y* 两种维度上进行分析。Pandas 模块提供了对应的一维或二维的数据结构。这两种数据结构的名称在 Pandas 中的称呼是 Series 和 DataFrame。

　　（1）Series：一维数据系列，也称序列，与 Python 基本的数据结构 list 很相近。

　　（2）DataFrame：二维的表格型数据结构。DataFrame 相当于 Series 的容器，是由若干个 Series 容器组成的。本节的数据分析主要以 DataFrame 为主。

要使用 Pandas 的两种数据结构，就需要安装 Pandas 数据分析包，Pandas 的安装比较简单，可以使用 pip3 工具进行安装。

```
pip3 install pandas
```

安装成功后，可以在 PyCharm 中新建一个以 ".py" 为扩展名的 Python 文件，然后 import Pandas，如果没有红线的报错提示，就证明模块安装成功。

20.3 Series 数据结构

数据结构就是数据和数据之间存在特定关系的数据的集合。Pandas 中主要有 Series（系列）和 DataFrame（数据框）两种数据结构。

20.3.1 Series 的建立

Series，也称序列，是一维数据的集合，用于存储一行或一列的数据，以及与之相关联的索引的集合。使用方法如下：

```
Series([ 数据 1，数据 2，...], index=[ 索引 1，索引 2，...])
```

下面简单使用 Series，代码如下。

程序清单 20.1　Python 实现 Series 数据初始化并打印的功能

```
from Pandas import Series
meat=Series([" 猪肉 ",35.00,10],index=[" 商品名 "," 价格 "," 购买数量 "])
print(meat)
```

以上代码的运行结果如图 20.2 所示。

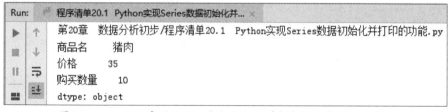

图 20.2　Python 实现 Series 数据初始化并打印的功能的运行结果

从图 20.2 中可以看出，Series 虽然是一个一维的数据集合，但可以通过索引列表实现与数据的对应关系，也可以通过索引值来访问其对应的数据。代码如下。

程序清单 20.2　Python 实现 Series 数据初始化数据访问并打印功能

```
from Pandas import Series
meat=Series([" 猪肉 ",35.00,10],index=[" 商品名 "," 价格 "," 购买数量 "])
```

```
print(meat[" 商品名 "])
```

以上代码的运行结果如图 20.3 所示。

图 20.3　Python 实现 Series 初始化数据访问并打印功能的运行结果

Series 系列允许存放很多种数据类型，常常用来表征数据特点的就是数值型或字符串型，索引（Index）可以省略，如果索引值被省略了，可以通过位置来访问数据。代码如下。

程序清单 20.3　Python 实现 Series 初始化没有索引的数据访问功能

```
from Pandas import Series
meat=Series([" 猪肉 ",35.00,10])
print(meat[1])
```

以上代码的运行结果如图 20.4 所示。

图 20.4　Python 实现 Series 初始化没有索引数据访问功能的运行结果

需要注意的是，以上代码虽然省略了索引 index，但也可以通过像列表一样通过索引位置来获取元素，默认从 0 开始。同样，如果访问时超出了索引值，也会出现报错信息。代码如下。

程序清单 20.4　Python 实现 Series 初始化后数据越界访问的功能

```
from Pandas import Series
meat=Series([" 猪肉 ",35.00,10])
print(meat[3])
```

以上代码中打印 meat[3]，meat 的索引位置 3 已经超出了 Pandas 中 Series 的数值数量，所以会报错。运行结果如图 20.5 所示。

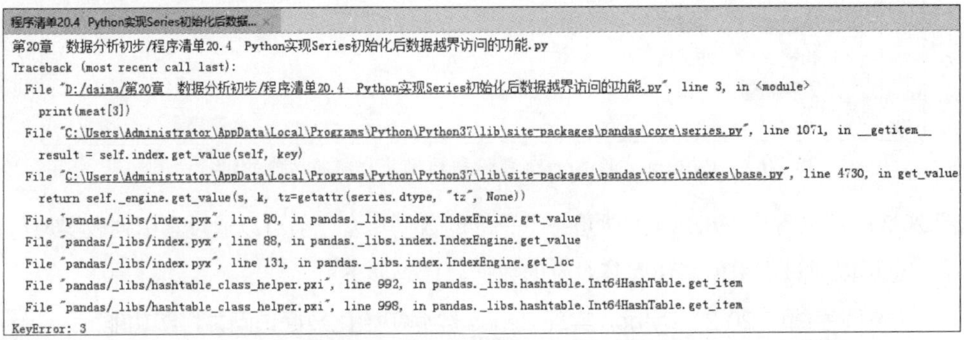

图 20.5　Python 实现 Series 初始化后数据越界访问的功能的运行结果

可以看到 print(meat[3]) 连带了好多错误信息，说明超出索引范围对 Pandas 的一些文件的运行也是会有影响的。最后的 KeyError 显示出了错误类型：键值错误。

下面介绍如何在 Series 中对元素进行添加、删除、修改和查询的操作。

20.3.2　Series 添加元素

既然 Series 和 list 类似，可以使用 append() 方法来添加元素，代码如下。

程序清单 20.5　Python 实现 Series 不正确添加元素的功能

```
from Pandas import Series
meat=Series([" 猪肉 ",35.00,10])
meat.append(" 二师兄的心头肉 ")
```

以上代码用 append() 方法为 meat 的 Series 变量添加了与 "猪肉" 相关的描述信息 "二师兄的心头肉"。运行结果如图 20.6 所示。

```
程序清单20.5 Python实现Series不正确添加元... ×
第20章  数据分析初步/程序清单20.5  Python实现Series不正确添加元素的功能.py
Traceback (most recent call last):
  File "D:/daima/第20章  数据分析初步/程序清单20.5  Python实现Series不正确添加元素的功能.py", line 3, in <module>
    meat.append("二师兄的心头肉")
  File "C:\Users\Administrator\AppData\Local\Programs\Python\Python37\lib\site-packages\pandas\core\series.py", line 2782, in append
    to_concat, ignore_index=ignore_index, verify_integrity=verify_integrity
  File "C:\Users\Administrator\AppData\Local\Programs\Python\Python37\lib\site-packages\pandas\core\reshape\concat.py", line 255, in concat
    sort=sort,
  File "C:\Users\Administrator\AppData\Local\Programs\Python\Python37\lib\site-packages\pandas\core\reshape\concat.py", line 332, in __init__
    raise TypeError(msg)
TypeError: cannot concatenate object of type '<class 'str'>'; only Series and DataFrame objs are valid
```

图 20.6　Python 实现 Series 不正确添加元素的功能的运行结果

结果报错了，从错误信息最后一句 "only Series and DataFrame objs are valid" 可知，Series 添加时也只能添加 Series 或 DataFrame 对象，这是由 Pandas 的数据结构决定的。即只有 append 添加一个 Series 的数据结构才能把这个数据添加到 meat 的 Series 变量中。

程序清单 20.6　Python 实现 Series 添加元素不改变原数据的功能

```
from Pandas import Series
meat=Series([" 猪肉 ",35.00,10])
meat.append(Series([" 二师兄的心头肉 "]))
print(meat)
```

运行结果如图 20.7 所示。

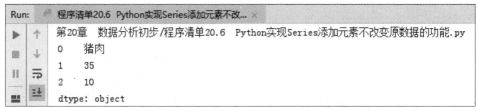

图 20.7　Python 实现 Series 添加元素不改变原数据的功能的运行结果

从运行结果可知，添加数据的语句虽然没有报错，但打印 meat 时结果却没有把数据添加成功。原因是没有把添加的数据再写回 meat 变量中，Series 中 append() 方法添加的元素是不会改变原来的元素的，需要再重新赋值一下。代码如下。

程序清单 20.7　Python 实现 Series 添加元素改变元素的功能

```
from Pandas import Series
meat=Series([" 猪肉 ",35.00,10])
meat=meat.append(Series([" 二师兄的心头肉 "]))
print(meat)
```

以上代码的运行结果如图 20.8 所示。

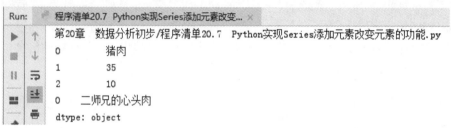

图 20.8　Python 实现 Series 添加元素改变元素的功能的运行结果

从运行结果可知，数据被写入 meat 中了，但索引却出现了问题，出现两个索引 0。可以把索引为 0 的内容输出来验证是否对应两行数据，代码如下。

程序清单 20.8　Python 实现 Series 添加元素索引值重复的功能

```
from Pandas import Series
meat=Series([" 猪肉 ",35.00,10])
meat=meat.append(Series([" 二师兄的心头肉 "]))
print(meat[0])
```

以上代码的运行结果如图 20.9 所示。

```
Run:    程序清单20.8 Python实现Series添加元素索引...  ×
  ▶  ↑   第20章  数据分析初步/程序清单20.8  Python实现Series添加元素索引值重复的功能.py
  ■  ↓   0       猪肉
  ‖  ⇥   0    二师兄的心头肉
         dtype: object
  ▣  ⬇
```

图 20.9　Python 实现 Series 添加元素索引值重复的功能的运行结果

要解决以上问题，需要在添加数据时加上索引号，这样才能保证数据一一对应，才会更有意义。代码如下。

程序清单 20.9　Python 实现 Series 添加元素索引值不重复的功能

```
from Pandas import Series
meat=Series([" 猪肉 ",35.00,10],index=[" 商品名 "," 价格 "," 购买数量 "])
meat=meat.append(Series([" 二师兄的心头肉 "],index=[" 商品描述 "]))
```

```
print(meat)
```

以上代码的运行结果如图 20.10 所示。

图 20.10　Python 实现 Series 添加元素索引值不重复的功能的运行结果

图 20.10 所示数据清晰明了，利于后期进行数据分析。因此，可以用 append() 方法添加数据，而且添加的 Series 序列需要带上 index 的值。

20.3.3　Series 删除元素

在 Series 中删除元素，可以用"del 列表名 [索引位置]"语句删除元素，代码如下。

程序清单 20.10　Python 实现 Series 的 del 删除功能

```
from Pandas import Series
meat=Series([" 猪肉 ",35.00,10],index=[" 商品名 "," 价格 "," 购买数量 "])
meat=meat.append(Series([" 二师兄的心头肉 "],index=[" 商品描述 "]))
del meat[" 价格 "]
print(meat)
```

以上代码使用 del meat[" 价格 "] 来删除 meat 的 Series 结构变量中"价格"索引对应的值。运行结果如图 20.11 所示。

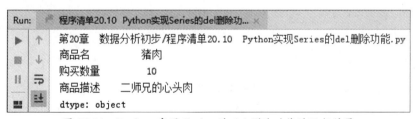

图 20.11　Python 实现 Series 的 del 删除功能的运行结果

结果显示，已经实现了 Series 序列的删除操作。其实 Series 序列结构还可以通过 drop 来删除索引对应的值，格式如下。

Series 结构变量名 .drop(索引名或索引位置)

利用以上语句删除元素，代码如下。

程序清单 20.11　Python 实现 Series 的 drop 删除元素的功能

```
from Pandas import Series
```

```
meat=Series(["猪肉",35.00,10],index=["商品名","价格","购买数量"])
meat=meat.append(Series(["二师兄的心头肉"],index=["商品描述"]))
meat.drop("价格")
print(meat)
```

以上代码的运行结果如图 20.12 所示。

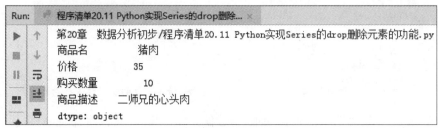

图 20.12　Python 实现 Series 的 drop 删除元素的功能的运行结果

由运行结果可知，drop 方法与 del 方法的运行结果是一样的，但是 drop 方法是通过"对象.方法名"来实现，更符合使用习惯。另外在数据分析的具体应用中，drop() 也是一个对异常或空数据进行删除操作的常用方法。

20.3.4　Series 修改元素

在学习列表时，修改元素是通过赋值运算符来实现的。例如，要修改 lists 列表中第 3 个索引位置的数据，使用 "lists[3]=10" 语句即可。Series 中也可用同样的方法，代码如下。

程序清单 20.12　Python 实现 Series 修改元素价格的功能

```
from Pandas import Series
meat=Series(["猪肉",35.00,10],index=["商品名","价格","购买数量"])
meat=meat.append(Series(["二师兄的心头肉"],index=["商品描述"]))
meat["价格"]=37.00
print(meat)
```

以上代码的运行结果如图 20.13 所示。

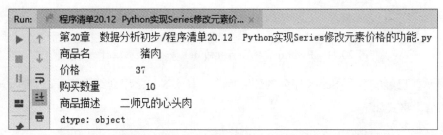

图 20.13　Python 实现 Series 修改元素价格的功能的运行结果

从运行结果可知，"价格"索引的值已经被改成了 37，完成了修改的目的。

20.3.5 Series 查询元素

Series 可以用索引值来查询相关信息，这种方法比较简单和直接，本小节介绍一些其他的方法。

1. 切片法

切片法可以查询从某一个索引到另一个索引之间的数据序列，代码如下。

程序清单 20.13　Python 实现 Series 切片查询的功能

```
from Pandas import Series
meat=Series([" 猪肉 ",35.00,10],index=[" 商品名称 "," 价格 "," 购买数量 "])
meat=meat.append(Series([" 二师兄的心头肉 "],index=[" 商品描述 "]))
print(meat[" 商品名称 ":" 价格 "])
```

其中，print(meat[" 商品名称 ":" 价格 "]) 语句中 meat[" 商品名称 ":" 价格 "] 采用了 "变量名 [开始索引名 : 结束索引名]" 的结构，这样的结构就构成了切片。在开始索引名到结束索引名之间用冒号隔开即可表达从开始索引名开始，到结束索引名结束，中间的索引名都会包含在内，再用中括号把这种格式括起来，前面加上变量名 meat。这样就能够引用变量名 meat 的 Series 序列中的值了，这个值是从开始索引名开始，结束索引名结束，包含中间的所有的值。运行结果如图 21.14 所示。

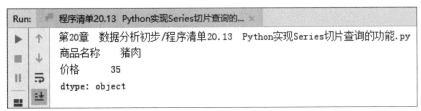

图 20.14　Python 实现 Series 切片查询的功能的运行结果

从运行结果可知，输出了 "商品名称" 和 "价格"，因为代码中的切片是从 "商品名称" 索引开始，到 "价格" 索引结束，中间再没有其他索引了，只输出了两项，如果中间还有其他索引名，还会把其他索引对应的值输出。

2. 条件式

"切片" 和 "索引" 直接完成不了的就是对索引值的限制。有时需要提取的是 Series 序列中一些被限定条件的值。例如，限定索引名对应的值中含有 "猪" 的被打印输出。代码如下。

程序清单 20.14　Python 实现 Series 价格条件查询功能

```
from  Pandas  import Series
meat=Series([" 猪肉 ",35.00,10],index=[" 商品名称 "," 价格 "," 购买数量 "])
meat=meat.append(Series([" 二师兄的心头肉 "],index=[" 商品描述 "]))
print(meat[" 猪 " in meat.values])
print(meat.values)
```

以上代码输出两条语句，第一条实现了打印 Series 序列中数值里含有 "猪" 的数值，第二条打印了 Series 中的所有数值。其中 print(meat.values) 就是打印了 Series 中的所有数值，values 对应着 Series 中的所有数值，如果把 values 换成 index 就对应了 Series 中的所有索引名。print(meat[" 猪 "
in meat.values]) 就实现了 Series 序列中数值含有"猪"的数据，"猪" in meat.values 就是实现这一
个功能的限制条件，根据这个条件去过滤所有的 meat.values 数据，然后符合条件的那一项就从 meat
中被取出，前面会跟上 meat 变量，从 meat 这个 Series 数据中取出符合后面这个条件引用的数据，
用中括号把条件括了起来。运行结果如图 20.15 所示。

图 20.15　Python 实现 Series 价格条件查询功能的运行结果

根据结果和前面的分析，即可知哪一个是带条件式的输出，哪一个是输出全部 Series 数值。
下面用程序实现查询"猪肉"这个值的索引名字。代码如下。

程序清单 20.15　Python 实现 Series 带条件式查询功能

```
from  Pandas  import Series
meat=Series([" 猪肉 ",35.00,10],index=[" 商品名称 "," 价格 "," 购买数量 "])
meat=meat.append(Series([" 二师兄的心头肉 "],index=[" 商品描述 "]))
print(meat.index[meat.values==" 猪肉 "])
```

在以上代码中，把 meat.values 与"猪肉"进行了对比，最前面会跟上 meat.index，这是 meat
这个 Series 数据的索引名称，后面跟上条件实现获取"猪肉"的条件引用，用中括号把条件括了起
来。如果 meat.values 与"猪肉"相同，这个索引就被打印出来。运行结果如图 20.16 所示。

图 20.16　Python 实现 Series 带条件式查询功能的运行结果

从运行结果可知，"猪肉"的值来自索引名"商品名称"。如果这个值不在 Series 中，可用以
下代码来验证。

程序清单 20.16　Python 实现 Series 的带条件式不满足条件的功能

```
from  Pandas  import Series
meat=Series([" 猪肉 ",35.00,10],index=[" 商品名称 "," 价格 "," 购买数量 "])
meat=meat.append(Series([" 二师兄的心头肉 "],index=[" 商品描述 "]))
print(meat.index[meat.values==" 价格 "])
```

在以上代码中，通过 print(meat.index[meat.values==" 价格 "]) 代码可知，需要打印的是 meat.
values==" 价格 " 条件的 meat.index 索引值，但是在 meat 变量的 Series 值中是没有这个值的。运行
结果如图 20.17 所示。

```
Run: 程序清单20.16 Python实现Series的带条件式...
第20章 数据分析初步/程序清单20.16 Python实现Series的带条件式不满足条件的功能.py
Index([], dtype="object")
```

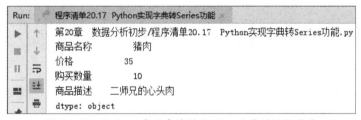

图 20.17　Python 实现 Series 的带条件式不满足条件的功能的运行结果

从运行结果可知，输出一个空列表。即查询使用的条件不成立，就会返回空列表，不会出现报错的情况。

20.3.6 字典结构转成 Series

Series 虽然与列表很相似，但如果添加了 index 索引值，就与字典很相像了，有了索引名就相当于有了键，而值是必须的，“键 – 值”和“索引 – 值”很相似。其实，字典结果也可以转化成 Series，代码如下。

程序清单 20.17　Python 实现字典转 Series 功能

```
from Pandas import Series
dict={"商品名称":"猪肉","价格":35.00,"购买数量":10,"商品描述":"二师兄的心头肉"}
meat=Series(dict)
print(meat)
```

以上代码中定义了一个字典，数据与以前的“猪肉”数据是一致的，只是在 Series 创建时，传入了字典参数。运行结果如图 20.18 所示。

```
Run: 程序清单20.17 Python实现字典转Series功能
第20章 数据分析初步/程序清单20.17 Python实现字典转Series功能.py
商品名称          猪肉
价格            35
购买数量          10
商品描述     二师兄的心头肉
dtype: object
```

图 20.18　Python 实现字典转 Series 功能的运行结果

从运行结果可知，没有报错信息，已经完成了从字典到 Series 的转换。

20.3.7 Series 索引重新排序

列表中的元素为了达到某种目的是可以重新进行排序的，如升序和降序。Series 结构与索引有关系，如果要对 Series 中的数据实现升序排列的需求，Series 也是可以实现的。代码如下。

程序清单 20.18　Python 实现 Series 按值重新排序的功能

```
from  Pandas import Series
obj=Series([14.3,25.2,-76,19.0])
obj=obj.sort_values(ascending=False)
print(obj)
```

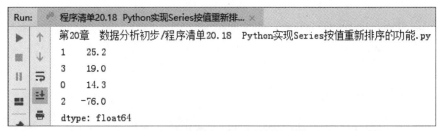

以上代码定义了一个纯数值的 Series 序列，然后使用 sort_values 方法进行排序，同时传入了一个 ascending=False 参数，ascending 参数决定了纯数值的 Series 排列这些数值的顺序，是升序还是降序。ascending=False 是降序，ascending=True 是升序。运行结果如图 20.19 所示。

图 20.19　Python 实现 Series 按值重新排序的功能的运行结果

从运行结果可知，输出是一个降序排列的数值，sort_values() 方法完成了对数值的排序。由 sort_values 可延伸到 sort_index，用 sort_index 可实现按照索引号进行排序，代码如下。

程序清单 20.19　Python 实现 Series 按索引重新排序的功能

```
from  Pandas import Series
obj=Series([14.3,25.2,-76,19.0])
obj=obj.sort_index(ascending=False)
print(obj)
```

在以上代码中使用了 sort_index，同时传入了降序的 ascending=False 参数。运行结果如图 20.20 所示。

图 20.20　Python 实现 Series 按索引重新排序的功能的运行结果

从运行结果可知，最前面的索引号从 3 一直到 0，是一个降序的序列。这种排序是在索引都是数值的条件下，如果索引是字符串，就需要使用 reindex() 方法来实现。

程序清单 20.20　Python 实现重排索引顺序的功能

```
from Pandas import Series
meat=Series(["猪肉",35.00,10,"二师兄的心头肉"],index=["商品名称","价格","购买数量","商品描述"])
print(meat)
print("————重排索引后————")
meat=meat.reindex(["价格","商品描述","商品名称","购买数量"])
print(meat)
```

以上代码中首先定义了一个 Series 序列，然后通过 reindex() 方法重新排列索引名，参数中传入了一个列表，这个列表中就是重新排列索引名的另一个顺序。运行结果如图 20.21 所示。

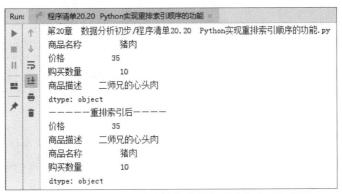

图 20.21　Python 实现重排索引顺序的功能的运行结果

由结果可知，Series 最开始定义的和重新排列索引后的索引顺序是有一定差异的。

20.4　DataFrame 数据结构

DataFrame 数据结构是用于存储行和列的二维数据集合，是 Series 的容器，类似于 Excel 的二维表格。表格从某种意义上讲，某一行具有一定的意义，某一列也说明一定的问题，如表 20.1 所示。

表 20.1　DataFrame 二维表格数据内容

网名	发表文章	被赞人数	被喷人数
吃饱了骂厨子	骂人的艺术	100	300
躺在床上吃饺子	最悠闲的人	1000	400
看不懂的理论	原子和分子之我见	10	1000

从表 20.1 中可知，除第一行外，其他每一行都代表着每一个人写出来文章的各种属性：网名是什么，发表的文章是什么，被赞人数有多少，被喷人数有多少。表格中的每一列又都有一定的意义，第一列是网名，第二列是发表的文章，第三列是被赞的人数，第四列是被喷的人数。由这样行和列都有一定意义的多行多列构成的表格型二维数据集合可以用 DataFrame 来表示。

20.4.1　DataFrame 的创建和访问

用 Pandas 模块定义 DataFrame 的方法如下。

```
DataFrame(columnsMap)
```

其中 columnsMap 就是列中的数据，多个列数据形成行数据。可以说 DataFrame 就是 Series 的容器，把 Series 定义成列中的数据序列。这样就可以使用 columnsMap 来定义 DataFrame 数据了。

程序清单 20.21　Python 实现 DataFrame 的定义功能

```
from Pandas import DataFrame,Series
df=DataFrame(
 {"网名":Series(["吃饱了骂厨子","躺在床上吃饺子","看不懂的理论"]),"发表文章":
Series(["骂人的艺术","最悠闲的人","原子和分子之我见"]),"被赞人数":
Series([100,1000,10]),"被喷人数":Series([300,400,100])}, index=[0,1,2])
print(df)
```

在以上代码中定义了一个 DataFrame 数据结构，数据结构中传入了两个参数，第一个参数是一个字典，有 4 个键，分别是"网名""发表文章""被赞人数"和"被喷人数"，每个键都有值，值就是反映各列实际意义的数据。第二个参数是索引，索引用了 3 个数值——0，1，2 代表 3 行数据。运行结果如图 20.22 所示。

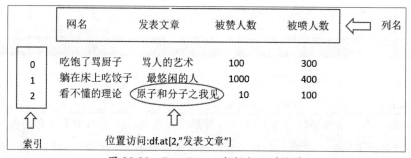

图 20.22　Python 实现 DataFrame 的定义功能的运行结果

从运行结果可知，就像一个带着行索引的表格一样。前面的 0，1，2 可以看作每一行的索引值。这样得出的 DataFrame 有如图 20.23 所示的结构解释。

网名	发表文章	被赞人数	被喷人数	← 列名
吃饱了骂厨子	骂人的艺术	100	300	
躺在床上吃饺子	最悠闲的人	1000	400	
看不懂的理论	原子和分子之我见	10	100	

索引　　　　　位置访问:df.at[2,"发表文章"]

图 20.23　DataFrame 数据行、列位置

由图 20.23 可知，表格中的列名可以作为 DataFrame 第一个字典参数中的键，索引可以作为 DataFrame 的第二个参数列表，中间的数据就是 DataFrame 的字典参数的值，每一列可看作一个 Series，需要访问某个数据，可以在 DataFrame 对应的存储变量 df 中传入两个参数，第一个参数是行索引值，第二个参数是列索引值。例如，df.at[2,"发表文章"] 就是"原子和分子之我见"。代码如下。

程序清单 20.22　Python 实现 DataFrame 定义并输出指定位置的元素功能

```
from Pandas import DataFrame,Series
df=DataFrame(
 {"网名":Series(["吃饱了骂厨子","躺在床上吃饺子","看不懂的理论"]),"发表文章":
```

```
Series(["骂人的艺术","最悠闲的人","原子和分子之我见"]),"被赞人数":
Series([100,1000,10]),"被喷人数":Series([300,400,100])}, index=[0,1,2])
print(df.at[2,"发表文章"])
```

以上代码用 at 来定位 DataFrame 结构中的元素，通过 at 参数的行和列定位到表格中的行索引是 3，列索引是"发表文章"的数值。运行结果如图 20.24 所示。

图 20.24　Python 实现 DataFrame 定义并输出指定位置的元素功能的运行结果

在 DataFrame 中，除 at 能够定位元素外，还有其他定位元素的方法，如表 20.2 所示。

表 20.2　DataFrame 定位元素的方法

访问位置	方法	备注
访问列	变量名 [列名]	访问对应的列，如 df['name']
访问行	变量名 [n:m]	访问 n 行到 m-1 行的数据，如 df[2:3]
访问块（行和列）	变量名 .iloc[n1:n2,m1:m2]	访问 n1 到 (n2-1) 行，m1 到 (m2-1) 列的数据
访问指定的位置	变量名 .at[行名，列名]	访问（行名，列名）位置的数据，如 df.at[1,'name']

由表 20.2 可以清晰地看到，DataFrame 中数据的访问方法，可以总结如下。

（1）DataFrame 变量名后中括号括起一个参数时，一般是列索引。

（2）DataFrame 变量名后中括号括起一个区间的参数时（如切片）一般是行索引。

（3）DataFrame 变量名跟 .iloc 是要访问多个元素，从几行几列到几行几列之间的所有元素。

（4）DataFrame 变量名跟 .at 一般确定一个元素，就是某行某列的唯一元素。

下面程序展示了具体访问方法的使用，代码如下。

程序清单 20.23　Python 实现 DataFrame 取元素的操作功能

```
from Pandas import DataFrame,Series
df=DataFrame( {"网名":Series(["吃饱了骂厨子","躺在床上吃饺子","看不懂的理论"]),
"发表文章":Series(["骂人的艺术","最悠闲的人","原子和分子之我见"]),"被赞人数":
Series([100,1000,10]),"被喷人数":Series([300,400,100])},index=[0,1,2])
print("------- 取出某列——————")
print(df["发表文章"])
print("———取出某行——————")
print(df[1:2])
print("———取出一块数据————")
print(df.iloc[1:3,0:3])
print("———取出一个数据———")
print(df.at[2,"发表文章"])
```

以上代码是从 DataFrame 中取数据，概括如下。

（1）取出某一列的数据，可以用 df 后面跟一个列名来解决问题，如 df[" 发表文章 "]。

（2）取出某一行的数据，可以用 df 后面跟一个数值的切片来解决问题，如 df[1:2] 就是取一个从 1 行开始，到 2 行结束但是不能等于 2 行，因此，只能取一行，如果是多行，可放大切片格式冒号后面的数字。

（3）取出一块数据，iloc 后面跟的是行和列的索引值，注意这里是索引值，一般从 0 开始，如 df.iloc[1:3,0:3] 取出的是行索引值从 1 到 3（不包括 3），相当于索引行 1，2 被选出，列索引从 0 开始到 3（不包括 3），相当于 0，1，2 列被选出，即"网名""发表文章""被赞人数"列被选出。输出的数据就应该是包括"网名""发表文章""被赞人数"3 个特征的 1 和 2 行数据。

（4）取出一个数据，at 后面跟行和列的索引名，由行和列的索引名确定元素的位置，并输出数据。

综上所述，运行结果如图 20.25 所示。

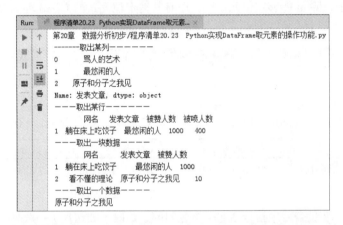

图 20.25　Python 实现 DataFrame 取元素的操作功能的运行结果

20.4.2　DataFrame 添加元素

DataFrame 数据框更像是一个表格，表格中的数据最常见的操作就是添加行数据，也是对数据量的扩充，最终的数据分析也是分析这些数据的各个维度（即表格的列）之间有什么联系，通过联系得出分析结果，例如，这些数据某维度的平均值说明什么问题，学校成绩表中英语成绩的平均值就说明了学生整体英语的掌握程度；这些数据某维度中的最大值说明什么问题，老人描述表中的年龄最大值就说明了老人年龄最大为多少等，很多问题都是在很多行数据的添加下分析列数据的趋势和效果。

DataFrame 添加行数据，可以结合 Series 中的方法来考虑。在 Series 中用的是 append() 方法来实现添加数据，现在用 append() 方法来添加数据到 DataFrame 中，代码如下。

程序清单 20.24　Python 实现 DataFrame 不改变索引添加行数据的功能

```
from Pandas import DataFrame,Series
df=DataFrame( {"网名":Series(["吃饱了骂厨子","躺在床上吃饺子","看不懂的理论"]),"发
表文章":Series(["骂人的艺术","最悠闲的人","原子和分子之我见"]),"被赞人数":
```

```
Series([100,1000,10])," 被喷人数 ":Series([300,400,100])},index=[0,1,2])
df1=DataFrame( {" 网名 ":Series([" 吃不饱更骂厨子 "," 倒立着流眼泪 "," 抓不着的见解 "]),
" 发表文章 ":Series([" 穷并快乐着 "," 宋江的眼泪艺术 "," 定理的妙用 "])," 被赞人数 ":
Series([10000,2000,100])," 被喷人数 ":Series([20,1000,3])},index=[0,1,2])
df2=df.append(df1)
print(df2)
```

以上代码用 append 把两个 DataFrame 结构的数据连接在一起。注意，这两个数据传入字典时的键都是一样的，这样做行数据才有意义。运行结果如图 20.26 所示。

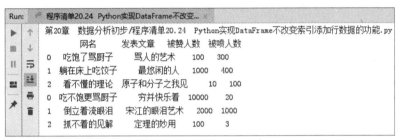

图 20.26　Python 实现 DataFrame 不改变索引添加行数据的功能的运行结果

从运行结果可知，两个数据确实是将相同意义的列数据合并到一起了，但各自保留了自己的行索引。如果需要产生新的索引就可以在合并时加入一个参数，也就是在 append 里传入 ignore_index=True，忽略 index 的作用。代码如下。

程序清单 20.25　Python 实现 DataFrame 改变索引添加数据的功能

```
from Pandas import DataFrame,Series
  df=DataFrame( {" 网名 ":Series([" 吃饱了骂厨子 "," 躺在床上吃饺子 "," 看不懂的理论 "]),
" 发表文章 ":Series([" 骂人的艺术 "," 最悠闲的人 "," 原子和分子之我见 "])," 被赞人数 ":
Series([100,1000,10])," 被喷人数 ":Series([300,400,100])},index=[0,1,2])
  df1=DataFrame( {" 网名 ":Series([" 吃不饱更骂厨子 "," 倒立着流眼泪 "," 抓不着的见解 "]),
" 发表文章 ":Series([" 穷并快乐着 "," 宋江的眼泪艺术 "," 定理的妙用 "])," 被赞人数 ":
Series([10000,2000,100])," 被喷人数 ":Series([20,1000,3])},index=[0,1,2])
  df2=df.append(df1,ignore_index=True)
print(df2)
```

在以上代码中，写 df.append(df1) 语句时，同时传入了 ignore_index=True 参数。运行结果如图 20.27 所示。

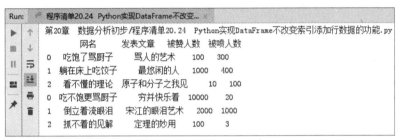

图 20.27　Python 实现 DataFrame 改变索引添加数据的功能的运行结果

从运行结果可知，行索引的值被自动连续起来，达到了两个 DataFrame 添加行数据的目的。

除添加行外，如果数据再添加一个维度，或者说是添加一列，这种功能的完成直接使用以下格式。

> 变量名 [" 列名 "]= 这一列的数据列表

可以使用这种格式实现添加一列的功能，代码如下。

程序清单 20.26　Python 实现 DataFrame 添加列的功能

```python
from Pandas import DataFrame,Series
    df=DataFrame( {"网名 ":Series([" 吃饱了骂厨子 "," 躺在床上吃饺子 "," 看不懂的理论 "]),
" 发表文章 ":Series([" 骂人的艺术 "," 最悠闲的人 "," 原子和分子之我见 "])," 被赞人数 ":
Series([100,1000,10])," 被喷人数 ":Series([300,400,100])},index=[0,1,2])
    df[" 发表时间 "]=[" 今天 "," 昨天 "," 前天 "]
print(df)
```

以上代码就为 DataFrame 添加了一个新列 "发表时间"，这个功能是由代码 df[" 发表时间 "]=[" 今天 "," 昨天 "," 前天 "] 实现的。注意，列表内的数值量尽量等于表中行数，不然就会产生空值，给后期进行数据分析带来不便。

20.4.3　DataFrame 删除元素

DataFrame 删除元素的方法与 Series 的方法是一样的，有 del 和 drop 两种。不同的是，Series 只有一行数据序列，DataFrame 有多行多列的数据，需要分出行删除和列删除的标记，由参数 axis 决定，axis=0 是按行索引删除，默认也是按行索引删除，所以可以省略 axis 参数，省略即为默认。但 axis=1 却不可省略，表示的是按列名进行删除。del 可以删除某一列，代码如下。

程序清单 20.27　Python 实现 DataFranme 数据删除的功能

```python
from Pandas import DataFrame,Series
df=DataFrame( {"网名 ":Series([" 吃饱了骂厨子 "," 躺在床上吃饺子 "," 看不懂的理论 "]),
" 发表文章 ":Series([" 骂人的艺术 "," 最悠闲的人 "," 原子和分子之我见 "])," 被赞人数 ":
Series([100,1000,10])," 被喷人数 ":Series([300,400,100])},index=[0,1,2])
df1=DataFrame( {"网名 ":Series([" 吃不饱更骂厨子 "," 倒立着流眼泪 "," 抓不着的见解 "]),
" 发表文章 ":Series([" 穷并快乐着 "," 宋江的眼泪艺术 "," 定理的妙用 "])," 被赞人数 ":
Series([10000,2000,100])," 被喷人数 ":Series([20,1000,3])},index=[0,1,2])
df2=df.append(df1,ignore_index=True)
print("————删除行索引为 2 的数据————")
df2=df2.drop(2,axis=0)
print("————删除 " 被赞人数 " 列的数据————")
df2=df2.drop(" 被赞人数 ",axis=1)
print("————删除 " 被喷人数 " 列的数据————")
del df2[" 被喷人数 "]
print(df2)
```

以上代码使用 drop 和 del 删除前面合并过的 DataFrame 数据。df2.drop(2,axis=0) 代码用 drop

实现了删除，第一个参数是行索引，第二个参数 axis=0 表明是按照行来进行操作的，功能是删除了行索引为 2 的那一行数据。df2.drop(" 被赞人数 ",axis=1) 代码也用 drop 实现删除，第一个参数是列名，第二个参数 axis=1 表明是按照列来进行操作的，功能是删除"被赞人数"这一列的所有数据。del df2[" 被喷人数 "] 代码直接用 del 删除 df2 变量名后面中括号括起来列表中的数据，就是删除了"被喷人数"列的所有数据。

运行结果如图 20.28 所示。

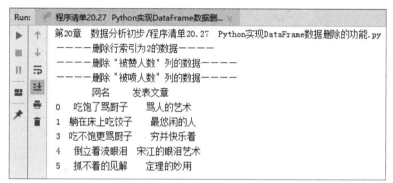

图 20.28　Python 实现 DataFrame 数据删除的功能的运行结果

从运行结果可知，没有了行索引为 2 的那一行，也没有了"被赞人数"和"被喷人数"那两列。

20.4.4　DataFrame 修改元素

DataFrame 修改元素，实际上是找到了元素的位置就可以进行修改了。前面已经介绍过 DataFrame 如何去查找一行的元素、一列的元素、一段的元素和一个元素。本小节主要介绍如何修改行索引和列索引。

（1）DataFrame 是通过以下格式修改行索引的。

变量名 .index=range(开始值 , 结束值)

（2）DataFrame 是通过以下格式修改列索引的。

变量名 .rename(columns={" 索引列名原名称 ":" 索引列名新名称 "})

使用下面的程序去验证效果，代码如下。

程序清单 20.28　Python 实现 DataFrame 修改列名的功能

```
from Pandas import DataFrame,Series
df=DataFrame( {" 网名 ":Series([" 吃饱了骂厨子 "," 躺在床上吃饺子 "," 看不懂的理论 "]),
" 发表文章 ":Series([" 骂人的艺术 "," 最悠闲的人 "," 原子和分子之我见 "])," 被赞人数 ":
Series([100,1000,10])," 被喷人数 ":Series([300,400,100])},index=[0,1,2])
df.index=range(3,6)
df=df.rename(columns={" 网名 ":" 网络江湖侠号 "," 发表文章 ":" 秘籍 "," 被赞人数 ":" 帮派人
数 "," 被喷人数 ":" 仇家人数 "})
print(df)
```

以上代码的功能就是改变行索引的值，把 0 到 2 改成了 3 到 5。然后修改了列索引的名称，用的是 rename() 方法，这个方法传入了 columns 字典参数，实现了把原索引名改成后面的索引名，利用“索引列名原名称: 索引列名新名称”，分别用语句“网名: 网络江湖侠号”“发表文章: 秘籍”“被赞人数: 帮派人数”“被喷人数: 仇家人数”键—值对的形式把“网名”改成了“网络江湖侠号”，把“发表文章”改成了“秘籍”，把“被赞人数”改成了“帮派人数”，把“被喷人数”改成了“仇家人数”。运行结果如图 20.29 所示。

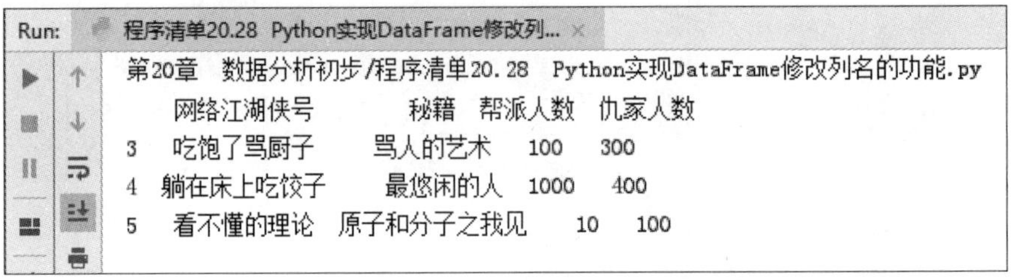

```
Run:  程序清单20.28 Python实现DataFrame修改列...
第20章  数据分析初步/程序清单20.28  Python实现DataFrame修改列名的功能.py
     网络江湖侠号          秘籍   帮派人数  仇家人数
3    吃饱了骂厨子       骂人的艺术    100     300
4  躺在床上吃饺子       最悠闲的人   1000     400
5    看不懂的理论   原子和分子之我见     10     100
```

图 20.29 Python 实现 DataFrame 修改列名的功能的运行结果

20.5 数据导入导出

数据分析最重要的是数据，而数据存在的形式是多种多样的，本节以文件型数据为主，而文件又以文本居多，就把数据分析初步的重点放在文件的读取。

20.5.1 导入 CSV 文本文件

Pandas 数据分析中用 read_csv 函数导入 CSV 文本文件，其命令格式如下：

```
read_csv(file,name=[ 列名 1, 列名 2,...],sep="",...])
```

其中，第一个参数 file 指的是文件路径与文件名，第二个参数 names 是读入数据时用的列名，第三个参数 sep 是文本文件用来分隔数据的符号。

例如，文本文件 notes.csv，其内容如下。

```
      网名              发表文章          被赞人数    被喷人数
0     吃饱了骂厨子        骂人的艺术         100        300
1     躺在床上吃饺子      最悠闲的人         1000       400
2     看不懂的理论        原子和分子之我见    10         100
3     吃不饱更骂厨子      穷并快乐着         10000      20
4     倒立着流眼泪        宋江的眼泪艺术      2000       1000
5     抓不着的见解        定理的妙用         100        3
```

使用 read_csv 读取文件内容，代码如下。

程序清单 20.29　Python 实现 read_csv() 读文件的功能

```
from Pandas import read_csv
df=read_csv("notes.txt",sep=" ")
print(df.head())
```

以上代码用 read_csv 来读取 notes.txt 文件。读取成功后，head() 方法在默认情况下显示前 5 行数据。使用 head(20) 方法就会显示前 20 行数据。注意，txt 文件一定要保存成 UTF-8 格式，不然可能会报错。

20.5.2　数据导出

Pandas 数据分析中用 to_csv 函数导出 txt 文本文件，其命令格式如下。

```
to_csv(file_path,sep=",",index=True,header=True)
```

其中，第一个参数 file 指的是文件路径与文件名，第二个参数 sep 是分隔符，默认为逗号，第三个参数 index 表示是否要导出行序号，默认情况下值为 True，即导出行序号，最后一个参数 header 表示是否导出列名，默认情况下值为 True，导出列名。代码如下。

程序清单 20.30　Python 实现 CSV 文件导出功能

```
from Pandas import DataFrame,Series
df=DataFrame( {"网名":Series(["吃饱了骂厨子","躺在床上吃饺子","看不懂的理论"]),
"发表文章":Series(["骂人的艺术","最悠闲的人","原子和分子之我见"]),"被赞人数":
Series([100,1000,10])," 被喷人数":Series([300,400,100])},index=[0,1,2])
df1=DataFrame( {"网名":Series(["吃不饱更骂厨子","倒立着流眼泪","抓不着的见解"]),
"发表文章":Series(["穷并快乐着","宋江的眼泪艺术","定理的妙用"]),"被赞人数":
Series([10000,2000,100])," 被喷人数":Series([20,1000,3])},index=[0,1,2])
df2=df.append(df1)
print(df2)
df2.to_csv("notes.txt",index=False)
```

以上代码实现将两个 DataFrame 数据合并后输出到文件中。

20.6　数据加工整理

数据的加工整理是一项复杂且烦琐的工作，要查找出可能的异常数据、空值，或者是有可能删除的重复的数据。数据的加工整理是整个数据分析过程中最为重要的环节。

20.6.1　重复值的处理

Pandas 模块提供了查看是否有重复值的方法，duplicated() 方法的作用是判断是否有重复值，返回了一个布尔型的 Series，没有重复行，在 Series 中的每一个值都为 False，一旦出现了重复行，从重复的第二个数据开始显示为 True。

例如，文件 notes.txt 的内容中出现了重复行，以下是其内容：

	网名	发表文章	被赞人数	被喷人数
0	吃饱了骂厨子	骂人的艺术	100	300
1	躺在床上吃饺子	最悠闲的人	1000	400
2	看不懂的理论	原子和分子之我见	10	100
3	吃不饱更骂厨子	穷并快乐着	10000	20
3	吃不饱更骂厨子	穷并快乐着	10000	20
4	倒立着流眼泪	宋江的眼泪艺术	2000	1000
5	抓不着的见解	定理的妙用	100	3
5	抓不着的见解	定理的妙用	100	3

通过 duplicated() 方法查找重复行，查看返回的 Series 数据，代码如下。

程序清单 20.31　Python 实现读取文件内容并打印判断重复行的功能

```
from Pandas import read_csv
df=read_csv("notes2.txt",sep=" ")
print(df.duplicated())
```

以上代码的功能是使用判断读取的 df.duplicated() 方法文件中有没有重复数据，然后打印出来，已经说明过此文件中是有重复数据，运行结果如图 20.30 所示。

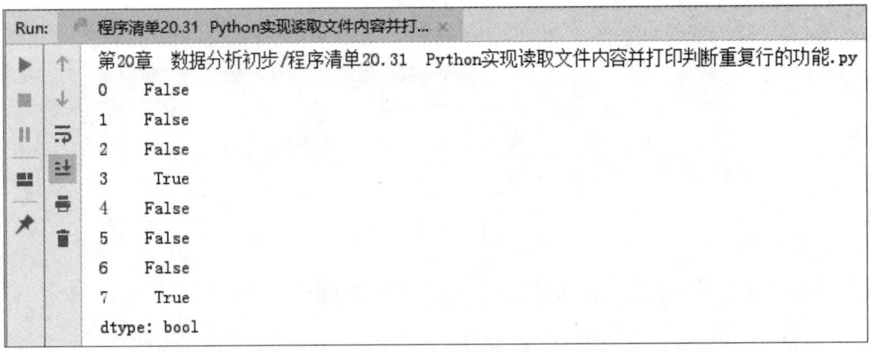

图 20.30　Python 实现读取文件内容并打印判断重复行的功能的运行结果

从运行结果可知，显示为 False 的全部是不重复的数据，显示为 True 的都是重复的数据，图 20.30 中有两个重复数据都被程序中的 duplicated() 方法找到了。

找到重复数据后，就要删除重复数据，可使用 Pandas 模块中的 drop_duplicated() 方法来删除重复行的 DataFrame。

程序清单 20.32　Python 实现读取文件内容并去除重复行的功能

```
from Pandas import read_csv
df=read_csv("notes2.txt",sep=" ")
df=df.drop_duplicates()
print(df)
```

以上代码直接删除重复行，前提条件是已经知道这个文件中有重复行。建议在删除重复行之前，最好用 duplicated() 方法先判断一下，这样可以避免不必要的操作。

drop_duplicates() 也可以传入相关的参数，具体参数格式如下。

```
Duplicated(subset=None,keep="first")
```

其中，subset 用于识别重复的列标签和列标签序列，默认是所有的列标签；keep="first" 表示除第一次出现外，其余出现的重复数据均标记为重复，这样去重后会留下第一个数据。如果改变了 keep 的值，keep="last" 表示除最后一次外，其余出现的重复数据均标记为重复。这样去重后会留下最后一个数据。如果再改变 keep 值，如 keep=False 表示所有重复的数据都标记为重复，去重就会去掉所有重复数据。代码如下。

程序清单 20.33　Python 实现读取文件内容并去除标记重复元素的功能

```
from Pandas import read_csv
df=read_csv("notes2.txt",sep=" ")
df=df.drop_duplicates(keep=False)
print(df)
```

以上代码在 drop_duplicates 中传入了参数 keep=False，即删除 notes.txt 中重复的所有数据，行索引值 3 和行索引值 5 的数据均删除了。运行结果如图 20.31 所示。

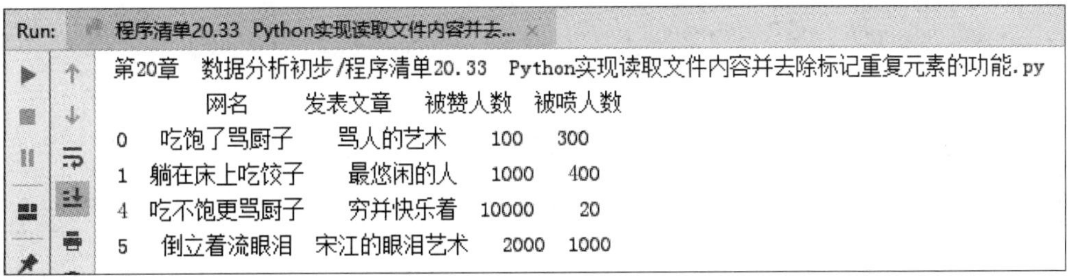

图 20.31　Python 实现读取文件内容并去除标记重复元素的功能的运行结果

从运行结果可知，输出已经没有行索引为 2 和行索引为 3 的数据了。

20.6.2　缺失值处理

有时，获取的数据值并不完整，会有一些缺失值，从而使样本数据不能很好地代表总体，缺失值的处理就显得比较重要。本小节对缺失值只做简单处理，有兴趣的可以阅读相关的资料深入学习。

要对缺失值进行处理，首先要确认数据是否有缺失值。以下为有缺失值的文件 notes.txt 文件，内容如下。

	网名	发表文章	被赞人数	被喷人数
0	吃饱了骂厨子	骂人的艺术	100	300
1	躺在床上吃饺子	最悠闲的人	1000	400
2	看不懂的理论	原子和分子之我见	10	NaN
3	吃不饱更骂厨子	穷并快乐着	10000	20

| 4 | 倒立着流眼泪 | 宋江的眼泪艺术 | NaN | 1000 |
| 5 | 抓不着的见解 | 定理的妙用 | 100 | 3 |

Pandas 模块提供了 isnull 和 notnull 方法来识别缺失值。这两个方法使用起来比较简单，不需要传递任何参数即可完成。isnull() 方法是判断是否有空值，notnull() 方法是判断是否有非空值。两者正好相反，isnull() 方法对所有的元素遍历，遇到非空值，标记为 False，遇到空值，标记为 True。notnull() 方法则是遇到空值，标记为 False，遇到非空值，标记为 True。代码如下。

程序清单 20.34　Python 实现 isnull() 和 notnull() 方法判断空值的功能

```
from Pandas import read_csv
df=read_csv("notes3.txt",sep=" ")
print("————isnull() 方法的判断——————")
print(df.isnull())
print("-----notnull() 方法的判断——————")
print(df.notnull())
```

以上代码读取 notes.txt 文件后对数据进行 isnull() 和 notnull() 方法的判断，返回的还是一个 DataFrame 数据结构，只是均为由 True 或 False 组成的数据。运行结果如图 20.32 所示。

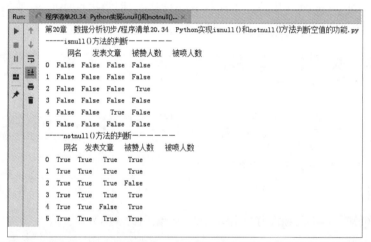

图 20.32　Python 实现 isnull() 和 notnull() 方法判断空值的功能的运行结果

从运行结果可知，isnull() 部分的判断基本上把有数据的设置为 False，空值或缺失值 NaN 类型的都标记为 False；而 notnull() 方法的返回结果正好与 isnull() 方法的返回结果相反。

判断数据出现了缺失值后就要对缺失值进行处理。本小节介绍两种处理方法。

1. 删除缺失数据法

Pandas 提供了 dropna() 的方法去除数据结构中值为空的数据行。

程序清单 20.35　Python 实现 dropna() 删除缺失数据功能

```
from Pandas import read_csv
df=read_csv("notes3.txt",sep=" ")
print(df)
```

```
print("———dropna() 处理缺失值后的数据——")
df=df.dropna()
print(df)
```

以上代码是把 dropna() 处理前有缺失值的数据和 dropna() 处理后无缺失值的数据做对比，在前面已经检测出索引行为 2 和索引行为 4 的有缺失值。运行结果如图 20.33 所示。

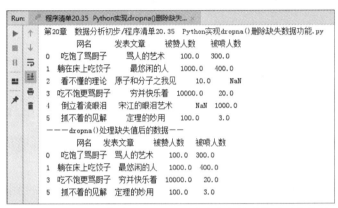

图 20.33　Python 实现 dropna() 删除缺失数据功能的运行结果

比较运行结果可知，出现 NaN 的索引行 2 和索引行 4 都被删除了。这是对缺失值不做任何考虑，直接删除。dropna() 也有一些参数的使用，如果参数指定 how="all"，表示只有行里的数据全部为空时才会被删除，如 df.dropna(how="all")。如果要以同样的方式对列值进行删除，可以使用 axis=1，语句为 df.dropna(how="al"，axis=1)。

2. 取代法

用删除法处理缺失值，会使数据变得越来越少，为此可以使用 df.fillna() 来填充缺失值：用其他数值替代 NaN，即对数据进行填补。根据 fillna 参数的不同，有以下两种填补方式：向前填补，即在 fillna 的参数中传入 method="pad"；向后填补，即 method="bfill"。代码如下。

程序清单 20.36　Python 实现向前填补和向后填补取代法功能

```
from Pandas import read_csv
df=read_csv("notes3.txt",sep=" ")
print(df)
print("———把 " 被赞人数 " 向前填补———")
df[" 被赞人数 "].fillna(method="pad",inplace=True)
print("———把 " 被喷人数 " 向后填补———")
df[" 被喷人数 "].fillna(method="bfill",inplace=True)
print(df)
```

以上代码中把缺失值的"被赞人数"一列向前填充，对缺失值的"被喷人数"一列向后填充。fillna() 方法中的参数 inplace=True 表示数据填补后改变原数据。运行结果如图 20.34 所示。

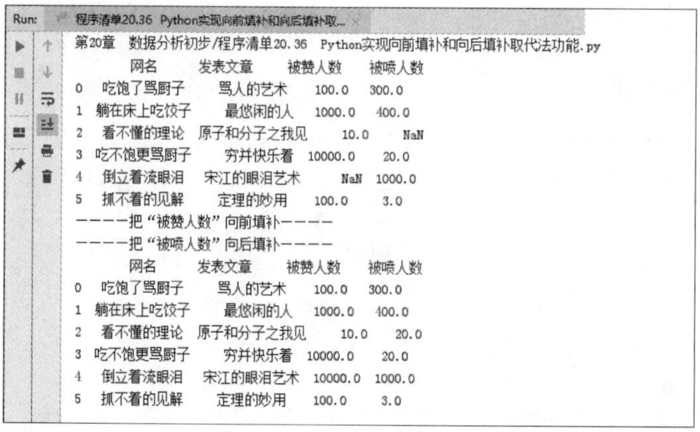

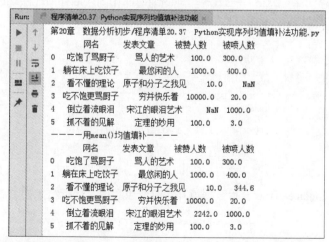

图 20.34 Python 实现向前填补和向后填补取代法功能的运行结果

从运行结果可知，"被赞人数"中行索引值为 4 的数值进行了向前填补，填充了数据 10000.0。"被喷人数"中索引值为 2 的数值进行了向后填补，填充了数据 20.0。

无论是向前填补还是向后填补，数据的填补都只是局部，不能从数据的大体趋势去考虑。因此，还可以采用结合整个数据趋势的方法来进行数据的填补，下面采用平均值 mean() 的方法进行填补。mean() 方法可以求出数值序列的平均值，代码如下。

程序清单 20.37　Python 实现序列均值填补法功能

```
from Pandas import read_csv
df=read_csv("notes3.txt",sep=" ")
print(df)
print("————用 mean() 均值填补————")
df.fillna(df.mean(),inplace=True)
print(df)
```

在以上代码中，在 fillna() 中传入了参数 df.mean()，mean() 方法会根据当前所在列的其他数值计算出平均值填补到缺失值中。运行结果如图 20.35 所示。

图 20.35 Python 实现序列均值填补法功能的运行结果

20.7 数据分析简单入门

对数据进行了去重、缺失值处理等操作后，可以对数据进行简单的数据分析。现在通过简单计算来实现数据分析，简单计算指的是通过对各字段进行加、减、乘、除四则算术运算，得出的结果作为新的字段。notes.txt 中的数据如下：

	网名	发表文章	被赞人数	被喷人数
0	吃饱了骂厨子	骂人的艺术	100	300
1	躺在床上吃饺子	最悠闲的人	1000	400
2	看不懂的理论	原子和分子之我见	10	100
3	吃不饱更骂厨子	穷并快乐着	10000	20
4	倒立着流眼泪	宋江的眼泪艺术	2000	1000
5	抓不着的见解	定理的妙用	100	3

对以上数据进行关注度的排名分析。

以上数据没有异常，需要考虑关注度主要涉及的内容，其实不管是"被赞"的数据，还是"被喷"的数据，都是因为有人在关注你，因此，关注度数据的计算如图 20.36 所示。

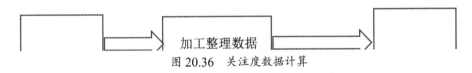

图 20.36　关注度数据计算

图 20.36 说明了关注度数据的公式，读取数据后求"被赞数据"和"被喷数据"之和生成新的列"关注程度"，最后根据关注程度进行排序。代码如下。

程序清单 20.38　Python 实现被关注度排序的数据分析

```
from Pandas import read_csv
df=read_csv("note.txt",sep=" ")
df[" 关注程度 "]=df[" 被赞人数 "]+df[" 被喷人数 "]
df=df.sort_values([" 关注程度 "],ascending=False)
print(df)
```

以上代码实现了根据关注程度来进行数据的排序。在读取"note.txt"文件后，直接读出"被赞人数"和"被喷人数"的数据并进行相加运算，然后新产生一个维度"关注程度"，使用 sort_values 来排序"关注程度"。打印出相关的数据即可。

20.8 能力测试

1. 提取给定的快餐数据，依据下面的说明进行操作和分析。

（1）将数据存入一个名为 fastfood 的数据结构内。

（2）查看前 10 行的数据。

（3）查看是否有重复值。

（4）查看是否有空值。

（5）查询被下单最多的商品是什么？

（6）一共有多少种商品被下单？

（7）每一单的平均价格是多少？

2.Pandas 的数据类型有哪些？

20.9 面试真题

1. 利用 Pandas 模块进行数据分析时，如何辨别某列数据读取的标准化数据有缺失，标志是什么？

解析：这道题是对 Pandas 模块进行数据分析时清洗数据的考核。如何识别出某列数据读取的标准化数据有缺失，其实也比较简单，主要的标志为是否显示出 NaN 标志。如果某一列中的某个值是 NaN，就表示这一列的数值有缺失。

2.Pandas 模块进行数据分析时，常用的统计方法（求和、平均数、最大数和最小数）分别是什么？

解析：这道题是对 Pandas 模块数据分析的统计分析的考核。在统计分析中，常用的统计方法为求和用 sum()、求平均数用 mean()、求最大值用 max()、求最小值用 min()。

20.10 本章小结

本章主要介绍数据分析的模块 Pandas 和数据分析的初步方法。集中介绍数据分析中对原始数据的去重、缺失值处理，然后通过简单的统计函数对数据进行简单的分析，分析的结果目前只限于数据方面的简单运算，比较复杂的数据分析建议阅读相关的书籍，本章通过介绍简单的数据分析知识来了解数据分析行业，分析的过程是多种多样的，而最重要的还是思路的运用。

第 21 章

乌鸦喝水游戏

实战

大众普遍喜欢游戏。好的游戏既可以满足大众的休闲需求，又可以影响一代人，如超级玛丽、街霸、魂斗罗等影响了"80后"，反恐精英、热血传奇等影响了"90后"等。本章实战游戏主要实现：一只乌鸦在天空飞行，遇到掉下来的水滴就将其成功捕获，遇到石块就要想办法躲闪，这种游戏可以归纳为跑酷类游戏。复杂的游戏开发过程通常以阶段来划分，在早期会先确立游戏概念与玩法，随后会将具体的内容与标准交给各个职责部门来细化实现。开发阶段完成后，还要经历市场推广和运营维护等步骤。

通过游戏进行代码编程，可以了解程序设计的思路和 Python 如何利用 pygame 模块来进行游戏开发。

21.1 需求分析

乌鸦喝水游戏具备以下特点。

（1）背景的移动。

（2）随机生成水滴与石头，并且下落。

（3）显示分数。

（4）乌鸦在天空飞行。

（5）与水滴或石块的碰撞处理。

21.2 系统设计

21.2.1 系统功能结构

乌鸦喝水的功能结构主要分为两类，分别为主窗体、乌鸦的飞行及随机出现的水滴或石块，主窗体是游戏运行的平台，乌鸦飞行是游戏主角的参与，随机出现的水滴或石块是环境对主角的干扰，主角想在游戏中生存，就需要排除一切干扰。乌鸦喝水就是这样的逻辑实现，如图 21.1 所示。

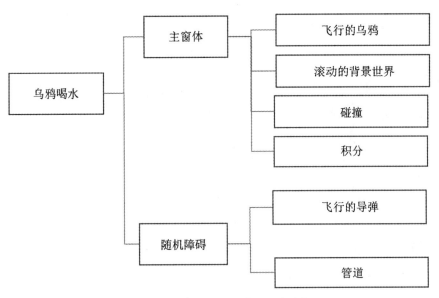

图 21.1　乌鸦喝水的系统功能结构

21.2.2　系统业务流程

根据该游戏的需求分析及功能结构，设计出如图 21.2 所示的系统业务流程图。

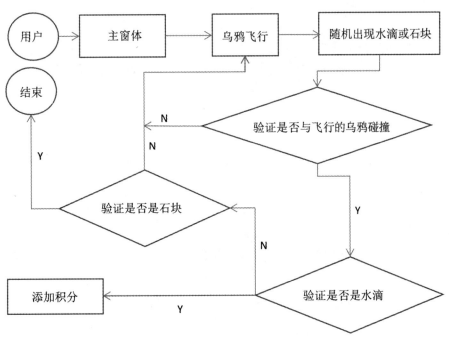

图 21.2　乌鸦喝水的系统业务流程

21.2.3 系统预览

乌鸦喝水游戏主窗体的运行效果如图 21.3 所示。

图 21.3 乌鸦喝水游戏主窗体的运行效果

单击空格跳跃的运行效果如图 21.4 所示。

图 21.4 单击空格跳跃的运行效果

碰撞石块的运行效果如图 21.5 所示。

图 21.5 碰撞石块的运行效果

21.3 系统开发必备

21.3.1 开发工具准备

本游戏的开发和运行环境如下。

（1）操作系统：Windows 7、Windows 10。

（2）Python 版本：Python 3.7。

（3）开发工具：PyCharm。

（4）Python 内置模块：itertools、random。

（5）第三方模块：pygame。

21.3.2 文件夹组织结构

乌鸦喝水游戏的文件夹组织结构如图 21.6 所示。

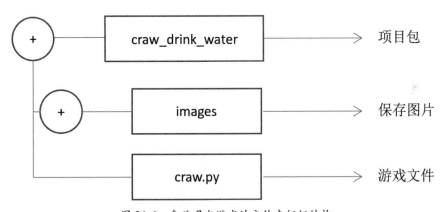

图 21.6　乌鸦喝水游戏的文件夹组织结构

21.4 乌鸦喝水的实现

21.4.1 游戏主窗体的实现

在实现游戏主窗体时，需要使用 Python 创建游戏的模块 pygame。pygame 是一款致力于 2D 游戏开发的模块，开发诸如植物大战僵尸、超级玛丽、拳皇等游戏还是很得心应手的，如果读者想开发 3D 游戏，如魔兽世界，实现起来就比较困难了。在练习程序逻辑能力和开发思路方面的初期，pygame 是一个很好的选择。

pygame 首先需要定义一个窗体，类似于 Windows 的窗口，窗体中还需要定义宽度与高度，然后通过 pygame 模块中的 init() 方法实现初始化功能。接下来创建循环，并在循环中通过 update() 函数不断更新窗体，窗体才会更好地展示给用户，同时还需要判断用户是否单击了关闭窗体的按钮，如果单击了"关闭"按钮，则将关闭窗体，否则继续循环显示窗体。

使用 pygame 模块实现乌鸦喝水游戏主窗体的业务流程，如图 21.7 所示。

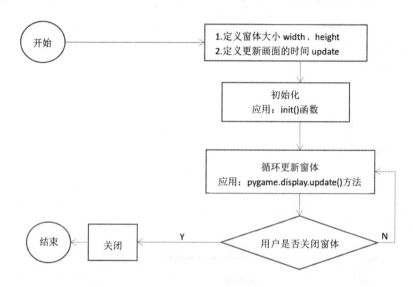

图 21.7　乌鸦喝水游戏主窗体业务流程

通过 pygame 模块实现乌鸦喝水游戏主窗体的具体步骤如下。

（1）创建名称为 craw_drink_water 的乌鸦喝水游戏项目文件夹，在该文件夹中有一个图片素材的文件夹，命名为 image，用于保存游戏中用到的图片资源。在项目文件夹中创建 craw.py 文件，在该文件中存储实现乌鸦喝水的游戏代码。

（2）pygame 模块中有一些程序中定义好的常量，这些常量在 pygame.locals 的模块中，直接导入 pygame 库和 pygame 中的常量库即可，对游戏中需要用到的主要常量：窗口宽度、窗口高度和更新画面的时间等常量进行设置。代码如下。

程序清单 21.1　Python 使用 pygame 实现乌鸦喝水的模块导入和常量使用

```
import pygame                    #将 pygame 库导入 Python 程序中
from pygame.locals import *      #导入 pygame 中的常量
import sys                       #导入系统模块
SCREENWIDTH=822                  #窗口宽度
SCREENHEIGHPS=30                 #窗口高度
```

（3）创建 executeGame() 方法，在该方法中实现主窗体的功能：首先使用 pygame 的 init 方法进行初始化工作，然后创建时间对象用于更新窗体中的画面，再创建窗体实例并设置窗体的标题文字，最后通过循环实例显示窗体与窗体的刷新，代码如下。

程序清单 21.2　Python 实现 executeGame() 主函数主窗体显示的功能

```python
def executeGame():
    global  SCREEN, FPSCLOCK
    pygame.init()                  #pygame 初始化函数，初始化后可以使用 pygame
    #通常来说，需要先创建一个窗体，方便与程序的交互
    SCREEN=pygame.display.set_mode((SCREENWIDTH,SCREENHEIGHT))
    pygame.display.set_caption(" 乌鸦喝水 ")  # 设置窗体标题
    while True:
        # 获取单击事件
        for event in pygame.event.get():
            # 如果单击了关闭窗体就将窗体关闭
            if event.type==pygame.QUIT:
                pygame.quit()      # 退出窗口
                sys.exit()         # 关闭窗口
            pygame.display.update()    # 更新整个窗体
if   __name__=="__main__":
    executeGame()
```

以上代码的说明如下。

① pygame.init() 方法是初始化方法，也可以理解成将 pygame 模块类的实例化。面向对象的设计思维，实例化后就可以使用类中的方法和属性了，当然 pygame 真正的逻辑不只是实例化，也定义了一些属性和常量，供程序开发时使用。

② pygame.display.set_mode((SCREENWIDTH,SCREENHEIGHT)) 代码实现了 pygame 初始化显示的主窗体。这里定义了窗体显示的宽和高，这是一个元组类型的参数。

③ pygame.display.set_caption（" 乌鸦喝水 "）代码实现了 pygame 对初始化出来的主窗体进行标题设置，这里设置的标题 "乌鸦喝水" 就会显示在窗体上面。

④ for event in pygame.event.get() 代码最重要的是 pygame.event.get() 可以使用 pygame 模块中的 event 对发生在窗体上的任何事件进行捕捉，鼠标、键盘等基本事件就会在窗体中被捕捉下来，然后用 for 循环遍历出所有的事件，再对事件进行条件判断，继而进行相关逻辑的编写。

⑤ event.type==pygame.QUIT 代码是结合 for event in pygame.event.get() 使用的，用 event.type 对事件的类型进行判断，这里判断的是 pygame.QUIT 事件，是主窗体操作的退出事件，也是检测到用户单击了窗体上的关闭按钮。

⑥ pygame.quit() 语句的功能是退出窗口，注意，这句代码相当于关闭窗口，但并不是退出程序，程序仍然在运行中，sys.exit() 才是真正地退出程序。不过写代码时也是要先关闭窗口，再退出程序。

⑦ pygame.display.update() 代码的执行实现了主窗体的刷新，将这句代码放在 while True 循环中，就会始终显示窗体了。外层循环 while True 起到了保持窗口刷新并显示的功能。

⑧在主线程中直接调用 executeGame() 主窗体的逻辑功能代码即可。

运行结果如图 21.8 所示。

图 21.8　乌鸦喝水主窗体的运行结果

21.4.2　地图的加载

在实现一个无限循环移动的背景图片时，需要渲染两张图片的背景，并对两张图片进行横向并排处理，然后把第一张图片展示在窗体可视区域中，第二张图片需要在窗体的外面进行准备，如图 21.9 所示。

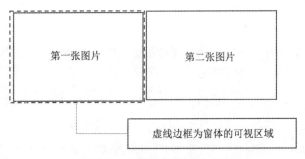

图 21.9　地图加载移动（一）

接下来两张图片同时以相同的速度向左移动，此时背景图的第二张图片将跟随第一张图片进入窗体中，如图 21.10 所示。

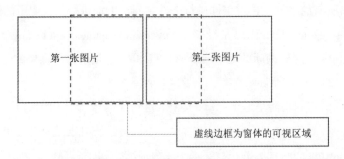

图 21.10　地图加载移动（二）

当背景的第一张图片完全离开窗体可视区域时，将该图片的坐标设置为准备状态的坐标位置，如图 21.11 所示。

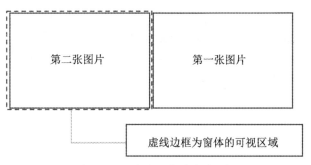

图 21.11　地图加载移动（三）

乌鸦喝水游戏的背景运动的物体有 3 个：云彩、远山和近景，这 3 个物体都有着各自不同的运动速度，看着就是一个交错的效果，背景是蓝色的天空。3 个物体在蓝色天空的映衬下有序地交错运动，形成了动态背景的效果。想要 3 个物体都达到运动的效果，云彩要有两幅完全相同的图片横向排列好，第一张云彩的宽度是窗体的可视区域；远山也要有两幅完全相同的图片横向排列好，第一张远山的宽度是窗体的可视区域；近景也要有两幅完全相同的图片横向排列好，第一张近景的宽度就是窗体的可视区域。这样，在这个游戏中，就有 6 张图片是移动，在程序实现时就需要变量去存储这 6 张图片，并有序地利用坐标上的位置的改变来实现图片的移动。不同之处在于它们的图片名称不同，移动步长不同，还有并排移动每张图片的宽度和可视区域一定要等宽，第二张图片在窗体可视区域内呈现时，第一张图片的宽度必须是刚刚走完可视区域。注意，宽度也是重要因素。本节定义一个公共的背景——地图类来实现其业务逻辑，因此，地图加载与滚动效果的业务流程可以统一定制成如图 21.12 所示的形式。

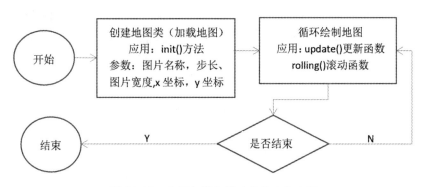

图 21.12　地图加载与滚动效果业务流程

云彩、远山和近景等元素通过不断颠倒两张图片的位置，然后平移，在用户的视觉中就形成了一张不断移动的云彩、远山和近景。通过代码实现移动地图的具体步骤如下。

（1）创建一个名称为 MyBack 的滚动地图类，然后在该类的初始化方法中加载背景图片和定

义 *x* 和 *y* 的坐标，代码如下。

程序清单 21.3　Python 实现 MyBack 背景图类的初始化功能

```
class MyBack():
    #传参变量：坐标点 (x,y)、图片名称 (pic_name)、图片移动步长 (step)、图片宽度 (subwidth)
    def  __init__(self,x,y,pic_name,step,subwidth):
        #加载背景图片
        self.bg=pygame.image.load(pic_name).convert_alpha()
        self.x=x
        self.y=y
        self.step=step
        self.subwidth=subwidth
```

以上代码完成了背景图片的初始化，传入的参数有 pic_name 图片名称、step 图片移动步长，subwidth 图片宽度。

（2）在 MyBack 类中创建 rolling() 方法，在该方法中根据地图背景图片的 *x* 坐标判断是否移出窗体，如果移出就给图片设置一个新的坐标点，否则按照每次 5 个像素的跨度向左移动，代码如下。

程序清单 21.4　Python 实现 MyBack 背景图类的 rolling 方法的运动功能

```
def  rolling(self):
    if  self.x<-self.subwidth:        #小于图片宽度，说明地图已经完全移动完
        self.x=self.subwidth        #给定地图一个新的坐标点为宽度截止的地方
    else:
        self.x-=self.step        #向左移动 step 个像素点
```

以上代码中用 self.x-=self.step 代码实现了滚动效果，其中的 self.step 就是初始化地图背景时传入的滚动步长参数。但是不能一直这样移动，当满足第一张相同图片宽度在可视窗口浏览结束后，第一张相同图片要回到第二张相同图片的后面形成横向连接。if 语句中的条件语句 self.x<-self.subwidth 的 self.subwidth 就是当前图片的宽度，这个宽度移动到负向的距离后，再去移动就变成第二张图片的内容了，因此，第一张图片要把距离重定义到 self.subwidth 横向坐标的位置上。

（3）在 MyBack 类中创建 update() 方法，所有的元素都需要在主窗体上加载刷新，也就是在不同的点上加载刷新当前窗体的元素内容，形成地图无限滚动效果。在该方法中实现地图无限滚动的效果，代码如下。

程序清单 21.5　Python 实现 MyBack 背景类的 update() 方法更新图片功能

```
#更新图片背景
def  update(self):
SCREEN.blit(self.bg,(self.x,self.y))
```

以上代码中 SCREEN.blit(self.bg,(self.x,self.y)) 语句中的 blit 就是在屏幕上画出需要的内容，需要的内容在 self.bg 中，即把 self.bg 图像内容画在屏幕上，通过坐标组合（self.x，self.y）确定画这幅图片内容的具体位置。这样窗体上就显示需要显示的背景内容了。

（4）在 executeGame() 方法中，设置标题文字的代码下创建了 6 个背景图片的对象，同时还

需要一个蓝色的背景作天空，代码如下。

程序清单 21.6　Python 实现 executeGame() 方法中地图的初始化加载功能

```
# 创建蓝色天空的背景
background=pygame.Surface(SCREEN.get_size())
background=background.convert()
background.fill((135,206,235))
# 创建云彩层
cloud_one=MyBack(0,0,"images/cloud.png",2,1068)
cloud_two=MyBack(1068,0,"images/cloud.png",2,1068)
# 创建远山风车图
windmill_one=MyBack(0,0,"images/hill-with-windmill.png",6,2220)
windmill_two=MyBack(2220,0,"images/hill-with-windmill.png",6,2220)
# 创建近景小山图
hill_one=MyBack(0,218,"images/hill2.png",3,1110)
hill_two=MyBack(1110,218,"images/hill2.png",3,1110)
```

在以上代码中，创建蓝色天空的背景时，用到了 Surface 对象，Surface 对象是 pygame 中表示图像的对象，相当于把蓝色天空当成一个图像添加到主窗体中，用 blit() 来实现。在完成的主窗体代码基础上，在 while True 的循环体中加入 blit 方法，加载蓝色天空背景、云彩、远山风车、近景山等。其中蓝色背景是用 Surface 产生的，然后用 background.fill（（135,206,235））将背景填充为天空蓝，fill 是完成填充的指令，（135,206,235）这个元组数据是天空蓝的 RGB 三元色的值。但是，这种填充比较慢，因此，用 background.convert() 语句转化一下可以加速 blit 的效果，其后的代码中主要是创建运动元素。

cloud_one=MyBack(0,0,"images/cloud.png",2,1068) 代码实现了定义一个云彩图，参数依次是初始化坐标位置 x 为 0，y 为 0；images/cloud.png 是云彩的图片，用 blit 画到窗体上显示就是一个云彩图；参数值 2 是云彩每次屏幕刷新移动的距离；最后的参数是云彩图片的宽度。

cloud_two=MyBack(1068,0,"images/cloud.png",2,1068) 代码实现第二个云彩，在云彩滚动时能无缝对接，初始坐标位置在 x 轴为 1068，y 轴为 0，其他参数保持不变。

windmill_one=MyBack(0,0,"images/hill-with-windmill.png",6,2220) 代码定义远山风车图，参数依次是初始化横坐标位置 x 为 0，纵坐标位置 y 为 0；images/hill-with-windmill.png 是远山风车的图片，用 blit 画到窗体上显示的就是一个远山风车图；参数值 6 是远山风车图每次屏幕刷新移动的距离；最后的参数是远山风车图片的宽度。

windmill_two=MyBack(2220,0,"images/hill-with-windmill.png",6,2220) 代码实现第二个远山风车图，在远山风车图滚动时能无缝对接，初始坐标位置在横坐标 x 轴为 1110，纵坐标 y 轴为 0，其他参数保持不变。

hill_one=MyBack(0,218,"images/hill2.png",3,1110) 代码定义一个近景小山图，参数依次是初始化坐标位置 x 为 0，y 为 0；images/hill2.png 是近景小山的图片，用 blit 画到窗体上显示就是一个近景小山图；参数值 3 是远山风车图每次屏幕刷新移动的距离；最后的参数是远山风车图片的宽度。

hill_two=MyBack(1110,218,"images/hill2.png",3,1110) 代码实现第二个远山风车图，在远山风车图滚动时能无缝对接，初始坐标位置在 x 轴为 1110，y 轴为 218，y 轴为 218 的目的是不从顶端显示，而从屏幕下端显示，实现有远山近景的差别，其他参数保持不变。

（5）在 executeGame() 方法的 while True 循环中，实现无限循环滚动的地图，代码如下。

程序清单 21.7　Python 实现 executeGame() 方法中背景的运动和绘制功能

```
# 将背景色调整为天蓝色
SCREEN.blit(background,(0,0)
# 云彩的绘制
cloud_one.update()
cloud_two.update()
# 远山风车的绘制
windmill_one.update()
windmill_two.update()
# 近景小山的绘制
hill_one.update()
hill_two.update()
# 云彩的移动
cloud_one.rolling()
cloud_two.rolling()
# 远山风车的绘制
windmill_one.rolling()
windmill_two.rolling()
# 近景小山的绘制
hill_one.rolling()
hill_two.rolling()
```

滚动地图和主窗体代码的完整代码如下：

```
import pygame
import sys
from pygame.locals import *
SCREENWIDTH=800
SCREENHEIGHT=312
class MyBack():
# 传参变量：坐标点 (x,y)、图片名称（pic_name）、图片移动步长（step）、图片宽度（subwidth）
    def __init__(self,x,y,pic_name,step,subwidth):
        # 加载背景图片
        self.bg=pygame.image.load(pic_name).convert_alpha()
        self.x=x
        self.y=y
        self.step=step
        self.subwidth=subwidth
    def rolling(self):
```

```
        #小于图片宽度，说明地图已经完全移动完毕
        if self.x < -self.subwidth:
            #给定地图一个新的坐标点为宽度截止的地方
            self.x = self.subwidth
        else:
            self.x -= self.step  #向左移动 step 个像素点
    #更新图片背景
    def update(self):
        SCREEN.blit(self.bg, (self.x, self.y))
def executeGame():
    global SCREEN
    pygame.init()  #经过初始化以后可以尽情地使用 pygame 了
    #通常来说，需要先创建一个窗体，方便与程序的交互
    SCREEN = pygame.display.set_mode((SCREENWIDTH, SCREENHEIGHT))
    pygame.display.set_caption(" 乌鸦喝水 ")  #设置窗体标题
    #创建蓝色天空的背景
    background = pygame.Surface(SCREEN.get_size())
    background = background.convert()
    background.fill((135, 206, 235))
    #创建云彩层
    cloud_one = MyBack(0, 0,"images/cloud.png", 0.5, 1068)
    cloud_two = MyBack(1068, 0,"images/cloud.png", 0.5, 1068)
    #创建远山风车图
    windmill_one = MyBack(0, 0,"images/hill-with-windmill.png", 0.2, 2220)
    windmill_two = MyBack(2220, 0,"images/hill-with-windmill.png", 0.2, 2220)
    #创建近景小山图
    hill_one = MyBack(0, 218,"images/hill2.png", 0.7, 1110)
    hill_two = MyBack(1110, 218,"images/hill2.png", 0.7, 1110)
    while True:
        #获取单击事件
        for event in pygame.event.get():
            #如果单击了关闭窗体就将窗体关闭
            if event.type == pygame.QUIT:
                pygame.quit()  #退出窗口
                sys.exit()  #关闭窗口
        #将背景色调整为天蓝色
        SCREEN.blit(background, (0, 0))
        #云彩的绘制
        cloud_one.update()
        cloud_two.update()
        #远山风车的绘制
        windmill_one.update()
        windmill_two.update()
        #近景小山的绘制
        hill_one.update()
        hill_two.update()
```

```
        # 云彩的移动
        cloud_one.rolling()
        cloud_two.rolling()
        # 远山风车的绘制
        windmill_one.rolling()
        windmill_two.rolling()
        # 近景小山的绘制
        hill_one.rolling()
        hill_two.rolling()
        # 更新整个窗体
        pygame.display.update()
if __name__ =="__main__":
    executeGame()
```

背景加载移动的运行效果如图 21.13 所示。

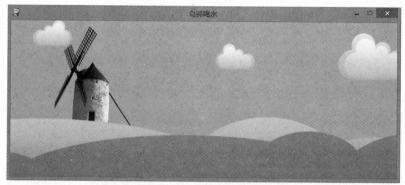

图 21.13　背景加载移动的运行效果

21.4.3　乌鸦的飞行

要实现乌鸦的飞行功能，首先需要了解乌鸦的飞行状态图，本小节提供了乌鸦飞行的 3 种状态，实现飞行就是把 3 种状态连续起来即可，如图 21.14 所示。

乌鸦飞状态 1　　　　　乌鸦飞状态 2　　　　　乌鸦飞状态 3

图 21.14　乌鸦飞行状态

乌鸦飞行可以用一个列表存储飞行的 3 种状态，每次窗体刷新时，就获取乌鸦飞行的下一种状态，当 3 种状态都用完再重复使用这 3 种状态。这种迭代使用的方法可以用 Python 的 itertools

模块，它是一个高效循环的迭代函数集合。itertools 模块中有一个函数——cycle 函数，可以高效地循环指定的列表和迭代器，且有往复循环的作用。还可以使用 next() 取出下一个元素。先定义一个乌鸦飞行的元组或列表都可以，里面的元素直接处理成 pygame 的 image 对象，例如：

```
imgs=(
    pygame.image.load("images/fly1.png").convert_alpha(),
    pygame.image.load("images.fly2.png").convert_alpha(),
    pygame.image.load("images/fly3.png").convert_alpha())
```

再定义一个 cycle 的 itertools 的迭代函数，在迭代函数中把索引传进来，如 imgIndex=cycle ([0,1,2]) 语句就把 0，1，2 索引值放在列表中被迭代，实现 3 个图片间的切换。为了让乌鸦出现在屏幕上的某个位置，还需要坐标 x 和 y 的值，要控制乌鸦的飞行和跳跃，可使用面向对象的思想。乌鸦飞行功能的业务流程如图 21.15 所示。

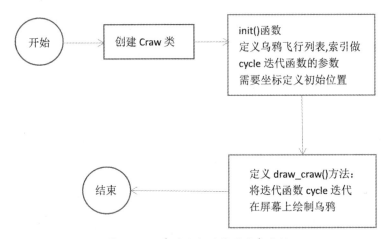

图 21.15　乌鸦飞行功能的业务流程

通过对应的业务逻辑图，实现乌鸦飞行功能的具体步骤如下。

（1）导入迭代工具，创建一个名为 Craw 的乌鸦类，然后在该类的初始化方法中，定义乌鸦的初始位置坐标 x 和 y，然后加载乌鸦飞行的 3 张图片，最后定义 cycle 迭代函数，将索引位置放到函数中供迭代使用。代码如下。

程序清单 21.8　Python 实现乌鸦类 Craw 的 init() 初始化功能

```
from itertools import cycle          #导入迭代工具
#乌鸦类
class Craw():
    def __init__(self):
        #初始化乌鸦坐标
        self.x=100
        self.y=100
        #加载乌鸦图片对象元组和索引值迭代器
        self.craw_imgs=(
```

```
        pygame.image.load("images/fly1.png").convert_alpha(),
        pygame.image.load("images/fly2.png").convert_alpha(),
        pygame.image.load("images/fly3.png").convert_alpha())
    self.craw_iter=cycle([0,1,2])
```

（2）在 Craw 类中创建 draw_craw() 方法，在该方法中首先匹配乌鸦飞行的序列图，然后进行乌鸦的绘制，代码如下。

程序清单 21.9　Python 实现乌鸦类 Craw 的 draw_craw() 方法绘制乌鸦

```
def draw_craw(self):
    #匹配乌鸦的动图
    craw_index=next(self.craw_iter)
    #绘制乌鸦
    SCREEN.blit(self.craw_imgs[craw_index],(self.x,self.y))
```

（3）在 executeGame() 方法中，创建乌鸦对象，相当于将乌鸦对象实例化。代码如下。

程序清单 21.10　Python 实现在 executeGame() 方法中创建乌鸦对象

```
#创建乌鸦对象
craw=Craw()
```

（4）在 executeGame() 中，实现乌鸦的绘制功能，调用了乌鸦类中的 draw_craw() 方法来实现。代码如下。

程序清单 21.11　Python 实现 executeGame() 方法中乌鸦绘制方法的调用功能

```
craw.draw_craw()
```

运行后的结果如图 21.16 所示。

图 21.16　乌鸦飞行功能实现的效果图

由图 21.16 可知乌鸦飞行效果已实现，但翅膀扇动太快，频率太乱，可以采用增大乌鸦飞行的元组内元素的数目，分配状态 1、状态 2 和状态 3 的数量，同时增加 cycle 叠代函数中的索引值，相当于修改 Craw 乌鸦类中的 __init__() 方法，代码如下。

程序清单 21.12　Python 实现 Craw 乌鸦类乌鸦飞行调整功能

```
class Craw():
    def __init__(self):
```

```
#初始化乌鸦坐标
    self.x=100
    self.y=100
    #加载乌鸦图片列表和索引值迭代器
    self.craw_imgs=(
        pygame.image.load("images/fly1.png").convert_alpha(),
        pygame.image.load("images/fly1.png").convert_alpha(),
        pygame.image.load("images/fly1.png").convert_alpha(),
        pygame.image.load("images/fly1.png").convert_alpha(),
        pygame.image.load("images/fly1.png").convert_alpha(),
        pygame.image.load("images/fly2.png").convert_alpha(),
        pygame.image.load("images/fly2.png").convert_alpha(),
        pygame.image.load("images/fly2.png").convert_alpha(),
        pygame.image.load("images/fly2.png").convert_alpha(),
        pygame.image.load("images/fly2.png").convert_alpha(),
        pygame.image.load("images/fly3.png").convert_alpha(),
        pygame.image.load("images/fly3.png").convert_alpha(),
        pygame.image.load("images/fly3.png").convert_alpha(),
        pygame.image.load("images/fly3.png").convert_alpha(),
        pygame.image.load("images/fly3.png").convert_alpha(),
    )
    self.craw_iter=cycle([0,1,2,3,4,5,6,7,8,9,10,11,12,13,14])
```

以上代码扩充了乌鸦的图片元组内的数据和索引值迭代器中的数值,但是可能扩充了乌鸦元组的内容还是没有收到良好的效果,可以调整刷新窗体的时间。使用 pygame.time 模块,调用其中的 delay 方法,参数就是进行缓冲的时间,具体可以根据实际效果在 Craw 类的 draw_craw() 方法中添加 pygame.time.delay(20) 语句,实现乌鸦飞行的效果。如图 21.17 所示。

图 21.17　乌鸦飞行调整后的效果图

注意,添加了 delay() 语句后背景移动得慢了,可以加大背景中的 step 参数,也可以加快背景元素的移动效果。

21.4.4 乌鸦的移动和跳跃

目前的乌鸦可以完成飞行状态，但还不能前行，这就需要接收键盘事件，规定左箭头向左飞，右箭头向右飞，目前不关注乌鸦向左飞或向右飞头的朝向问题，就设定了该乌鸦是可以倒飞的。向左飞就是当前乌鸦的横坐标减去一个值，向右飞就是当前乌鸦的横坐标加上一个值，再判断是否按下了键盘的 <space>（空格）键。如果按下了就开启乌鸦的跳跃开关，让乌鸦以 5 个像素的距离向上移动。当乌鸦到达窗体顶部的边缘时，再让乌鸦以 5 个像素的距离向下移动，到达规定飞行高度后关闭跳跃的开关，继续飞行，增加乌鸦的跳跃动作实质上是增加一种趣味性，乌鸦只能在规定的高空中飞行，可以前进，可以后退，但是不可以纵向移动，可以实现高空跳跃，可以把它理解成空中管制的乌鸦飞行，也可以自行修改代码，将其修改为上下也可自由移动的乌鸦飞行，还可以把乌鸦的头转变方向，不必倒飞。乌鸦飞行和跳跃功能的流程如图 21.18 所示。

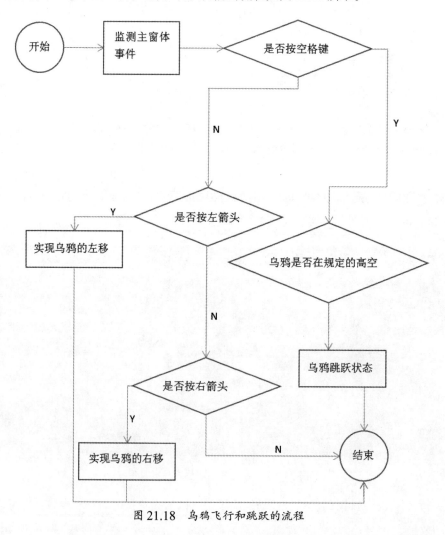

图 21.18　乌鸦飞行和跳跃的流程

实现乌鸦飞行和跳跃功能的具体步骤如下。

（1）在已经创建的 Craw 乌鸦类的初始化函数中定义乌鸦跳跃时所需要的状态变量和向左飞、向右飞的状态变量，本节用 jumpState 表示跳跃的状态，moveLeftState 表示向左飞行状态，moveRightState 表示向右飞行状态，初始值定义成 False，并且定义跳跃的高度 jumpHeight、高空中最低的纵坐标 y 点，跳跃过程中的高度变化值、左右移动的步长等内容，代码如下。

程序清单 21.13　Python 实现乌鸦类 Craw 跳跃和移动属性初始化功能

```python
from itertools import cycle        #导入迭代工具
#乌鸦类
class  Craw()
  def __init__(self):
      self.jumpState=False #跳跃的状态
      self.jumpHeight=130   #跳跃的高度
      self.lowest_y=140     #最低坐标
      self.jumpValue=10     #跳跃增变量
      self.moveLeftState=False  #向左飞行状态
      self.moveRightState=False  #向右飞行状态
      self.moveValue=0  #初始状态没有移动步长
```

以上代码是在已定义的 Craw 乌鸦类中添加的另一部分表征跳跃值的代码，是在原来的基础上做的修改，原来 Craw 类中 __init__() 部分的代码不必删除。其中，self.jumpState 表征跳跃的状态，self.jumpHeight 表征跳跃的高度，跳跃落到低空处的最低坐标用 self.lowest_y 表征，jumpValue 表征的是跳跃过程中的增变量，乌鸦向左飞行状态为 moveLeftState，乌鸦向右飞行状态为 moveRightState，乌鸦左右飞行步长为 moveValue。

（2）在 Craw 类中创建 jump() 方法，通过该方法表明乌鸦处于跳跃状态，代码如下。

程序清单 21.14　Python 实现 Craw 乌鸦类跳跃状态改变功能

```python
#跳状态
def  jump(self):
  self.jumpState=True
```

以上代码是在 Craw 乌鸦类中定义了一个 jump() 方法，并在其内部修改了乌鸦的跳跃状态值为 True。

（3）在 Craw 乌鸦类中创建 move() 方法，在该方法中判断乌鸦的跳跃状态有效时，再判断乌鸦是否在规定的高空上，如果满足这两个条件乌鸦就以 5 个像素的距离向上移动。当乌鸦到达窗体顶部时以 5 个像素的距离向下移动，当乌鸦回到规定的高空后跳跃状态失效，代码如下。

程序清 21.15　Python 实现乌鸦类 Craw 跳跃功能

```python
#乌鸦移动
def move(self):
  if self.jumpState:          #跳跃状态有效时
    if self.y>=self.lowest_y:  #乌鸦是否在规定的空中飞行
```

```
        self.jumpValue=-5          # 以 5 个像素值向上移动
    if self.y<=self.lowest_y-self.jumpHeight: # 乌鸦是否回到规定的空中飞行
        self.jumpValue+=5          # 以 5 个像素值向下移动
    self.y+=self.jumpValue         # 通过循环改变乌鸦的 y 坐标
    if  self.y>=self.lowest_y:     # 如果乌鸦在规定的空中飞行了
        self.jumpState=False       # 跳跃状态失效
```

（4）在进行乌鸦前后飞行的处理时，在 Craw 乌鸦类中创建飞行方法 fly()，因为乌鸦的飞行分为左右两个方向，可以通过传参来决定乌鸦是往左飞还是往右飞，也可以规定如果 fly 接收的形参值为 -1，则是向左飞；如果 fly 接收的形参值为 1，则是向右飞。

程序清单 21.16　Python 实现乌鸦飞行状态的改变功能

```
def fly(self,step):
    if step<0:
        self.moveLeftState = True   # 实现向左飞行状态的改变
    else:
        self.moveRightState=True    # 实现向右飞行状态的改变
```

以上代码的功能是根据传入形参 step 值的正负决定乌鸦飞行的状态。如果 step=1，则实现向右飞行的状态语句为 moveRightState=True；如果 step=-1，则实现向左飞行的状态语句为 moveLeftState=True。

（5）在 Craw 乌鸦类创建的 move() 方法中，添加代码实现，如果 moveLeftState 为 True，则完成乌鸦向左飞行，即乌鸦横坐标的位置做减去一个步长处理；如果 moveRightState 为 True，则完成乌鸦向右飞行，即乌鸦横坐标的位置做加上一个步长处理。注意边界的问题，不能让乌鸦飞出主窗体的边界外，这样，当向左移动标志 moveLeftState 为 True 时，横坐标向左移动不能移到小于 0 的程度，小于 0 就相当于移出了主窗体的左边界，当向右移动标志 moveRightState 为 True 时，横坐标向右移动不能移到大于窗体宽度 800，考虑到乌鸦的宽度，这个边界应该是在 800 的基础上减去乌鸦的宽度，代码如下。

程序清单 21.17　Python 实现乌鸦类 Craw 飞行移动功能

```
if  self.moveLeftState and self.x>=0:  # 如果快到达左边的限定边界
    self.moveValue=-5 # 以 5 个像素向左移动
elif  self.moveRightState and self.x<=700:
    self.moveValue=5  # 以 5 个像素向右移动
else:
    self.moveValue=0
self.x+=self.moveValue
```

以上代码实现的是乌鸦的飞行。根据条件判断这两个条件，moveLeftState 是否为 True，并且满足 self.x<=0，如果 self.x<=0，乌鸦飞出左边界。满足这两个条件，乌鸦左侧飞行的步长为 -5，也就是倒退着飞行。

同理，如果 moveRightState 为 True，并且满足 self.x<=700，700 是一个大致估算的主窗体宽度

减去乌鸦的宽度。也可以使用变量来计算这个值。满足这两个条件，乌鸦在右侧设置飞行的步长为 5，也就是正面前进着飞行。

最后把乌鸦的横坐标对乌鸦左右飞行做求和操作，得出乌鸦的横坐标位置的变化，实现了乌鸦向左和向右飞行。

（6）乌鸦左飞和右飞状态取消——滑翔状态。当左键按下时乌鸦向左飞，当右键按下时乌鸦向右飞，当空格按下时跳着飞；如果没有按键，乌鸦向左飞状态和乌鸦向右飞状态同时失效，即 moveLeftState=False 和 moveRightState=False，这个状态可以定义为滑翔状态，代码如下。

程序清单 21.18　Python 实现 Craw 乌鸦类滑翔功能

```
# 乌鸦滑翔 def glide(self):
self.moveLeftState=False
self.moveRightState=False
```

（7）在 executeGame() 方法的 while 循环中，继续在事件响应代码判断关闭窗体的下面添加代码，判断是否按下了键盘中的 <space>（空格）键，如果按下了就执行乌鸦跳跃的方法，如果按下了键盘的左箭头，就执行乌鸦的飞行 fly() 方法，传入实参 -1，如果按下了键盘的右箭头，同样要执行乌鸦的飞行 fly() 方法，传入实参 1。代码如下。

程序清单 21.19　Python 实现键盘控制乌鸦的功能

```
# 按键盘的空格键，开启乌鸦跳跃的状态 if event.type == KEYDOWN:
    if event.key == K_SPACE:
        if craw.y >=craw.lowest_y:   # 如果乌鸦在规定的高空中飞行
            craw.jump()   # 将乌鸦调整为跳跃状态
    if event.key==K_LEFT:
        craw.fly(-1)
    if event.key==K_RIGHT:
        craw.fly(1)
else:
    craw.glide()
```

（8）在 executeGame() 中，在乌鸦绘制方法 draw_craw() 代码的上面实现乌鸦的移动功能，代码如下。

程序清单 21.4.20　Python 实现 executeGame() 方法中乌鸦跳跃及飞行移动的功能

```
# 乌鸦移动
craw.move()
```

现在，就可以与键盘配合去操作乌鸦的运动状态，按不同的键，乌鸦会做出不同的动作。

按键盘的 <space>（空格）键，乌鸦跳跃功能的运行效果如图 21.19 所示。

图 21.19　乌鸦跳跃功能的运行效果

按键盘的＜左箭头＞键，乌鸦向左倒挡飞行的运行效果如图 21.20 所示。

图 21.20　乌鸦向左倒着飞行的运行效果

按键盘的＜右箭头＞键，乌鸦向右正向飞行的运行效果如图 21.21 所示。

图 21.21　乌鸦向右正向飞行的运行效果

至此，乌鸦飞行中左右移动和跳跃行为都已经用代码实现了，同时背景也可以移动。乌鸦实现飞行跳跃与背景移动的整体代码如下。

程序清单 21.21　Python 实现乌鸦飞行跳跃与背景移动的整体功能

```python
import pygame
import sys
```

```python
from itertools import cycle
from pygame.locals import *
SCREENWIDTH=800
SCREENHEIGHT=312
class MyBack():
    #传参变量: 坐标点(x,y)、图片名称(pic_name)、图片移动步长(step)、图片宽度(subwidth)
    def    __init__(self,x,y,pic_name,step,subwidth):
        #加载背景图片
        self.bg=pygame.image.load(pic_name).convert_alpha()
        self.x=x
        self.y=y
        self.step=step
        self.subwidth=subwidth
    def rolling(self):
        if self.x < -self.subwidth:    #小于图片宽度, 说明地图已经完全移动完毕
            self.x = self.subwidth        #给定地图一个新的坐标点为宽度截止的地方
        else:
            self.x -= self.step    #向左移动 step 个像素点
    #更新图片背景
    def update(self):
        SCREEN.blit(self.bg, (self.x, self.y))
class Craw():
    def __init__(self):
        #初始化乌鸦坐标
        self.x=100
        self.y=140
        #加载乌鸦图片列表和索引值迭代器
        self.craw_imgs=(
            pygame.image.load("images/fly1.png").convert_alpha(),
            pygame.image.load("images/fly1.png").convert_alpha(),
            pygame.image.load("images/fly1.png").convert_alpha(),
            pygame.image.load("images/fly1.png").convert_alpha(),
            pygame.image.load("images/fly1.png").convert_alpha(),
            pygame.image.load("images/fly2.png").convert_alpha(),
            pygame.image.load("images/fly2.png").convert_alpha(),
            pygame.image.load("images/fly2.png").convert_alpha(),
            pygame.image.load("images/fly2.png").convert_alpha(),
            pygame.image.load("images/fly2.png").convert_alpha(),
            pygame.image.load("images/fly3.png").convert_alpha(),
            pygame.image.load("images/fly3.png").convert_alpha(),
            pygame.image.load("images/fly3.png").convert_alpha(),
            pygame.image.load("images/fly3.png").convert_alpha(),
            pygame.image.load("images/fly3.png").convert_alpha()
        )
        self.craw_iter=cycle([0,1,2,3,4,5,6,7,8,9,10,11,12,13,14])
        self.jumpState = False            #跳跃的状态
```

```python
        self.jumpHeight = 130            #跳跃的高度
        self.lowest_y = 140              #最低坐标
        self.jumpValue = 0               #跳跃增变量
        self.moveLeftState = False       #向左飞行状态
        self.moveRightState = False      #向右飞行状态
        self.moveValue = 0               #初始状态没有移动步长
    #乌鸦滑翔
    def glide(self):
        self.moveLeftState = False
        self.moveRightState = False
    #乌鸦移动
    def move(self):
        if self.jumpState:               #跳跃状态有效
            if self.y >= self.lowest_y:  #乌鸦是否在规定的空中飞行
                self.jumpValue = -5      #以5个像素值向上移动
            if self.y <= self.lowest_y - self.jumpHeight:  #乌鸦是否回到规定的空中飞行
                self.jumpValue += 5      #以5个像素值向下移动
            self.y += self.jumpValue     #通过循环改变乌鸦的y坐标
            if self.y >= self.lowest_y:  #如果乌鸦在规定的空中飞行了
                self.jumpState = False   #跳跃状态失效
        if self.moveLeftState and self.x >= 0:  #如果快到达左边的限定边界
            self.moveValue = -5  #以5个像素向左移动
        elif self.moveRightState and self.x <= 700:
            self.moveValue = 5  #以5个像素向右移动
        else:
            self.moveValue = 0
        self.x += self.moveValue
    def jump(self):
        self.jumpState = True
    def fly(self, step):
        if step < 0:
            self.moveLeftState = True  #实现向左飞行状态的改变
        else:
            self.moveRightState = True  #实现向右飞行状态的改变
    def draw_craw(self):
        pygame.time.delay(20)
        #匹配乌鸦的动图
        craw_index = next(self.craw_iter)
        #绘制乌鸦
        SCREEN.blit(self.craw_imgs[craw_index],(self.x, self.y))
def executeGame():
    global SCREEN
    pygame.init()  #经过初始化后可以尽情地使用pygame了
    #通常来说，需要先创建一个窗体，方便与程序的交互
    SCREEN = pygame.display.set_mode((SCREENWIDTH, SCREENHEIGHT))
    pygame.display.set_caption(" 乌鸦喝水 ")  #设置窗体标题
```

```python
# 创建蓝色天空的背景
background = pygame.Surface(SCREEN.get_size())
background = background.convert()
background.fill((135, 206, 235))
# 创建云彩层
cloud_one = MyBack(0, 0,"images/cloud.png", 0.5, 1068)
cloud_two = MyBack(1068, 0,"images/cloud.png", 0.5, 1068)
# 创建远山风车图
windmill_one = MyBack(0, 0,"images/hill-with-windmill.png", 0.2, 2220)
windmill_two = MyBack(2220, 0,"images/hill-with-windmill.png", 0.2, 2220)
# 创建近景小山图
hill_one = MyBack(0, 218,"images/hill2.png", 0.7, 1110)
hill_two = MyBack(1110, 218,"images/hill2.png", 0.7, 1110)
# 创建乌鸦对象
craw = Craw()
while True:
    # 获取单击事件
    for event in pygame.event.get():
        # 如果单击了关闭窗体就将窗体关闭
        if event.type == pygame.QUIT:
            pygame.quit()  # 退出窗口
            sys.exit()  # 关闭窗口
        # 按键盘的空格键，开启乌鸦跳跃的状态
        if event.type == KEYDOWN:
            if event.key == K_SPACE:
                if craw.y >= craw.lowest_y:  # 如果乌鸦在规定的高空中飞行
                    craw.jump()  # 将乌鸦调整为跳跃状态
            if event.key == K_LEFT:
    craw.fly(-1)
            if event.key == K_RIGHT:
    craw.fly(1)
            else:
                craw.glide()
    # 将背景色调整为天蓝色
    SCREEN.blit(background, (0, 0))
    # 云彩的绘制
    cloud_one.update()
    cloud_two.update()
    # 远山风车的绘制
    windmill_one.update()
    windmill_two.update()
    # 近景小山的绘制
    hill_one.update()
    hill_two.update()
    # 云彩的移动
    cloud_one.rolling()
```

```
            cloud_two.rolling()
            # 远山风车的绘制
            windmill_one.rolling()
            windmill_two.rolling()
            # 近景小山的绘制
            hill_one.rolling()
            hill_two.rolling()
            # 乌鸦移动
            craw.move()
            # 乌鸦的绘制
            craw.draw_craw()
            # 更新整个窗体
            pygame.display.update()
    if __name__ =="__main__":
        executeGame()
```

21.4.5 随机出现的障碍

乌鸦喝水的游戏中，乌鸦飞行和跳跃已准备好，下一步要实现附属产物——水滴和石块，这两个都属于飞行中的障碍物性质，有的需要躲避，有的需要喝下去。在实现障碍物的出现时，首先要考虑到障碍物的大小及障碍物不能相同，如果每次出现的障碍物都是相同的，那么将失去了游戏的乐趣。所以，需要加载两个大小不同的障碍物图片，然后随机抽选并显示。随机出现障碍物的业务流程如图21.22 所示。

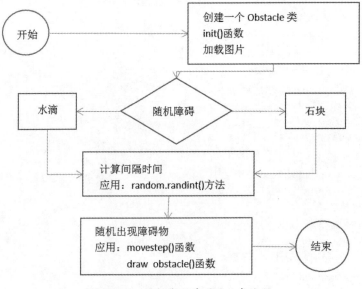

图 21.22 随机出现障碍的业务流程

实现随机出现障碍的具体实现步骤如下。

（1）导入随机数，创建一个名为 Obstacle 的障碍物类，在该类中可以定义一个分数，在研究碰撞时，根据撞击的障碍物来决定是加分还是 Game Over。然后在初始化方法中加载障碍物图片、分数图片。为了产生水滴或石块，创建 0 至 1 的随机数字，根据该数字抽选障碍物是水滴还是石块，最后根据随机坐标绘制障碍物，代码如下。

程序清单 21.22　Python 实现障碍物类 Obstacle 的初始化功能

```python
import random      # 随机数
# 障碍物
class Obstacle():
    score=1    # 分数
    def __init__(self):
        # 加载障碍物图片
        self.water=pygame.image.load("images/water.png").convert_alpha()
        self.stone=pygame.image.load("images/stone.png").convert_alpha()
        # 加载分数图片
        self.numbers=(pygame.image.load("images/0.png").convert_alpha(),
            pygame.image.load("images/1.png").convert_alpha(),
            pygame.image.load("images/2.png").convert_alpha(),
            pygame.image.load("images/3.png").convert_alpha(),
            pygame.image.load("images/4.png").convert_alpha(),
            pygame.image.load("images/5.png").convert_alpha(),
            pygame.image.load("images/6.png").convert_alpha(),
            pygame.image.load("images/7.png").convert_alpha(),
            pygame.image.load("images/8.png").convert_alpha(),
            pygame.image.load("images/9.png").convert_alpha())
        #0 和 1 的随机
        rand=random.randint(0,1)
        if rand==0:                    # 如果随机数为 0 显示水滴，相反显示管道石头
            self.image=self.water      # 显示水滴障碍
            self.move=7                # 移动速度加快
        else:
            self.image=self.stone    # 显示石头障碍
            self.move=3
        # 障碍物绘制坐标
        self.x=random.randint(0,800)
        self.y=0
```

以上代码实现了 Obstacle 障碍物的 __init__() 初始化函数，先定义一个统计分数的变量 score，初值为 0。再在初始化函数中加载两个障碍物图片：水滴和石块，使用的都是 pygame.image.load() 方法，加载后分别放到 self.water 和 self.stone 两个变量中。然后加载分数图片，加载了 9 个关于分数显示的图片，也可以不加载图片，直接做分数处理即可。接着产生 0 和 1 两个随机值，如果随机结果是 0，就把当前的障碍物设置成水滴，并设置加载后的移动速度为 7；如果随机结果是 1，就把当前的障碍物设置成石块，并设置加载后的移动速度为 3。还有一个重要问题是后期处理碰撞

时，到底是与石块碰撞，还是与水滴碰撞，为此要设置一个 flag 标志位，当 flag=1 时表示是石块，flag=0 时表示是水滴，有助于后期处理碰撞问题。最后产生障碍物的横坐标和纵坐标，横坐标 x 是从 0 到主窗体宽度 800 中的任意一个值，纵坐标 y 是从主窗体的上端 0 开始的。

（2）在 Obstacle 类中首先创建 movestep() 方法，用于实现障碍物的移动，然后创建 draw_obstacle() 方法，用于绘制障碍物，代码如下。

程序清单 21.23　Python 实现障碍物类 Obstacle 的移动和绘制的功能

```
# 障碍物移动
def  movestep(self):
    self.y+=self.move
    # 绘制障碍物
    def draw_obstacle(self):
        SCREEN.blit(self.image,(self.x,self.y))
```

以上代码实现了两个方法，一个是障碍物的移动 move() 方法，另一个是障碍物的绘制 draw_obstacle() 方法。move() 方法中实现的是 y 轴方向的下落，y 的值是不断增大的，障碍物每次下落 self.move 个单位像素。draw_obstacle() 方法依然是用 blit() 方法把图像绘制到主窗体中。

（3）在 executeGame() 中，创建定义添加障碍物的时间和障碍物对象列表（乌鸦对象的下面），代码如下。

程序清单 21.24　Python 实现 executeGame() 方法中障碍物列表和时间初始化功能

```
addObstacleTimer=0     # 添加障碍物的时间
list=[]    # 障碍物对象列表
```

以上代码初始化了添加障碍物的时间和障碍物对象列表，添加障碍物的时间 addObstacleTimer 初值为 0，list 障碍物对象列表初始化为空列表。

（4）在 executeGame() 方法中绘制计算障碍物出现的间隔时间（绘制乌鸦对象的代码下面），代码如下。

程序清单 21.25　Python 实现 executeGame() 方法中障碍物产生到主窗体功能

```
# 计算障碍物间隔时间
if  obstacleTimer>=500:
    r=random.randint(0,1)
    if  r==0:
        # 创建障碍物对象
        obstacle=Obstacle()
        # 将障碍物对象添加到列表中
        list.append(obstacle)
    # 重置添加障碍物时间
    obstacleTimer=0
```

以上代码是根据 obstacleTimer 的障碍物间隔时间产生障碍物。这里设定的间隔时间为 500 毫秒，每 1 秒会产生 0、1 两个随机值，如果为 0，会产生障碍物，否则没有障碍物产生，并不是每 1

秒都会有障碍物出现。产生障碍物之后将其添加到列表中，最后还要将 obstacleTimer 的值重置为 0，便于实现障碍物时间的再次累加。

（5）在 executeGame() 方法中计算循环遍历障碍物并进行障碍物的绘制（障碍物间隔时间代码下面），代码如下。

程序清单 21.26　Python 实现障碍物在主窗体中遍历绘制移动功能

```
# 循环遍历障碍物
for  i  in range(len(list)):
    # 障碍物移动
    list[i].move()
    # 绘制障碍物
    list[i].draw_obstacle()
```

以上代码是对障碍物列表中的每个障碍物进行遍历，遍历后逐个在主窗体上显示和运动。

（6）在 executeGame() 方法中更新整个窗体代码的上面，增加障碍物时间，代码如下。

程序清单 21.27　Python 实现 executeGame() 方法中障碍物时间累加功能

```
obstacleTimer+=20  # 增加障碍物时间
```

以上代码的加入实际上就是将障碍物的时间从 0 开始每次累加 20，一次刷新主窗体就累加上数值 20。

障碍物出现的运行效果如图 21.23 所示。

图 21.23　障碍物出现的运行效果

21.4.6　碰撞和积分的实现

整个游戏现在已经有了乌鸦、石块、水滴，背景也可以移动了起来，这些元素在游戏中有序地合成在了一起。在做任何一款游戏时，都是先把游戏中需要的各种元素在界面中协调地显示出来，每个元素运动的逻辑效果也都实现完毕。接下来要做的是游戏每个元素之间的联系，乌鸦可能和水滴发生碰撞，乌鸦也可能和石块发生碰撞，因此，游戏中最主要的手段就是处理各个元素之间的碰撞，碰撞后发生的逻辑功能也叫碰撞检测。

在实现碰撞检测与积分计算时，首先需要判断乌鸦与障碍物两个图片是否发生了碰撞，如果发生了碰撞，也就是两个图片有重叠的区域，此时需要再次验证被碰撞的障碍物是水滴还是石块，如果被碰撞的障碍物是石块，相当于乌鸦撞上了石块，就会出现该游戏"Game Over"的效果；如果被碰撞的障碍物是水滴，则进行加分操作，每一个水滴默认为1分，并将分数累加显示在窗体顶部右侧的位置。碰撞和积分的业务流程如图 21.24 所示。

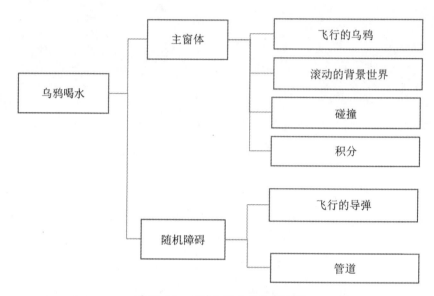

图 21.24 碰撞和积分的业务流程

实现碰撞和积分功能的具体步骤如下。

（1）在 Obstacle 类中 draw_obstacle() 方法的下面创建 getScore() 方法用于获取分数并实施加分处理，然后创建 showScore() 方法用于在窗体顶部右侧的位置显示分数，注意，每接一个水滴障碍物，都会在原有分数上加1，但是，水滴没有做消失处理，会一直与乌鸦碰撞，这样会连续做加1的操作。实现碰撞上只加一次1，可在产生水滴障碍物对象时，设置 self.score 的初始值为1，碰撞后执行了加1操作后，就把 self.score 设置为0，这样就只能加一次1。代码如下。

程序清单 21.28　Python 实现 Obstacle 类中 getScore() 水滴分数获取功能

```
# 获取分数
def  getScore(self):
    tmp=self.score
    self.score=0
    return tmp
```

以上代码实现了与水滴碰撞后数值的加1操作，并返回与水滴碰撞后的分数。注意，必须在 Obstacle 障碍物类中 _init_() 初始化函数中先把 self.score 赋值于1。

下面是 showScore() 函数实现的加分处理，代码如下。

程序清单 21.29　Python 实现 Obstacle 类分数显示 showScore() 方法功能

```python
# 显示分数
def showScore(self,score):
    # 获取得分数字
    self.digits=[int(x) for x in list(str(score))]
    total=0    # 要显示的所有数字的总宽度
    for digit in self.digits:
        # 获取积分图片的宽度
        total+=self.numbers[digit].get_width()
    # 分数横向位置
    xoffset=SCREENWIDTH-(total+30))
    for digit in self.digits:
        # 绘制分数
        SCREEN.blit(self.numbers[digit],(Xoffset,SCREENHEIGHT*0.1))
        # 随着数字增加改变位置
        xoffset+=self.numbers[digit].get_width()
```

以上代码的功能是把分数转换成图片显示到主窗体上。self.digits=[int(x) for x in list(str(score))]
代码的作用是先把 score 中的分数转成字符串后形成列表的形式，这样数字就被分开了，如 123 就
变成了 1，2，3 三个元素的列表，然后用列表生成器表达式把 1，2，3 由字符串又用 int 方法做了
强转，形成了整型数字 1，2，3 组成的列表。接着要获取 Obstacle 类中 self.numbers 的图片数值数
据的宽度，把刚才获取整形列表的每个数字转成对应图片后的总宽度值存储到 total 变量中。self.
numbers[digit].get_width() 获取了每个数字图片的宽度，xoffset 变量就是分数在主窗体中显示的 x
轴位置，其定义成了屏幕宽度减去右边的空白大小 30 后，再减去算出来的图片总宽度。最后在屏
幕的横坐标 x 轴为 xoffset、纵坐标 y 为屏幕高度的 0.1 比例处显示图片文字，用 blit() 方法把整型
列表中对应的数字图片绘制到屏幕上，同时要注意定义好下一幅图片的显示位置 xoffset 的值，即
xoffset+=self.numbers[digit].get_width()。

（2）在 executeGame() 方法的最外层创建 game_over() 方法，在该方法中首先获得窗体的宽度
与高度，最后加载游戏结束的图片并将该图片显示在窗体的中间位置，代码如下。

程序清单 21.30　Python 实现游戏结束 game_over() 的函数功能

```python
# 游戏结束的方法
def  game_over():
    # 获取窗体宽、高
    screen_w=pygame.display.Info().current_w
    screen_h=pygame.display.Info().current_h
    # 加载游戏结束的图片
    over_img=pygame.image.load("image/gameover.jpg").convert_alpha()
    # 将游戏结束图片绘制在窗体的中间位置
        SCREEN.blit(over_img,((screen_w-over_img.get_width())/2,screen_h-over_img.get_
    height())/2))
```

以上代码的主要功能是获取窗体的宽和高，pygame.display.Info().current_w 可以获取当前运行

窗体的宽，pygame.display.Info().current_h 可以获取当前运行窗体的高，获取窗体的宽和高的目的是把"Game Over"游戏结束的标志显示到屏幕的中间，然后语句 pygame.image.load() 实现了加载"Game Over"图片，并用 blit() 方法把图片绘制到主窗体的屏幕中间显示。

（3）在 executeGame() 方法中绘制障碍物代码的下面判断乌鸦与障碍物是否发生碰撞，如果发生了碰撞则继续判断碰撞物是否是水滴，如果是水滴就进行分数的增加并显示当前得分，否则是石块，调用游戏结束的方法显示游戏结束的图片，代码如下。

程序清单 21.31　Python 实现乌鸦与障碍物的碰撞检测功能

```
# 判断乌鸦与障碍物是否碰撞
if pygame.sprite.collide_rect(craw,list[i]):
    if list[i].flag==1:
        game_over()   # 调用游戏结束的方法
    else:
        # 加分
        score+=list[i].getScore()
# 显示分数
list[i].showScore(score)
```

以上代码实现了乌鸦与障碍物的碰撞检测，用 pygame.sprite 模块中的函数 collide_rect 来完成碰撞检测。sprite 是显示在主窗体上的元素的名称，称为精灵。精灵模块中有很多关于 sprite 的相关操作，其中的 collide_rect 实现了两个矩形元素的碰撞检测，当发生了矩形交汇时，或者说碰撞时，就会返回布尔值 True。发生碰撞后，可根据 Obstacle 障碍物对象中 flag 标志位判断是水滴还是石块，是石块就调用前面介绍的 game_over() 方法，是水滴就实现 score 的加分处理。需要注意的是，collide_rect 实际上是 rect 矩形之间的碰撞，这个 rect 矩形可以理解成虚拟的、包围元素的方框，但一定要存在这个方框，否则发生不了 collide_rect。为创建方框需要在乌鸦类和障碍类中增加 self.rect 属性，这个属性是由 pygame.Rect 对象产生的。定义了 self.rect 属性后，即可定义 self.rect.size 的大小（套住物体的方框大小），其中，self.rect.topleft 是指元素的左上角位置，self.rect.center 是指元素中间的位置。

① 在 Craw 乌鸦类的 __init__() 方法中加入 self.rect 属性，代码如下。

程序清单 21.32　Python 实现乌鸦类 rect 属性的设定

```
class Craw():
    def __init__(self):
        ...
        self.rect=pygame.Rect(0,0,0,0) # 定义 pygame 的 Rect 矩形框，用于碰撞检测
        self.rect.size=self.craw_imgs[0].get_size()  # 取出乌鸦的图片宽高
        self.rect.topleft=(self.x,self.y) # 乌鸦当前的位置就是 rect 的左上角
```

通过以上 3 行代码，用 pygame.Rect 定义一个 rect 矩形框，获取乌鸦图片的大小赋给 rect 矩形框是通过语句 self.craw_imgs[0].get_size() 来实现的，最后定义一个 rect 矩形框的左上角 topleft，目的是指向乌鸦当前的位置坐标。

② 乌鸦 move() 方法的变动也会影响 rect 属性的变动，在 move() 方法可做如下修改，代码如下。

程序清单 21.33　Python 实现乌鸦类 move() 方法中加入语句

```
class Craw():
    def move(self):
        ...
        self.rect.topleft=(self.x,self.y)
```

以上代码中 self.rect 的位置就是乌鸦的当前位置，而且随着乌鸦的移动也一直相等，这样在进行碰撞检测时也非常有用。

③ 将障碍物 Obstacle 类的 __init__() 方法也加入 self.rect 属性，代码如下。

程序清单 21.34　Python 实现障碍物类 rect 属性的设定

```
class Obstacle():
    def  __init__(self):
        ...
        self.rect=pygame.Rect(0,0,0,0) #定义 pygame 的 Rect 矩形框，用于碰撞检测
        self.rect.size=self.image.get_size() #取出障碍物的图片宽高
        self.rect.topleft=(self.x,self.y) #障碍物当前的位置就是 rect 的左上角
```

通过以上 3 行代码，也用 pygame.Rect 定义了一个 rect 矩形框，使用 self.image.get_size() 获取障碍物图片的大小赋给 rect 矩形框，最后定义 rect 矩形框的左上角 topleft 指向障碍物当前的位置坐标。

④ 修改障碍物 Obstacle 类中的 movestep() 方法，以改变 rect 的属性。

程序清单 21.35　Python 实现障碍物类 movestep() 移动方法改变 rect 属性

```
class Obstacle():
    def  movestep(self):
        ...
        self.rect.topleft=(self.x,self.y)
```

实现了碰撞和积分的效果如图 21.25 所示。

图 21.25　乌鸦碰撞石块后各种效果

注意，当乌鸦碰撞上石头时，出现了"Game Over"的提示，但游戏没有停止，乌鸦还在飞，石头一直在下落，水滴也一直在下落。原因是 while True 中出现了 for 循环遍历障碍物，而且是循环嵌套循环，并不能通过 break 退出循环，只能通过 over 标志位来控制游戏的运行，如果碰撞了石头，over 的标志位为 True，如果没有发生碰撞，over 的标志位为 False，在 while True 的循环体中，如果 over 为 False 时才会执行背景滚动、石块和水滴的下落等动画手段，over 为 True 时只有"Game Over"存在。

要实现这一逻辑，需要在 executeGame() 方法中首先定义 over=False，在 while True 中，将背景的绘制、云彩的绘制、远山风车的绘制、近景小山的绘制、云彩的移动、远山风车的移动、近景小山的移动、乌鸦的移动、乌鸦的绘制、计算障碍物的间隔时间、增加障碍物、障碍物的移动、分数的显示等内容都需要在 over 标志位的控制中。

完整的代码如下。

程序清单 21.36　Python 实现乌鸦喝水的整体代码功能

```python
import random      # 随机数
import pygame
import sys
from itertools import cycle
from pygame.locals import *
SCREENWIDTH=800
SCREENHEIGHT=312
class MyBack():
    #传参变量：坐标点 (x,y)、图片名称（pic_name）、图片移动步长（step）、图片宽度（subwidth）
    def __init__(self,x,y,pic_name,step,subwidth):
        #加载背景图片
        self.bg=pygame.image.load(pic_name).convert_alpha()
        self.x=x
        self.y=y
        self.step=step
        self.subwidth=subwidth
    def rolling(self):
        if self.x < -self.subwidth:    #小于图片宽度，说明地图已经完全移动完毕
            self.x = self.subwidth     #给定地图一个新的坐标点为宽度截止的地方
        else:
            self.x -= self.step        #向左移动 step 个像素点
    #更新图片背景
    def update(self):
        SCREEN.blit(self.bg, (self.x, self.y))
class Craw():
    def __init__(self):
        #初始化乌鸦坐标
        self.x=100
        self.y=140
```

```python
        #加载乌鸦图片列表和索引值迭代器
        self.craw_imgs=(
            pygame.image.load("images/fly1.png").convert_alpha(),
            pygame.image.load("images/fly1.png").convert_alpha(),
            pygame.image.load("images/fly1.png").convert_alpha(),
            pygame.image.load("images/fly1.png").convert_alpha(),
            pygame.image.load("images/fly1.png").convert_alpha(),
            pygame.image.load("images/fly2.png").convert_alpha(),
            pygame.image.load("images/fly2.png").convert_alpha(),
            pygame.image.load("images/fly2.png").convert_alpha(),
            pygame.image.load("images/fly2.png").convert_alpha(),
            pygame.image.load("images/fly2.png").convert_alpha(),
            pygame.image.load("images/fly3.png").convert_alpha(),
            pygame.image.load("images/fly3.png").convert_alpha(),
            pygame.image.load("images/fly3.png").convert_alpha(),
            pygame.image.load("images/fly3.png").convert_alpha(),
            pygame.image.load("images/fly3.png").convert_alpha()
            )
        self.craw_iter=cycle([0,1,2,3,4,5,6,7,8,9,10,11,12,13,14])
        self.jumpState = False          #跳跃的状态
        self.jumpHeight = 130           #跳跃的高度
        self.lowest_y = 140             #最低坐标
        self.jumpValue = 0              #跳跃增变量
        self.moveLeftState = False      #向左飞行状态
        self.moveRightState = False     #向右飞行状态
        self.moveValue = 0              #初始状态没有移动步长
        self.rect=pygame.Rect(0,0,0,0)  #定义 pygame 的 Rect 矩形框,用于碰撞检测
        self.rect.size=self.craw_imgs[0].get_size()   #取出乌鸦的图片宽高
        self.rect.topleft=(self.x,self.y)  #乌鸦当前的位置就是 rect 的左上角
#乌鸦滑翔
def glide(self):
    self.moveLeftState = False
    self.moveRightState = False
#乌鸦移动
def move(self):
    if self.jumpState:                  #跳跃状态有效
        if self.y >= self.lowest_y:     #乌鸦是否在规定的空中飞行
            self.jumpValue = -5         #以 5 个像素值向上移动
        if self.y <= self.lowest_y - self.jumpHeight:   #乌鸦是否回到规定的空中飞行
            self.jumpValue += 5         #以 5 个像素值向下移动
        self.y += self.jumpValue        #通过循环改变乌鸦的 y 坐标
        if self.y >= self.lowest_y:     #如果乌鸦在规定的空中飞行了
            self.jumpState = False      #跳跃状态失效
    if self.moveLeftState and self.x >= 0:   #如果快到达左边的限定边界
        self.moveValue = -5                  #以 5 个像素向左移动
    elif self.moveRightState and self.x <= 700:
```

```python
            self.moveValue = 5                      #以 5 个像素向右移动
        else:
            self.moveValue = 0
        self.x += self.moveValue
        self.rect.topleft=(self.x,self.y)   #保持乌鸦当前的位置就是 rect 的左上角
    def jump(self):
        self.jumpState = True
    def fly(self, step):
        if step < 0:
            self.moveLeftState = True    #实现向左飞行状态的改变
        else:
            self.moveRightState = True   #实现向右飞行状态的改变
    def draw_craw(self):
        pygame.time.delay(20)
        #匹配乌鸦的动图
        craw_index = next(self.craw_iter)
        #绘制乌鸦
        SCREEN.blit(self.craw_imgs[craw_index],(self.x, self.y))
#障碍物
class Obstacle():
    def __init__(self):
        #加载障碍物图片
        self.water=pygame.image.load("images/water.png").convert_alpha()
        self.stone=pygame.image.load("images/stone.png").convert_alpha()
        #加载分数图片
        self.numbers=(pygame.image.load("images/0.png").convert_alpha(),
            pygame.image.load("images/1.png").convert_alpha(),
            pygame.image.load("images/2.png").convert_alpha(),
            pygame.image.load("images/3.png").convert_alpha(),
            pygame.image.load("images/4.png").convert_alpha(),
            pygame.image.load("images/5.png").convert_alpha(),
            pygame.image.load("images/6.png").convert_alpha(),
            pygame.image.load("images/7.png").convert_alpha(),
            pygame.image.load("images/8.png").convert_alpha(),
            pygame.image.load("images/9.png").convert_alpha())
    #0 和 1 的随机
    rand=random.randint(0,1)
    if rand==0:                      #如果随机数为 0 显示水滴相反显示管道石头
        self.image=self.water   #显示水滴障碍
        self.move=7             #移动速度加快
        self.flag=0
    else:
        self.image=self.stone   #显示石头障碍
        self.move=3
        self.flag=1
    #障碍物绘制坐标
```

```python
        self.x=random.randint(0,800)
        self.y=0
        self.rect=pygame.Rect(0,0,0,0)          #定义 pygame 的 Rect 矩形框，用于碰撞检测
        self.rect.size=self.image.get_size()    #取出障碍物的图片宽高
        self.rect.topleft=(self.x,self.y)       #障碍物当前的位置就是 rect 的左上角
        self.score=1
    #障碍物移动
    def movestep(self):
        self.y += self.move
        self.rect.topleft=(self.x,self.y)
    #绘制障碍物
    def draw_obstacle(self):
        SCREEN.blit(self.image, (self.x, self.y))
    #获取分数
    def getScore(self):
        tmp = self.score
        self.score=0
        return tmp
    #显示分数
    def showScore(self, score):
        #获取得分数字
        self.digits = [int(x) for x in list(str(score))]
        print(self.digits)
        total = 0    #要显示的所有数字的总宽度
        for digit in self.digits:
            #获取积分图片的宽度
            total+= self.numbers[digit].get_width()
            #分数横向位置
            xoffset = SCREENWIDTH - (total+ 30)
            for digit in self.digits:
                #绘制分数
                SCREEN.blit(self.numbers[digit], (xoffset, SCREENHEIGHT * 0.1))
                #随着数字增加改变位置
                xoffset += self.numbers[digit].get_width()
#游戏结束的方法
def  game_over():
    #获取窗体宽、高
    screen_w=pygame.display.Info().current_w
    screen_h=pygame.display.Info().current_h
    #加载游戏结束的图片
    over_img=pygame.image.load("images/gameover.png").convert_alpha()
    #将游戏结束图片绘制在窗体的中间位置
    SCREEN.blit(over_img,((screen_w-over_img.get_width())/2,(screen_h-
over_img.get_height())/2))
def executeGame():
    global SCREEN
```

```
pygame.init()  #经过初始化以后即可尽情地使用 pygame 了
score=0
#通常来说，需要先创建一个窗体，方便与程序的交互
SCREEN = pygame.display.set_mode((SCREENWIDTH, SCREENHEIGHT))
pygame.display.set_caption(" 乌鸦喝水 ")  #设置窗体标题
#创建蓝色天空的背景
background = pygame.Surface(SCREEN.get_size())
background = background.convert()
background.fill((135, 206, 235))
#创建云彩层
cloud_one = MyBack(0, 0,"images/cloud.png", 0.5, 1068)
cloud_two = MyBack(1068, 0,"images/cloud.png", 0.5, 1068)
#创建远山风车图
windmill_one = MyBack(0, 0,"images/hill-with-windmill.png", 0.2, 2220)
windmill_two = MyBack(2220, 0,"images/hill-with-windmill.png", 0.2, 2220)
#创建近景小山图
hill_one = MyBack(0, 218,"images/hill2.png", 0.7, 1110)
hill_two = MyBack(1110, 218,"images/hill2.png", 0.7, 1110)
#创建乌鸦对象
craw = Craw()
obstacleTimer = 0   #添加障碍物的时间
list = []           #障碍物对象列表
#控制 "Game Over" 的显示
over=False
while True:
    #获取单击事件
    for event in pygame.event.get():
        #如果单击了关闭窗体就将窗体关闭
        if event.type == pygame.QUIT:
            pygame.quit()  #退出窗口
            sys.exit()  #关闭窗口
        #按键盘的空格键，开启乌鸦跳跃的状态
        if event.type == KEYDOWN:
            if event.key == K_SPACE:
                if craw.y >= craw.lowest_y:  #如果乌鸦在规定的高空中飞行
                    craw.jump()                 #将乌鸦调整为跳跃状态
            if event.key == K_LEFT:
                craw.fly(-1)
            if event.key == K_RIGHT:
                craw.fly(1)
        else:
            craw.glide()
        if over==False:
            #将背景色调整为天蓝色
            SCREEN.blit(background, (0, 0))
            #云彩的绘制
```

```python
        cloud_one.update()
        cloud_two.update()
        # 远山风车的绘制
        windmill_one.update()
        windmill_two.update()
        # 近景小山的绘制
        hill_one.update()
        hill_two.update()
        # 云彩的移动
        cloud_one.rolling()
        cloud_two.rolling()
        # 远山风车的绘制
        windmill_one.rolling()
        windmill_two.rolling()
        # 近景小山的绘制
        hill_one.rolling()
        hill_two.rolling()
        # 乌鸦移动
        craw.move()
        # 乌鸦的绘制
        craw.draw_craw()
        # 计算障碍物间隔时间
        obstacleTimer += 20   # 增加障碍物时间
        if obstacleTimer >= 500:
            # 重置添加障碍物时间
            obstacleTimer = 0
            # 循环遍历障碍物
            r = random.randint(0, 1)
            if r == 0:
                # 创建障碍物对象
                obstacle = Obstacle()
                # 将障碍物对象添加到列表中
                list.append(obstacle)
            for obs in list:
                # 障碍物移动
                obs.movestep()
                # 绘制障碍物
                obs.draw_obstacle()
                # 判断乌鸦与障碍物是否碰撞
                if pygame.sprite.collide_rect(craw, obs):
                    if obs.flag == 1:
                        game_over()   # 调用游戏结束的方法
                        over=True
                    else:
                        # 加分
                        score += obs.getScore()
```

```
                    # 显示分数
                    obs.showScore(score)
                pygame.display.update()
        if __name__ =="__main__":
            executeGame()
```

乌鸦喝水的运行效果如图 21.26 所示。

图 21.26　乌鸦喝水的运行效果

21.5 本章小结

　　本章主要使用 Python 语言的 pygame 模块开发一个乌鸦喝水的游戏项目，其中 pygame 模块是本项目的核心模块，同时利用迭代模块 itertools 实现乌鸦动态图片的迭代功能，用 random 模块产生随机数字，实现障碍物的随机出现。在开发中，乌鸦的飞行、跳跃及障碍物的移动和障碍物的碰撞是开发时的重点、难点，需读者认真地查看源代码。

第 22 章

鲜花礼品商品页

实战

鲜花礼品网项目指的是以互联网为基础的鲜花和礼品的网站实现，限于篇幅，本章主要介绍鲜花礼品商品页实战。这是 Django 技术实现网站的提高篇，对实现网站页面逻辑的能力有提升。网站前端页面不作为重点内容，后端逻辑的 Django 实现是重点讨论的内容。

22.1 需求分析

为实现给用户显示鲜花礼品商品的需求，鲜花礼品网需要具备最基本的功能，即商品展示功能——将商品展示在网页上，网页上的信息涉及的内容有商品名称、商品描述和商品价格等。

22.2 系统功能设计

22.2.1 系统功能结构

鲜花礼品网商品页的整体功能结构如图 22.1 所示。

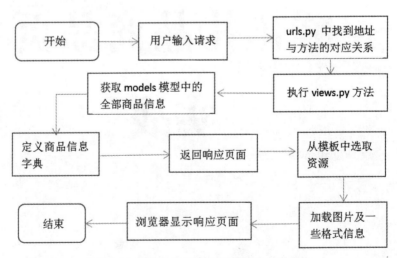

图 22.1 鲜花礼品网商品页的整体功能结构

22.2.2 系统预览

鲜花礼品网商品页是一个鲜花和礼品商品的展示平台，该页面包含了很多的鲜花和礼品类的商品，如图 22.2 所示。

图 22.2　鲜花礼品网的商品页效果

22.3　系统开发必备

22.3.1　系统软件开发和运行环境

本系统的软件开发及运行环境如下。

（1）操作系统：Windows 7、Windows 10、Linux。

（2）虚拟环境：Vituallenv 或 Acaconda。

（3）数据库或驱动：SQLite3。

（4）开发工具：PyCharm。

（5）开发框架：Django 2.1+Bootstrap+jQuery。

（6）浏览器：Chrome 浏览器。

22.3.2　文件夹组织结构

鲜花礼品网商品页的文件夹组织结构如图 22.3 所示。

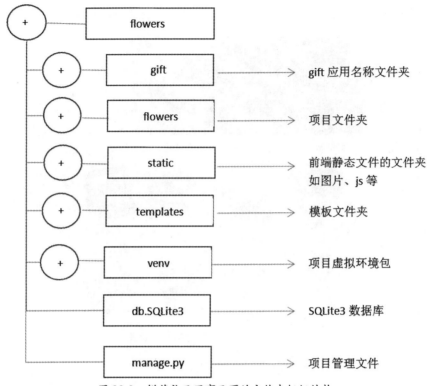

+	flowers	
+	gift	→ gift 应用名称文件夹
+	flowers	→ 项目文件夹
+	static	→ 前端静态文件的文件夹 如图片、js 等
+	templates	→ 模板文件夹
+	venv	→ 项目虚拟环境包
	db.SQLite3	→ SQLite3 数据库
	manage.py	→ 项目管理文件

图 22.3　鲜花礼品网商品页的文件夹组织结构

图 22.3 中列出了鲜花礼品网商品页的项目目录结构，该结构中的文件夹及文件的作用分别如下。

（1）gift：配置用户属性和用户信息数据的 APP，其中有模型（商品的模型）、视图（商品页渲染视图）。

（2）flowers：项目管理文件夹，可管理项目相关的设置和路由分发的路径匹配文件。

（3）static：存放前端网页文件需要的图片、样式、js 特效等文件的文件夹。

（4）templates：存放商品页模板页面的文件夹。

（5）venv：virtualenv 项目虚拟包。

（6）db.SQLite3：数据库文件。

（7）manage.py：项目管理文件，Django 命令入口。manage.py 还提供了众多管理命令接口，方便执行数据库迁移和静态资源收集等。

针对图 22.3 中的目录结构中，在 flowers 项目管理文件夹目录中的文件结构如图 22.4 所示。

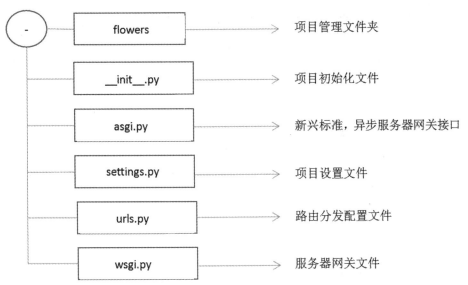

图 22.4　鲜花礼品网二级项目文件夹的文件结构

针对图 22.3 的目录结构，在 gift 应用文件夹下的文件结构如图 22.5 所示。

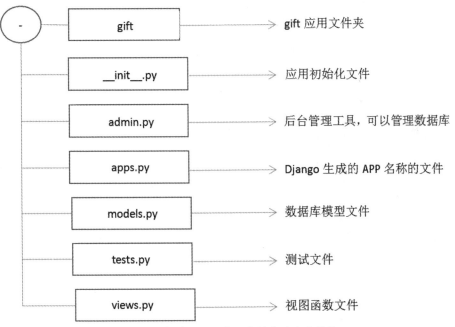

图 22.5　鲜花礼品网应用文件夹的文件结构

认识了本项目文件的具体功能和文件夹结构，下面说一下本项目中使用的主要命令。

```
Python manage.py makemigrations #生成数据库迁移脚本
Python manage.py migrate    #根据 makemigrations 命令生成的脚本，创建或修改数据库表结构
Python manage.py startproject  flowers  #创建一个 Django 项目
Python manage.py startapp  gift   #创建一个 app
```

```
Python manage.py createsuperuser    #创建一个管理员超级用户
Python manage.py runserver          #运行服务器
```

22.4 数据表模型

Django 框架自带的 ORM 模型可以满足绝大多数数据库开发的需求，默认使用的数据库是 SQLite3。在没有达到一定的数量级时，完全不用担心 ORM 会给项目带来存储瓶颈。下面是鲜花礼品网商品页中使用 ORM 来管理一个礼品信息的数据模型，代码如下。

程序清单 22.1　Python 实现 ORM 的礼品信息数据模型功能

```
class  Gift(models.Model):
    name=models.CharField(max_length=40)
    desciption=models.CharField(max_length=40)
    pic=models.CharField(max_length=100,default="")
    price=models.DecimalField(max_digits=5,decimal_places=2)
```

以上代码定义了一个鲜花礼品网商品页的礼品类 Gift，这个类继承于 models.Model，定义了 4 个表征礼品的特征，name 表示礼品的名字，description 表示礼品的意义，pic 是礼品图片的地址，price 是礼品的价格。定义这些特征时，还要注意这些特征的数据类型，name 礼品名字需要接收的是字符串信息，定义为 models.CharField，还要指示字符串的长度，即 max_length=40。description 礼品描述接收的也是字符串信息，定义为 models.CharField，字符串的长度为 max_length=40。pic 礼品图片的地址，接收的仍然是字符串信息，即 models.CharField 类型，字符串长度为 max_length=100，default="" 表示刚开始时可以不赋值。price 价格需要定义成实数类型，通过 models.DecimalField 来定义，并同时传有参数，其中 max_digits=5 表示接收实数的最大位数，decimal_places 为小数后面接收多少位。

数据表建立完成后就可以同步到数据库中了，同步的命令为 Python manage.py makemigrations 和 Python manage.py migrate 两个语句。

22.5 admin 自动化数据管理工具实现数据的录入

鲜花礼品网商品页数据的录入主要是通过 admin 自动化数据管理工具来实现的。使用 admin 自动化数据管理工具录入数据的流程如图 22.6 所示。

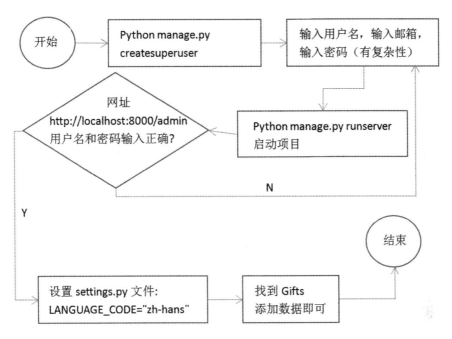

图 22.6　admin 自动化管理工具实现对数据的录入流程

根据图 22.6 所示流程图可知，完成数据库同步后，使用 admin 自动化管理工具需要建立后台管理的用户名，Python manage.py createsuperuser 语句即可实现。执行完该命令后，就会询问用户名、邮箱和密码，其中邮箱要符合邮箱的格式要求，密码要满足复杂度，即字母数字符号都有是最好的。注册后就可以通过 http://localhost:8000/admin 地址进行访问并输入用户名和密码登录。在登录之

前一定要把项目文件夹下的设置文件 settings.py 中的原设置 LANGUAGE_CODE="en-us" 修改为 LANGUAGE_CODE="zh-hans"，采用中文 admin 自动化管理界面。登录成功后，在界面中找到 Gifts 类名，单击后面的"添加"按钮将数据依次地添加到数据库中，如图 22.7 所示。

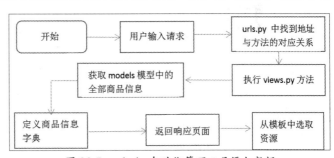

图 22.7　admin 自动化管理工具添加数据

22.6　urls.py 分发器路由文件的修改

数据库建立完后，数据记录也已经加到了数据库中。现在要实现用户请求一个地址就要从服务

器中找到方法去执行相关的逻辑，可使用 urls.py 路由分发配置文件来实现。在项目文件夹中可以找到 urls.py 文件并打开，在其中添加路由分发的配置项，如图 22.8 所示。

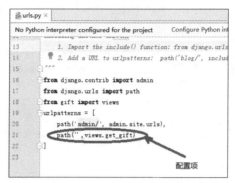

图 22.8　urls.py 中 path 路径的配置项

图 22.8 中 path 第一个参数为空字符串，意味着"http://localhost:80000"地址直接使用即可匹配 path 的第二个参数，即 Views 中的方法 get_gift，不需要在地址的后面再添加任何路径了。配置 path 后的工作流程图如图 22.9 所示。

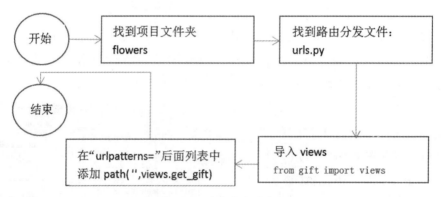

图 22.9　路由分发的流程

根据图 22.9 所示的流程修改 urls.py 文件信息，代码如下。

程序清单 22.2　路由分发设置文件的配置代码

```
from Django.contrib imort admin
from Django.urls import path
from gift import views
urlpatterns = [
    path('admin/', admin.site.urls),
    path('',views.get_gift)
]
```

22.7 View 视图方法的实现

设置好 urls.py 路由分发配置文件后，就可以实现 View 视图中方法 get_gift() 的函数逻辑。在 get_gift() 函数中，主要是获取 ORM 模型中 Gift 的所有记录，形成字典型的参数，渲染前台的 index 页面，流程如图 22.10 所示。

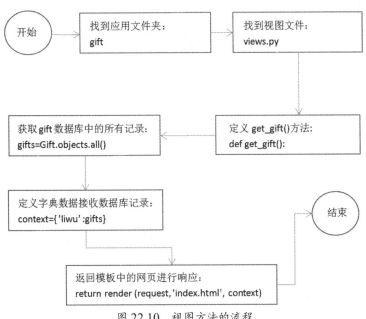

图 22.10　视图方法的流程

根据图 22.10 所示流程图完成 views.py 文件的程序，代码如下。

程序清单 22.3　Python 实现 Django 的视图函数 get_gift() 功能

```
from Django.shortcuts import render
from gift.models import Gift
def get_gift(request):
    gifts=Gift.objects.all()
    context={'liwu':gifts}
    return render(request,'index.html',context)
```

22.8 Templates 模板中 index.html 文件的实现

采用 MVT 框架完成鲜花礼品网商品页的开发，Models 和 Views 已实现，本节介绍 Templates 模板文件的处理。首先需要在项目文件夹的配置文件 settings.py 中找到 TEMPLATES= 语句，其后的集合为字典型数据，在字典数据中找到 DIRS 键，其值默认为"[]"，可以在"[]"中填入模板的路径信息，如 os.path.join（BASE_DIR,"templates"）。这样就完成了模板文件的配置。接着在项目文件夹下建立一个 templates 文件夹，然后把 index.html 文件复制到该文件夹中。注意，文件是一个静态的网页文件，需要 JS 脚本文件、图片文件和 CSS 的样式文件，这些文件需要先配置然后再复制，而且要复制到相应的文件夹中，不能随意分配。在 settings.py 配置文件的结尾处添加如下配置信息。

```
STATICFILES_DIRS=[
    os.path.join（BASE_DIR,"static"）
]
```

以上代码建立一个静态文件的存放路径，即专门放置 JS、image 和 CSS 文件的路径，这个路径用 os.path.join 进行路径连接，BASE_DIR 也是项目的路径，static 是在当前项目文件下新建的一个文件夹。JS 脚本文件可以放在新建的文件夹 static 下的 js 文件夹中，js 也是需要手动创建的。CSS 样式文件要放在新建文件夹 static 下的 css 文件夹中，同样，css 也是需要手动创建的。images 也是放在 static 下的 images 文件夹中，即把所有的图片文件都复制过来。以上工作完成后，需要在 index.html 中涉及 CSS 的路径前面加上"/static"，把 index.html 中涉及 JS 的路径前面加上"/static"，把 index.html 中涉及图片文件的路径前面加上"/static"。例如，从 index.html 文件中可以看到形如下面的 CSS 文件引用。

```
<link rel="stylesheet"  href="css/bootstrap.min.css">
<link rel="stylesheet"  href="css/style.css">
```

其中，href= 后的地址就是 CSS 样式地址，引入 static 后，可以改写成：

```
<link rel="stylesheet"  href="/static/css/boottstrap.min.css">
<link rel="stylesheet"  href="/static/css/style.css">
```

再如，在 index.html 文件中可以看到如下的 JS 文件引用：

```
<script src="js/bootstrap.min.js"></script>
```

其中，src= 后的地址就是 JS 脚本文件的地址，引入 static 后，可以改写成：

```
<script src="/static/js/bootstrap.min.js"></script>
```

图像文件也是如此，index.html 也有对图片文件的引用，形如：

```
<img src="images/banner2.png" alt="First slide">
```

其中，src= 后的地址就是 img 图片的地址，引入 static 后，可以改写成：

```
<img src="/static/images/banner2.png" alt="First slide">
```

将 index.html 中的图片文件、JS 文件和 CSS 文件都改成 static 的引用方式，就可以在 Django 的模板中完成对 index.html 模板文件的引用。不但引用了网页的代码，也能引用网页的格式、特效及图片的显示等。

模板 static 引用的流程如图 22.11 所示。

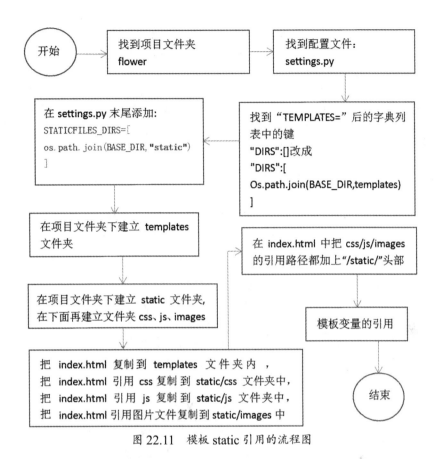

图 22.11　模板 static 引用的流程图

根据图 22.11 所示的流程图，最终产生的项目结构如图 22.12 所示。

图 22.12　模板设置后项目目录的变化

由图 22.12 可知，项目文件夹下多了两个文件夹，templates 和 static，其中 static 下有 3 个文件夹：css、images 和 js。css 文件夹下面有一个 CSS 文件，js 文件夹下有一个 JS 文件，images 文件夹下有很多图片文件。templates 下有 index.html 文件，index.html 文件中完成了对 css 下的文件、js 下的文件及 images 下的文件的引用，同时还要将模板中携带的鲜花礼品参数 liwu 在模板中使用，由于鲜花礼品参数 liwu 是一个商品列表，用 for 循环遍历每一个商品，每一个商品中的价格、名称、描述、图片分别用提取字典的方式提取出相关内容后，显示到模板中，形成的网页代码结构如下。

程序清单 22.4　Django 模板中遍历 liwu 变量显示内容功能代码

```
{%  for gift in liwu %}
  <div class="col-md-3 cate">
      <li class="layout-gray student" style="cursor: default;list-style:none;">
        <a href="/bs/games/s/hot">
            <img src="/static/images/{{ gift.pic }}" class="bc"
style="width:280px;height:280px">
            <p><center>{{ gift.name }}</center></p>
            <div class="button-div">
              <center>{{ gift.description }}</center>
              <center>价格: {{ gift.price }}元</center>
            </div>
        </a>
      </li>
  </div>
{% endfor %}
```

以上代码把商品列表显示的每一个商品的样式用 for 循环不断迭代，循环体中就是 <div> 形成的商品列表布局，HTML 中的 div 相当于一个盒子，HTML 页面中的元素形成的布局特点就是盒子布局。在循环体的盒子中遍历每一个 gift，并将 price 价格属性显示在价格元素 HTML 标签中，将 description 描述属性显示在价格元素标签前一个标签处，pic 图片地址显示在 img 标签的 src 属性中，name 标签显示在 img 标签下。

把引用地址和变量应用到模板后的 index.html 网页代码如下。

程序清单 22.5　模板文件 index.html 网页代码

```
<html lang="zh-CN">
<head>
  <meta charset="utf-8">
  <meta http-equiv="X-UA-Compatible" content="IE=edge">
  <meta name="viewport" content="width=device-width, initial-scale=1">
  <title>首页</title>
  <link rel="stylesheet" type="text/css" href="/static/css/bootstrap.min.css">
  <link rel="stylesheet" type="text/css" href="/static/css/style.css">
  <script src="/static/js/jquery.min.js"></script>
  <!--bootstrap核心js-->
    <script src="/static/js/bootstrap.min.js"></script>
    <style>
      .cate {
        padding-bottom: 20px;
      }
      .modal-dialog {
        padding-top : 200px;
      }
    </style>
  </head>
```

```
<body>
    <div class="main-container">
    <div class="top-container" >
            <div class="newIndex-header container" style="background-image:
url( 'images/logo.png' );"></div>
    </div>
    <div id="myCarousel" class="carousel slide" style="width:100%;margin-top:
-37px;">
    <ol class="carousel-indicators">
        <li data-target="#myCarousel" data-slide-to="0" class="active"></li>
        <li data-target="#myCarousel" data-slide-to="1"></li>
        <li data-target="#myCarousel" data-slide-to="2"></li>
    </ol>
    <div class="carousel-inner">
        <div class="item active">
            <img src="/static/images/banner2.png" alt="First slide">
        </div>
        <div class="item">
            <img src="/static/images/banner3.png" alt="Second slide">
        </div>
        <div class="item">
            <img src="/static/images/banner4.png" alt="Third slide">
        </div>
    </div>
    <a class="left carousel-control" href="#myCarousel" role="button" data-
slide="prev">
        <span class="glyphicon glyphicon-chevron-left" aria-hidden="true"></span>
    </a>
    <a class="right carousel-control" href="#myCarousel" role="button" data-
slide="next">
        <span class="glyphicon glyphicon-chevron-right" aria-hidden="true"></span>
    </a>
    </div>
    <!--end banner-->
    <!--main-->
    <div class="container admin-4">
        <h2 class="titleh2 clearfix" style="padding-top: 10px">
            <img src="/static/images/icon4.png">
            <span style="cursor: pointer;">鲜花礼品 </span>
        </h2>
        <div class="row" style="padding: 20px ">
            {% for gift in liwu %}
            <div class="col-md-3 cate">
                <li class="layout-gray student" style="cursor: default;list-
style:none;">
                    <a href="/bs/games/s/hot">
```

```
                      <img src="/static/images/{{ gift.pic }}" class="bc"
style="width:280px;height:280px">
                <p><center>{{ gift.name }}</center></p>
                <div class="button-div">
                    <center>{{ gift.description }}</center>
                    <center> 价格: {{ gift.price }}元 </center>
                </div>
            </a>
        </li>
    </div>
    {% endfor %}
    </div>
    </div>
    <!--end main-->
    <div class="footer">
        <div id="j_footer" class="copy">
            <center> 强买强卖店铺掌柜和跑堂的向你问好 </center>
        </div>
    </div>
</div>
</body>
</html>
```

22.9 项目的测试

已经建立了 Model 模型、View 视图函数和 Template 模板，就可以使用 Python manage.py runserver 命令去执行该项目了。

22.10 本章小结

本章主要讲解如何使用 Django 框架实现鲜花礼品网商品页项目，包括网站的系统功能设计、业务流程设计、数据库设计及主要的逻辑代码实现。希望通过本章的学习，能够掌握 Django 的简单 Web 开发流程。熟悉 Python 项目开发流程，并掌握 Django 开发和 Web 技术，为今后的项目开发积累经验。